高等职业教育本科医疗器械类专业规划教材

人机工程学

（供康复工程技术、医疗器械工程技术专业用）

主　编　郝鸿雁

编　者　（以姓氏笔画为序）

计青山（浙江药科职业大学）

张　晨（浙江药科职业大学）

郝鸿雁（浙江药科职业大学）

中国健康传媒集团

中国医药科技出版社

内 容 提 要

本教材是"高等职业教育本科医疗器械类专业规划教材"之一，系根据高等职业教育本科人才培养方案和本套教材编写要求编写而成。本书共分为11章：人机工程学概论，人体测量与数据应用，人体感知系统，操纵装置，人的运动系统与设计，产品显示装置设计，工作台椅与家具设计，无障碍与通用设计，人机工程学与环境设计，人的可靠性与安全设计，人机系统与交互设计。本教材注重基本概念和基本方法的阐述，加强理论与实践相结合、系统性与针对性相结合、先进性与实用性相结合，充实应用图表，具有较强的可读性。

本教材可供全国高等职业教育应用型本科院校康复工程技术、医疗器械工程技术等专业师生作为教材使用，也可作为相关专业高等职业院校学生及成人自学者的教学参考书。

图书在版编目（CIP）数据

人机工程学／郝鸿雁主编. -- 北京：中国医药科技出版社，2025. 3. -- （高等职业教育本科医疗器械类专业规划教材）. -- ISBN 978-7-5214-5203-7

Ⅰ. TB18

中国国家版本馆 CIP 数据核字第 2025PG7052 号

美术编辑 陈君杞
版式设计 友全图文

出版 **中国健康传媒集团** | 中国医药科技出版社
地址 北京市海淀区文慧园北路甲 22 号
邮编 100082
电话 发行：010 - 62227427 邮购：010 - 62236938
网址 www. cmstp. com
规格 889mm×1194mm $^1/_{16}$
印张 16 $^1/_4$
字数 467 千字
版次 2025 年 4 月第 1 版
印次 2025 年 4 月第 1 次印刷
印刷 北京金康利印刷有限公司
经销 全国各地新华书店
书号 ISBN 978-7-5214-5203-7
定价 **59. 00 元**

获取新书信息、投稿、为图书纠错，请扫码联系我们。

数字化教材编委会

主　编　郝鸿雁
编　者　（以姓氏笔画为序）
　　　　计青山（浙江药科职业大学）
　　　　张　晨（浙江药科职业大学）
　　　　郝鸿雁（浙江药科职业大学）

前言 PREFACE

人机工程学是一门探究人、机、环境三者之间相互关系的学科。它以人的生理和心理特性为基础，综合运用解剖学、生理学、心理学、工程学等多方面知识，致力于实现人在使用机器和处于特定环境时达到最佳效能、最高安全性和最优舒适度。这一学科贯穿从产品设计构思到实际应用的整个过程，无论是日常用品还是复杂的工业设备，都需要从人机工程学角度考量，以保障人与物的和谐交互。

在科技飞速发展的今天，人机工程学作为一门融合多学科知识的重要学科，为现代设计、工程、医疗等领域的发展提供了关键的理论和实践指导。国家对于掌握人机工程学技术的应用型专门人才的需求越来越大，因此，编写符合应用型专门人才培养目标要求的优秀教材显得尤为重要。本教材遵循应用型专门人才培养的规律，面向21世纪科技发展的需要，依据医疗器械类、工业设计类、机械类各专业教学改革的要求编写而成。

本教材具有鲜明的特点并遵循严谨的编写原则。在特点方面，本教材具有很强的系统性，从基础理论到实际应用，全方位阐述人机工程学知识，形成完整的知识网络。同时，注重实用性，大量引入实际案例，涵盖工业、交通、医疗等多个领域，使抽象知识具象化。教材内容还具备前沿性，关注新兴技术发展对人机关系的影响。在编写原则上，坚持科学性，确保所有理论和数据准确可靠；遵循可读性，语言简洁明了，图表丰富，便于理解；强调实用性，以培养学生解决实际问题的能力为导向。

本教材编写分工如下：张晨编写第一、三章，张晨、郝鸿雁编写第二、十一章，计青山编写第四、五、六章，郝鸿雁编写七、八、九、十章。本教材可供全国高等职业教育应用型本科院校康复工程技术、医疗器械工程技术等专业师生作为教材使用，也可作为相关专业高等职业院校学生及成人自学者的教学参考书。

在本教材编写过程中，查阅和参考了大量的文献资料，在此谨向参考文献的作者致以诚挚的谢意。

在编写教材时，虽竭尽全力，但人机工程学领域博大精深，知识不断更新与拓展，受编者能力所限，难免存在不足之处。恳请广大读者批评指正，以便修订时完善。

编　者
2024 年 12 月

CONTENTS 目录

第一章　人机工程学概论

学习目标

　　1. 掌握　人机工程学的命名及定义、起源与发展；人机工程学的研究内容和研究方法；人机工程学的应用领域及与各设计学科的关系。

　　2. 熟悉　人、机、环境之间的研究内容和研究方法。

　　3. 了解　人机工程学与产品设计、视觉传达和室内环境设计等设计学科的关系。

　　4. 认识人机工程学与自身学科的关系，能有意识地用人机工程学的研究方法解决设计问题。

⇒ 案例分析

　　实例　花和尚鲁智深在五台山吃酒醉打山门之后，下得山来找到铁匠，要打一条一百斤的禅杖……铁匠对他说："师父，肥了，不好看，也不中使。依着小人，好生打一条六十二斤的水磨禅杖与师父。使不得，休怪小人……"

　　问题　鲁智深打禅杖中涉及人机工程学的理念有哪些？

第一节　人机工程学的命名及定义

一、人机工程学的概念

　　人机工程学是一门多学科的交叉学科，研究的核心问题是不同的作业中人、机器及环境三者间的协调，研究方法和评价手段涉及心理学、生理学、医学、人体测量学、美学和工程技术的多个领域，研究的目的则是通过各学科知识的应用，来指导工作器具、工作方式和工作环境的设计和改造，使作业在效率、安全、健康、舒适等几个方面的特性得以提高。

　　人机工程学，在美国有人称之为人类工程学"human engineering"、人因工程学"human factors（engineering）"，在欧洲有人称之为"ergonomics"、生物工艺学、工程心理学、应用实验心理学以及人体状态学等。日本称之为"人间工学"，我国目前除使用上述名称外，还有译成工效学、宜人学、人体工程学、人机学、运行工程学、机构设备利用学、人机控制学等。我国一般把"人类工效学"作为这个学科的标准名称，不过更多的人喜欢"人机工程学"的叫法，比较起来，前者指明人类和工效的研究是学科的主要内容，但后者更能抓住问题的核心在于人机关系，也更适合学科目的的丰富内涵。

　　人体工程不同的命名已经充分体现该学科是"人体科学"与"工程技术"的结合，实际上，这一学科就是人体科学，环境科学不断向工程科学渗透和交叉的产物，它是以人体科学中的人类学、生物学、心理学、卫生学、解剖学、生物力学、人体测量学等为"一肢"；以环境科学中的环境保护学、环境医学、环境卫生学、环境心理学、环境监测技术等学科为"另一肢"，而以技术科学中的工业设计、工业经济、系统工程、交通工程、企业管理等学科为"躯干"，形象地构成了本学科的体系，从人机工程学的构成体系来看就是一门综合性的边缘学科，其研究的领域是多方面的，可以说，与国民经济的各个部门都有密切的关系。

国际人类工效学学会（International Ergonomics Association，IEA）给出的人机工程学定义较为权威和全面。

人机工程学是以人的生理、心理特性为依据，应用系统工程的观点，分析研究人与产品、人与环境以及产品与环境之间的相互作用，为设计操作简便省力、安全、舒适，人-机-环境的配合达到最佳状态的工程系统提供理论和方法的学科。

人机工程学的定义中分别阐明了研究对象、研究内容和研究目的。其中，研究对象为人的生理和心理特点，研究内容为人-机-环境三者之间的相互作用，研究目的是使操作简便省力、安全、舒适，使人-机-环境的配合达到最佳状态。

其中，人机工程学所研究的内容分别是人、机和环境。人是指操作者或使用者；机是指机器、用具或生活用品、设施、计算机软件等各种与人发生关系的一切事物；环境是指人与机共处的环境，如作业场所和作业空间、自然环境和社会环境等。

二、人机工程学的发展

人机工程学的各个分支学科的研究，都在一定程度上具有人机工程学研究的性质。所有这些思想和方法经过长期和零散的酝酿，在第二次世界大战时期获得了突破性的进展，从此也奠定了人机工程学被视为成熟的现代学科的地位，在世界范围受到重视并被视为工业的推动力之一。这种情形的发生，推动战争中复杂武器的发展，使得人机协调问题的突然激化。

例如，空战和歼击机提出对飞行员的体能和智能要求，使得人员的选拔和培训难度不断增大，促使在飞机的仪表显示、操纵工具和飞行员座椅等部件的设计中，不得不加大对人的因素考虑，进而带动了有关的技术和方法的迅速发展。

人机工程学作为一个工程学科，其研究常常是围绕具体的现实问题而展开，例如，由于航空航天活动对人类生理适应性和工作能力的挑战，促进了航空航天医学的发展，在北京空航天大学飞行器设计与应用力学系，也较早设立了人机环境专业的教学和科研；由于工业生产中职业病的广泛危害，在北京医科大学公共卫生学院也开展了包括坐姿作业导致的肌肉骨骼劳损、粉尘污染致癌等职业病学的研究，同时也涉及作业姿势、作业环境评价等方面的人机工程学的研究。

三、我们身边的人机工程学

人机工程学的基本研究对象是人的工作，有趣的是，其许多原理被认识之后常常显得非常浅显，而被认识之前又常常难以发现或者易于忽视。就日常的熟悉程度，最典型的例子莫过于青少年的学习姿势和近视问题。为了防止青少年写字时驼背和近视，人们曾设计出各种姿势纠正器具，来限制弓腰，使学生写字时保持直坐姿势。难题在于，人的眼睛是向前长在脸上的，而不是向下长在下巴上的，而人的眼睛又倾向于对对象作正面的观察。这样，看作业本就要求面部向下倾斜，这时要挺直脊柱，必然导致颈部弯曲角度的加大；如果又要挺胸又要直颈，学生就只好使劲向下瞥眼睛。相比之下，在作业中自然形成的适度的驼背姿势，将这个角度的扭曲交由脊柱、颈部和眼睛来共同分担，倒可能是更适合人的生理特性的姿势。这个问题合理的解决办法之一，是让桌面具有适当的斜度，椅座具有所谓瀑布形的前缘，总之某种姿势的自然形成，离不开相应的桌椅设计为诱导和支持。

类似的问题，也出现在操作计算机的上机姿势中。在现行的上机条件下，操作员常常是手臂向前悬空着来操作键盘和鼠标的。手臂的悬空形成了肩颈部的静态疲劳，使得操作员不便背部后靠在椅子靠背上作业（后靠姿势会加大悬空的手臂的前伸程度，从而增大肩部所需的平衡力矩，加快肩颈部的疲劳），而当操作员脱离靠背又手臂悬空时，体重就全部需要由脊柱来承担，其结果或者是腰背的疲劳酸痛，或者是腰肌放弃维持直坐姿势而塌腰驼背，或者是把手腕抵在桌沿而引发腕管综合征。如此一来，使得计算机操作员的作业姿势，大都不是打字教材书中推荐的正确姿势。这里问题的关键和前面类似，即如果书本推荐的正确姿势没有适当设计的桌椅的支持，就会是一种费力的姿势，而各种错误的姿势由于其省力而易于维持，便会成为人们事实上的作业姿势。

第二节　人机工程学起源和应用

我们看到有越来越多的厂商将"以人为本""人体工学的设计"作为产品的特点来进行广告宣传，特别是计算机和家具等与人体直接接触的产品更为突出。实际上，让机器及工作和生活环境的设计适合人的生理心理特点，使得人能够在舒适和便捷的条件下工作和生活，人机工程学就是为了解决这样的问题而产生的一门工程化的科学。

一、人机工程学的起源

提起人机工程学首先要介绍一个人物——亨利德雷夫斯（Henry Dreyfess，1903—1972 年），人机工程学的奠基者和创始人。德雷夫斯起初从事舞台设计工作，1929 年他建立了自己的工业设计事务所。1930 年开始与贝尔公司合作，德雷夫斯坚持设计工业产品应该考虑的是高度舒适的功能性，提出了"从内到外"（from the inside out）的设计原则，贝尔公司开始认为这种方式会使电话看来过于机械化，但经过他的反复论证，贝尔公司最终同意按照他的方式设计电话机。此后德雷夫斯的一生都与贝尔电话公司有不解之缘，他是影响现代电话形式的最重要的设计师。

贝尔公司 1927 年首次引进横放电话筒，改变了以往纵放电话筒的设计，1937 年德雷夫斯提出了从功能出发，听筒与话筒合一的设计。德雷夫斯设计的 302 型电话机，今天看起来虽然老式，但这一设计首次把过去分为两部分，体积很大的电话机缩小为一个整体。由于这个设计的成功，贝尔公司与德雷夫斯签订了长期的设计咨询合约。

20 世纪 50 年代初期，制作电话机的材料由金属转为塑料，从而基本确定了现代电话机的造型基础。到 50 年代末，德雷夫斯已经设计出一百多种电话机。德雷夫斯的电话机因此进入了世界各国的千家万户，成为现代家庭的基本设施。

德雷夫斯的人机工程学的其他研究成果体现在 1955 年以来他为约翰迪尔公司开发的一系列农用机械中，这些设计围绕建立舒适的、以人机学计算为基础的驾驶工作条件这一中心，特点是外形简练，其中与人相关的部件设计合乎人体舒适的基本要求，这是工业设计的一个非常重要的进步与发展。

德雷夫斯的设计理念是设计必须符合人体的基本要求，认为适应人的机器才是最有效率的机器。他经过多年研究，总结有关人体的数据以及人体的比例及功能，1955 年出版了专著《为人的设计》，该书收集了大量人体工程学资料，1961 年他又出版了著作《人体尺度》（the Measure of Man），从而在工业设计领域奠定了人机工程学这门学科，德雷夫斯成为最早把人机工程学系统运用在设计过程中的设计家。

二、人机工程学的应用

人机工程的应用领域十分广泛，几乎涉及人类工作和生活的各个方面。下面列出几类主要应用方向。

1. 事故、健康与安全   包括事故与安全、事故调查、事故改造、健康与安全、健康人机工程、危险分析、健康与安全课题、健康与安全规则的应用、工业工作压力、机器防护、安全文化与安全管理、安全文化评价与改进、警示与提醒技术、安全概率分析。

2. 人体工作行为解剖学和人体测量   解剖学、人体测量、人体测量和工作空间设计生物力学、残疾人设计、姿势和生物力学负荷研究、工作中的滑倒、差错研究、背部疼痛、听觉障碍研究。

3. 认知工效学和复杂任务   认知技能和决策研究、法律人机工程、团队工作、过程研究。

4. 计算机软件人机工程   软件设计、软件发展、软件人机工程、执行和可用性。

5. 计算机终端设计与布局   计算机产品和外设的设计与布局、计算机终端工作站、显示屏设备与规则、显示屏健康与安全、办公环境人机工程研究。

6. 显示与控制布局设计   显示与控制信息的选择与设计。

7. 控制室设计   控制台和控制室的布局设计、控制室人机工程。

8. 环境人机工程   环境状况和因素分析、噪音测量、工作中的听力损失、热环境、可视性与照明、工作环境人机工程、振动。

9. 专家论证多工作环境   专家论证调查研究、法律人机工程、工作赔偿申诉、伤害诉讼、伤害原因、诉讼支持。

10. 人机界面设计与评价   人机界面的设计与发展、知识系统、人机界面形式、HCI/MMI 原型、GUI 原型。

11. 人的可靠性   人的失误和可靠性研究、人的失误分析、人因审查、人因整合、人的可靠性评价。

12. 工业设计应用   信息设计、市场/用户研究、医疗设备、座椅的设计与舒适性研究、座椅设计与分类、家具分类与选择。

13. 工业/商业工作空间设计   工业工作空间设计、工业人机工程、工作设计与组织、人体测量学与工作空间设计、工作空间设计与工作站设计、警告、标签与说明、工作负荷分析。

14. 管理与人机工程   变化管理、成本利益分析、突发事故应变研究、人机战略实施、操作效能、操作负荷分析、标准化研究、人力资源管理、工作程序、人机规则和实践。

15. 手工操作负荷安全与培训   手工操作评价与培训、手工操作与举力、手工操作负荷。

16. 办公室人机工程与设计   办公自动化、办公室和办公设备设计、办公室设计人机工程。

17. 生理学方面和医学人机工程   生理学、生理能力、医学人机工程、医学设备、心理生理学、行为期望、行为标准。

18. 产品设计与顾客   人机工程销售与市场、产品设计与测试、产品中人机工程、产品发展、产品可靠性与安全性、产品缺陷、产品材质、服装人机工程。

19. 风险评估多种工作状况   风险与成本利益分析、风险评估与风险管理、风险预测、总体骨骼、肌肉风险研究。

20. 社会技术系统与人机工程   组织行为、组织变化、组织心理学、人机工程战略、社会技术系统、暴力评估与动机。

21. 系统分析　系统分析与设计、系统整合、系统需求、电信系统与产品、人机系统、人员配备研究、三维人体模型、实验设计、系统设计标准与类别、通信分析。

22. 任务分析　任务分析与工作设计、任务分析与综合、团队协作。

23. 管理培训与人员培训　人机工程培训、整体培训、认知技能/决策分析、工程师培训、STUDIO中的训练、训练模型、培训需求分析。

24. 可用性评估　可用性评估与测试、可用性审核、可用性评估、可用性培训、证验与验证、仿真与试验、仿真研究、仿真与原型。

25. 用户需求与用户指导　用户文档、用户指导、用户手册与说明、用户界面设计与原型、用户需求分析与类别、用户实验管理。

26. 车辆与交通人机工程　航空人机工程、头盔显示、乘客环境、铁路车辆与系统、交通设计、车辆设计、车辆人机工程、车辆安全性。

27. 其他特殊的人机工程应用　原子能、军队人机工程、过程控制、文化调查、调查与研究方法、自动语音识别。

随着信息化社会的到来，在计算机人机接口方面已经进入沟通和智能交互的时代，基于语音的应用和笔等自然的人机交互手段开始进入实用阶段。像电脑触摸屏、光电笔输入设备，实现了书写手感自然舒适，与用笔在纸上移动的感觉相似。笔可以代替鼠标，使用者用电脑笔击点触摸屏，就可以完成电脑操作；笔也可代替键盘，直接在显示屏上书写；此外，汉字形变连笔的汉字识别问题也解决了。还有IBM的语音识别技术，尤其是中文语音识别技术产品 Via Voice 实现了"你读计算机能够识别出来"。这样使未受过专业训练的普通百姓也能利用计算机与大家共同交流了。

第三节　人机工程学的研究内容与方法

一、学科的研究内容

人体工程学的学科研究包括理论和应用两部分，但侧重于应用。对于学科研究的主体方向，由于各国科学和工业基础不同，各国的侧重点也不同：美国——工程和人际关系；法国——劳动生理学；苏联——工程心理学；保加利亚——人体测量；捷克和印度——劳动卫生学。

虽然各国侧重点不同，但纵观本学科在各国的发展过程，可以看出确定本学科研究内容有如下的一般规律。总体来说，工业化程度不高的国家往往是从人体测量、环境因素、作业强度和疲劳等方面着手研究，随着这些问题的解决，才转到感官知觉、运动特点、作业姿势等方面的研究，然后再进一步转到操纵、显示设计、人机系统控制以及人机工程学原理在各种工业与工程设计中应用等方面的研究；最后则进入人机工程学的前沿领域：人机关系、人与环境关系、人与生态、人的特性模型、人机系统的定量描述、人际关系，直至团体行为、组织行为的功能方面的研究。

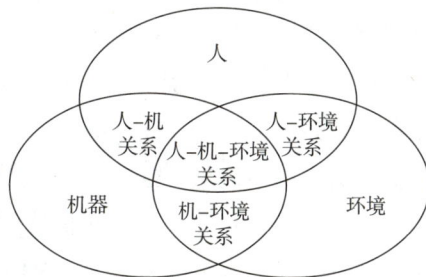

图 1-1　人机工程学的研究内容示意图

人机学研究的主要内容就是"人 – 机环境"系统，简称人机系统（manmachine system）。

构成人机系统"三大要素"的人、机、环境（图1 – 1），可看成人机系统中三个相对独立的子系统，分别属于行为科学、技术科学和环境科学的研究范畴。

根据系统学第一定律：系统的整体属性不等于部分属性之和，其具体状况取决于系统的组织结构及系统内部的协同作用程度。

因此，研究人机学应该做到既研究人、机、环境每个子系统的属性，又研究人机系统的整体结构及其属性。力求达到人尽其力，"机"尽其用，环境尽其美，使整个系统安全、高效，且对人有较高的舒适度和生命保障功能。最终目的是使系统综合使用效能最高。

综上所述，可将人机学研究的主要内容归纳为四个方面："人的因素"研究，"机的因素"研究，"环境因素"研究，"综合因素"研究。

1. 人的因素　即人与产品关系的设计在人与产品关系中，作为主体的人，既是自然的人，也是社会的人。

（1）自然方面的研究

1）人体尺寸参数　主要包括动态和静态情况下人的作业姿势及空间活动范围等，它属于人体测量学的研究范畴。

2）人的机械力学参数　主要包括人的操作力、操作速度和操作频率，动作的准确性和耐力极限等，它属于生物力学和劳动生理学的研究范畴。

3）人的信息传递能力　主要包括人对信息的接受、存储、记忆、传递、输出能力，以及各种感觉通道的生理极限能力，它属于工程心理学的研究范畴。

4）人的可靠性及作业适应性　主要包括人在劳动过程中的心理调节能力、心理反射机制，以及人在正常情况下失误的可能性和起因，它属于劳动心理学和管理心理学研究的范畴。

总之，"人的因素"涉及的学科内容很广，在进行产品的人机系统设计时应科学合理地选用各种参数。

（2）社会方面的研究　人在工作和生活中的社会行为、价值观念、人文环境等。目的是解决各种机械设备、工具、作业场所及各种用具和用品的设计如何与人的生理、心理特点相适应，从而才有可能为使用者创造安全、舒适、健康、高效的工作条件。

2. "机"的因素

（1）操纵控制系统　主要指机器接受人发出指令的各种装置，如操纵杆、方向盘、按键、按钮等。这些装置的设计及布局必须充分考虑人输出信息的能力。

（2）信息显示系统　主要指机器接受人的指令后，向人发出反馈信息的各种显示装置，如模拟显示器、数字显示器、屏幕显示器，以及音响信息传达装置、触觉信息传达装置、嗅觉信息传达装置等。无论机器如何把信息反馈给人，都必须快捷、准确和清晰，并充分考虑人的各种感觉通道的"容量"。

（3）安全保障系统　主要指机器出现差错或人出现失误时的安全保障设施和装置。它应包括人和机器两个方面，其中以人为主要保护对象，对于特殊的机器还应考虑到救援逃生装置。

3. 环境因素　包含内容十分广泛，无论在地面、在高空或在地下作业，人们都面临种种不同的环境条件，它们直接或间接地影响着人们的工作、系统的运行，甚至影响人的安全。一般情况下，影响人们作业的环境因素主要有以下几类。

（1）物理环境　主要有照明、噪声、温度、湿度、振动、辐射、粉尘、气压、重力、磁场等。

（2）化学环境　主要指化学性有毒气体、粉尘、水质以及生物性有害气体、粉尘、水质等。

（3）心理环境　主要指作业空间（如厂房大小，机器布局，道路交通等），美感因素（如产品的形态、色彩、装饰以及功能音乐等）。此外，还有人际关系等社会环境对人心理状态构成的影响。

4. 综合因素

（1）人机间的配合与分工　也称人机功能分配。应全面综合考虑人与机的特征及机能，使之扬长避短，合理配合，充分发挥人机系统的综合使用效能。列出人与机的特征机能比较，可供设计时选用参考。根据列表分析比较可知，人机合理分工为：凡是笨重的、快速的、精细的、规律的、单调的、高阶运算的、操作复杂的工作，适合于机器承担；而对机器系统的设计、维修、监控、故障处理，以及程序和指令的安排等，则适合于人来承担。

（2）人机信息传递　是指人通过执行器官（手、脚、口、身等）向机器发出指令信息，并通过感觉器官（眼、耳、鼻、舌、身等）接收机器反馈信息。担负人机信息传递的中介区域称为"人机界面"，至少有三种。即操纵系统人机界面、显示系统人机界面和环境系统人机界面。目的是使人与机器的信息传递达到最佳，使人机系统的综合效能达到最高。

（3）人的安全防护　人的作业过程是由许多因素按一定规律联系在一起的，为了共同的目的而构成一个有特定功能的有机整体。因此，在作业过程中只要出现人机关系不协调，系统失去控制，就会影响正常作业，轻则发生事故，影响工效；重则机器损坏，人员伤亡。运用间接安全技术措施，使设备从结构到布局，均能保证其危险部位不被人体触及，避免事故发生。

二、学科的研究方法

人机工程学的研究广泛采用了人体科学和生物科学等相关学科的研究方法和手段，也采用了系统工程、控制论、统计学等其他学科的一些研究方法，而且本学科的研究建立了一些独特的新方法，以探讨人、机、环境要素间复杂的关系问题。

这些方法包括：测量人体各部分静态和动态数据；调查、询问或直接观察人在作业时的行为和反应特征；对时间和动作分析研究；测量人在作业前后以及作业过程中的心理状态和各种生理指标的动态变化；观察和分析作业过程和工艺流程中存在的问题；分析差错和意外事故的原因；进行模型实验或用电子计算机进行模拟实验；运用数字和统计学的方法找出各变数之间的相互关系，以便从中得出正确的结论或发展成有关理论。

常用的研究方法如下。

1. 自然观察法
是研究者通过观察和记录自然情景下发生的现象来认识研究对象的一种方法。对动作分析、功能分析、工艺流程分析都用此法。有目的、有计划的科学观察，是在不影响事件的情况下进行的。观察者不参与研究对象的活动避免对其产生影响，可以保证研究的自然性与真实性。

自然观察法也可以借助特殊仪器，这样更准确、更深刻地获得感性知识。例如：要获取人在厨房里的行为，可以用摄像机把对象在厨房里的一切活动记录下来，然后逐步分析整理。松下电器为了设计电熨斗，曾对公司上百名员工家熨衣处安放摄像机，从中发现了电熨斗线妨碍工作、电熨斗放置麻烦等问题。

2. 实测法
是借助仪器设备进行实际测量的方法，对人体静态与动态参数的测量，对人体生理参数的测量或对系统参数、作业参数的测量等。是普遍使用的方法。例如：为了获得座椅设计所需要的人体尺度，我们必须对使用者人群进行实际的测量，对所测的数据进行统计处理，为座椅的设计提供人体尺度依据。

3. 实验法　是当实测法受到限制时采用的一种方法，一般在实验室进行，但也可以在作业现场进行。如为了获得人对各种不同显示仪表的认读速度和差错率的数据，一般在实验室进行。如需了解色彩环境对人的心理、生理和工作效率的影响，由于需要进行长时间和多人次的观测，才能获得比较真实的数据，通常在作业现场进行实验。

4. 模拟和模型试验法　由于机器系统一般比较复杂，因而在进行人机系统研究时常采用模拟的方法。模拟方法包括各种技术和装置的模拟，如操作训练模拟器、机械模型以及各种人体模型等。通过这类模拟方法可以对某些操作系统进行逼真的实验，可以得到更符合实际的数据。因为模拟器或模型通常比它所模拟的真实系统价格便宜得多，但由此可以进行符合实际的研究，所以得到了较多的应用。

5. 计算机数值仿真法　由于人机系统中的操作者是具有主观意志的生命体，用传统的物理模拟和模型方法研究人机系统，往往不能完全反映系统中生命体的特征，其结果与实际相比必有一定误差。另外，随着现代人机系统越来越复杂，采用物理模拟和模型方法研究复杂人机系统，不仅成本高、周期长，而且模拟和模型装置一经定型，就很难做修改变动。为此，一些更为理想而有效的方法逐渐被研究创建并得以推广，其中计算机数值仿真法已成为人机工程学研究的一种现代方法。

数值仿真是在计算机上利用系统的数学模型进行仿真性实验研究。研究者可对尚处于设计阶段的未来系统进行仿真，并就系统中的人、机、环境三要素的功能特点及其相互间的协调性进行分析，从而预知所设计产品的性能并进行改进设计。应用数值仿真研究能大大缩短设计周期，而且能降低成本。

6. 分析法　是在上述各种万法中获得一定的资料和数据后使用的一种研究万法。目前，人机工程学研究常采用如下几种分析法。

（1）瞬间操作分析法　生产过程一般是连续的，人和机械之间的信息传递也是连续的。但要分析这种连续传递的信息很困难，因而只能用间歇性的分析测定法，即采用统计学中的随机取样法，对操作者和机械之间在每一间隔时刻的信息进行测定后，再用统计推理的方法加以整理，从而获得研究人机环境系统的有益资料。

（2）知觉与运动信息分析法　由于外界给人的信息，首先由感知器官传到神经中枢，经大脑处理后，产生反应信号再传递给肢体以对机械进行操作，被操作的机械状态将信息反馈给操作者，从而形成种反馈系统。知觉与运动信息分析法，就是对此反馈系统进行测定分析，然后用信息传递理论来阐明人机间信息传递的数量关系。

（3）动作负荷分析法　在规定操作所必需的最小间隔时间的条件下，采用电子计算机技术来分析操作者连续操作的情况，从而可推算操作者工作的负荷程度。另外，对操作者在单位时间内工作负荷进行分析，也可以获得用单位时间的作业负荷率来表示操作者的全工作负荷。

（4）频率分析法　对人机系统中的机械系统使用频率和操作者的操作动作频率进行测定分析，其结果可以作为调整操作人员负荷参数的依据。

（5）危象分析法　对事故或近似事故的危象进行分析，特别有助于识别容易诱发错误的情况，同时，也能方便地查找出系统中存在的而又需要用较复杂的研究方法才能发现的问题。

（6）相关分析法　在分析方法中，常常要研究两种变量，即自变量和因变量。用相关分析法能够确定两个以上的变量之间是否存在统计关系。利用变量之间的统计关系可以对变量进行描述和预测，或者从中找出合乎规律的东西。例如：对人的身高和体重进行相关分析，便可以用身高参数来描述人的体重。

（7）调查研究法　目前，人机工程学专家还采用各种调查研究方法来抽样分析操作者或使用者的意见和建议。这种方法包括简单的访问、专门调查，直至非常精细的评分、心理和生理学分析判断以及间接意见与建议分析等。

第四节　人机工程学和工业设计

人机工程学和工业设计在基本思想与工作内容上有很多一致性：人机工程学的基本理论"产品设计要适合人的生理、心理因素"与"工业设计的基本观念创造的产品应同时满足人们的物质与文化需求"，意义基本相同，但侧重稍有不同；工业设计与人机工程学同样都是研究人与物之间的关系，研究人与物交接界面上的问题，不同于工程设计（以研究与处理"物与物"之间的关系为主）。由于工业设计在历史发展中融入了更多的美的探求等文化因素，工作领域还包括视觉传达设计等方面，而人机工程学则在劳动与管理科学中有广泛应用，这是二者的区别。

工业设计是一项综合性的规划活动，是一门技术与艺术相结合的学科，同时受环境/社会形态、文化观念以及经济等多方面的制约和影响，即工业设计是功能与形式、技术与艺术的统一，工业设计的出发点是人，设计的目的是为人而不是产品，工业设计必须遵循自然与客观的法则来进行这三项，明确地体现了现代工业设计强调"用"与"美"的高度统一，"物"与"人"的完美结合，把先进的技术科学和广泛的社会需求作为设计风格的基础，概而言之，工业设计的主导思想以人为中心，着重研究"物"与"人"之间的协调关系。

一、人机工程学对工业设计的作用

人机工程学研究的内容及对工业设计的作用可以概括为以下几个方面。

1. 为工业设计中考虑"人的因素"提供人体尺度参数　应用人体测量学、人体力学、劳动生理学、劳动心理学等学科的研究方法，对人体结构特征和机能特征进行研究，提供人体各部分的尺寸、体重、体表面积、比重、重心，以及人体各部分在活动时的相互关系、可及范围等人体结构特征参数；提供人体各部分的出力范围、活动范围、动作速度、动作频率、重心变化以及动作时的习惯等人机机能特征参数；分析人的视觉、听觉、触觉以及肤觉等感觉器官的机能特征；分析人在各种劳动时的生理变化、能量消耗、疲劳机制以及人对各种劳动负荷的适应能力；探讨人在工作中影响心理状态的因素以及心理因素对工作效率的影响等。

2. 为工业设计中"物"的功能合理性提供科学依据　如进行纯物质功能的创作活动，不考虑人机工程学的原理与方法，将导致创作活动的失败。因此，如何解决"物"与人相关的各种功能的最优化，创造出与人的心理、生理机能相协调的"物"，将成为当今工业设计中在功能问题上的新课题。

通常，在考虑"物"中直接由人使用或操作部件的功能问题时，如信息显示装置、操纵装置、工作台和控制室等部件的形状、大小、色彩及其布置方面的设计基准，都是以人体工程学提供的参数和要求为设计依据。

3. 为工业设计中考虑"环境因素提供设计准则"　通过研究人体对环境中各种物理、化学因素的反应和适应能力，分析声、光、热、振动、粉尘和有毒气体等环境因素对人体的生理、心理以及工作效率的影响程度，确定了人在生产和生活活动中所处的各种环境的舒适范围和安全限度，从保证人体的健康、安全、舒适和高效出发，为工业设计中考虑"环境因素"提供了分析评价方法和设计准则。

4. 为进行人机环境系统设计提供理论依据　人机工程学的显著特点是，在认真研究人、机、环境三个要素本身特性的基础上，不单纯着眼于个别要素的优良与否，而是将使用"物"的人和所设计的"物"以及与"物"所共处的环境作为一个系统来考虑，在这个系统中人、机、环境三个要素之间相互作用、相互依存的关系决定着系统总体的性能。

人机系统设计理论，就是科学地利用三个要素之间的有机联系来寻求系统的最佳参数。

系统设计的一般方法，通常是在明确系统总体要求的前提下，着重分析和研究人、机、环境三个要素对系统总体性能的影响，应具备的各自功能及其相互关系，如系统中机和人的职能如何分工、如何配合；环境如何适应人；机对环境又有何影响等问题，经过不断修正和完善三要素的结构方式，最终确保系统最优组合方案的实现。人机工程学为工业设计开拓了新的设计思路，并提供了独特的设计方法和有关理论依据。

5. 为坚持以"人"为核心的设计思想提供工作程序　一项优良设计必然是人、环境、技术、经济、文化等因素巧妙平衡的产物。为此，要求设计师有能力在各种制约因素中，找到一个最佳平衡点。从人机工程学和工业设计两学科的共同目标来评价，判断最佳平衡点的标准，就是在设计中坚持以"人"为核心的主导思想。

以"人"为核心的主导思想具体表现在各项设计均应以人为主线，将人机学理论贯穿设计的全过程。人机工程学研究指出，在产品设计全过程的各个阶段，都必须进行人机工程学设计，以保证产品使用功能得以充分发挥。

二、工业设计各阶段中人机工程设计工作程序

【规划阶段（准备阶段）】

1. 考虑产品与人及环境的全部联系，全面分析人在系统中的具体作用。

2. 明确人与产品的关系，确定人与产品关系中各部分的特性及人机工程要求的设计内容。

3. 根据人与产品的功能特性，确定人与产品功能的分配。

【方案设计】

1. 从人与产品、人与环境方面进行分析，在提出众多方案中按人机工程学原理进行分析比较。

2. 比较人与产品的功能特性设计限度、人的能力限度、操作条件的可靠性及效率预测，选出最佳方案。

3. 按最佳方案制作简易模型进行模拟实验，将实验结果与人机工程学要求进行比较，并提出改进意见。

4. 对最佳方案写出详细说明：方案获得的结果、操作条件、操作内容、效率、维修的难易程度、经济效益、提出的改进意见。

【技术设计】

1. 从人的生理、心理特性考虑产品的构形。

2. 从人体尺寸、人的能力限度考虑产品的零部件尺寸。

3. 从人的信息传递能力考虑信息显示与信息处理。

4. 根据技术设计确定的构形和零部件尺寸选定最佳方案，再次制作模型进行试验。

5. 从操作者的身高、人体活动范围、操作方便程度等方面进行评价，并预测还可能出现的问题，

进一步确定人机关系可行程度，提出改进意见。

【总体设计】

对总体设计用人机工程学原理进行全面分析、反复论证，确保产品操作使用与维修方便、安全与舒适，有利于创造良好的环境条件条件，满足人的心理需要，并使经济效益、工作效率均佳。

【加工设计】

检查加工图是否满足人机工程学要求，尤其是与人有关的零部件尺寸、显示与控制装置。对试制的样机全面进行人机工程学总评价，提出需要改进的意见，最后正式投产。

第五节　人机工程技术研究的现状及发展趋势

一、人机工程学的国内外发展状况

（一）人机工程学在国外的发展

人机工程学是研究"人 – 机 – 环境"系统中人、机、环境三大要素之间的关系，为解决系统中人的效能、健康问题提供理论与方法的科学。

人机工程学研究在设计人机系统时如何考虑人的特性和能力，以及人受机器、作业和环境条件的限制。人机工程学还研究人的训练，人机系统设计和开发，以及同人机系统有关的生物学或医学问题。

人机工程技术是 21 世纪信息领域需要解决的重大课题。美国 21 世纪信息技术计划中的基础研究内容为 4 项：软件、人机交互、网络、高性能计算机。其中，人机建模研究在信息技术中被列为与软件技术和计算机技术等并列的六项国家关键技术之一，并被认为"对于计算机工业有着突出的重要性，对其他工业也很重要"。美国国防关键技术计划不仅把人机交互列为软件技术发展的重要内容之一，而且专门增加了与软件技术并列的人机界面这项内容。日本也提出了 FPIEND21 计划（Future Personalized Information Environment Development），其目标就是要开发 21 世纪个性化的信息环境。

（二）人机工程学在中国的发展

在中国，人机工程学的研究在 20 世纪 30 年代开始即有少量和零星的开展，但系统和深入的开展则在 1976 年以后。1980 年 4 月，国家标准局成立了全国人类工效学标准化技术委员会，统一规划、研究和审议全国有关人类工效学的基础标准的制定。1984 年，国防科学技术工业委员会成立了国家军用人机环境系统工程标准化技术委员会。这两个技术委员会的建立，有力地推动了我国人机工程学研究的发展。此后，在 1989 年又成立了中国人类工效学学会，在 1995 年 9 月创刊了学会会刊《人类工效学》季刊。

20 世纪 90 年代初，北京航空航天大学首先成立了我国该专业的第一个博士学科点，随后南京航空航天大学、西北工业大学、北京理工大学、北京大学医学部等大学也先后成立了相应的专业。

随着我国科技和经济的发展，人们对工作条件、生活品质的要求也逐步提高，对产品的人机工程特性也会日益重视。事实上，在我国不光普通公众，即使理工科的大学毕业生，也大都不太了解这门学科。而且从中国专利局公布的专利授予可以看出，人们发明创造的很大一部分，都是关于如何使各种器具变得更省力和方便，虽然人机工程学正是为这类改进提供系统的理论和方法，但就像前面提到的少儿姿势纠正器一样，大多数发明人显然也缺乏有关的基本知识。这都反映出人机工程学在我国不仅有待研究和提高，更亟须宣传和普及。

随着我国科技和经济的发展，人们对工作条件、生活品质的要求也逐步提高，对产品的人机工程特性也会日益重视。目前市场上的琳琅满目的产品，有许多也是充分考虑了人性化的需求。需要指出的是，人机工程学在我国不仅有待研究和提高，更需宣传和普及。

当前，随着我国科技和经济的发展，人们对工作条件、生活品质的要求正逐步提高，对产品的人机工程特性也会日益重视。一些厂商把"以人为本""人体工学"的设计作为产品的卖点，也正是出于对这种新的需求取向的意识。

二、当前人机工程技术研究的发展趋势

1. 人机界面技术研究　在人机工程学中人机界面是最重要的一个研究分支，它是指人机间相互施加影响的区域，凡参与人机信息交流的领域都属于人机界面。可将设计界面定义为设计中所面对、所分析的一切信息交互的总和，它反映着人物之间的关系。

广义的人机界面：在人机系统模型中，人与机之间存在一个相互作用的"面"，称为人机界面，人与机之间的信息交流和控制活动都发生在人机界面上。机器的各种显示都"作用"于人，实现机人信息传递；人通过视觉和听觉等感官接受来自机器的信息，经过脑的加工、决策，然后作出反应，实现人机的信息传递。人机界面的设计直接关系到人机关系的合理性。研究人机界面主要针对两个问题：显示和控制。

狭义的人机界面：计算机系统中的人机界面。人机界面（human computer interface），又称人机接口、用户界面（user interface）、人机交互（human computer interaction），是计算机科学中最年轻的分支科学之一。它是计算机科学和认知心理学两大科学相结合的产物，同时也吸收了语言学、人机工程学和社会学等科学的研究成果。通过 30 余年的发展，已经成为一门以研究用户及其与计算机的关系为特征的主要学科之一。

尤其 20 世纪 80 年代以来，随着软件工程学的迅速发展和新一代计算机技术研究的推动，人机界面设计和开发已成为国际计算机界最为活跃的研究方向。随着计算机技术、网络技术的发展，人机界面学会朝着以下几个方向发展。

（1）科技化　信息技术的革命，带来了计算机业的巨大变革。计算机越来越趋向平面化、超薄型化；便捷式、袖珍型电脑的应用，大大改变了办公模式；输入方式已经由单一的键盘、鼠标输入，朝着多通道输入化发展。追踪球、触摸屏、光笔、语音输入等竞相登场；多媒体技术、虚拟现实及强有力的视觉工作站提供真实、动态的影像和刺激灵感的用户界面，在计算机系统中，各显其能，使产品的造型设计更加丰富多彩，变化纷呈。

（2）自然化　早期的人机界面很简单，人机对话都是机器语言。由于硬件技术的发展以及计算机图形学、软件工程、人工智能、窗口系统等软件技术的进步，图形用户界面（graphic user interface）、直观操作（direct manipulation）、"所见即所得"（what you see is what you get）等交互原理和方法相继产生并得到了广泛应用，取代了旧有"键入命令"式的操作方式，推动人机界面自然化向前迈进了一大步。然而，人们不仅仅满足于通过屏幕显示或打印输出信息，进一步要求能够通过视觉、听觉、嗅觉、触觉以及形体、手势或口令，更自然地"进入"环境空间中，形成人机"直接对话"，从而获得"身临

"其境"的体验。

（3）人性化 现代设计的风格已经从功能主义逐步走向多元化和人性化。今天的消费者纷纷要求表现自我意识、个人风格和审美情趣，反映在设计上亦使产品越来越丰富、细化，体现一种人情味和个性。一方面要求产品功能齐全、高效，适于人的操作使用，另一方面又要满足人们的审美和认知精神需要。现代电脑设计，已经摆脱原有的四方壳纯机器味的淡漠。尖锐的棱角不再被圆滑、单一的米色一统天下；机器更加紧凑、完美，被赋予了人的感情。软界面中颜色、图标的使用，屏幕布局的条理性，软件操作间的连贯性和共通性，都充分考虑了人的因素，使之操作更简单、友好。目前，人机交互正经历从精确向模糊，从单通道向多通道以及从二维交互向三维交互的转变，发展用户与计算机之间快捷、低耗的多通道界面。

（4）和谐的人机环境 今后计算机应能听、能看、能说，而且应能"善解人意"，即理解和适应人的情绪或心情。未来计算机的发展是以人为中心，必须使计算机易用好用，使人以语言、文字、图像、手势、表情等自然方式与计算机打交道。

国外一些大公司如 IBM、微软等在中国国内建立的研究院大多以人机接口为主要研究任务，尤其是在汉语语音、汉字识别等方面，如汉语识别与自然语言理解、虚拟现实技术、文字识别、手势识别、表情识别等。我们应该在人机交互方式技术竞争中，特别是在人机界面的优化设计、视觉目标拾取认知技术等方面取得主动权。

2. 视觉目标拾取认知技术研究 眼睛是心灵的窗户，透过这个窗口我们可了解人的许多心理活动。人类的信息加工在很大程度上依赖于视觉，来自外界的信息有80%～90%是通过人的眼睛获得的。眼动的各种模式一直与人的心理变化相关，对于眼球运动即眼动的研究被认为是视觉信息加工研究中最有效的手段，普遍吸引了神经科学、心理学、工效学、计算机科学、临床医学、运动学等领域专家的研究兴趣，其研究成果在工业、军事、商业等领域得到广泛应用。

在视觉目标拾取认知技术科学研究中最为重要的问题就是人对信息流的获取（输入）和信息流的控制（输出）这两个问题。据研究，人对外部信息流的获取有80%是通过视觉获得的，由于视觉的重要性，有关视觉眼动系统的研究始终是科学界关注的问题之一，其中有关人眼的搜索机制早就引起了神经病学家、眼科学家、生理学家、解剖学家以及工程师们的极大兴趣，特别是近年来，世界各国对视觉眼动系统的研究越来越多。而人对外部信息流的控制主要是通过手、脚、口等效应器官进行的，其中研究人的目标拾取运动这一基本、重要的作业运动形式，可以为人机界面系统的设计、评估、操作提供量化的理论依据和理论指导，因此，该研究具有很好的工程应用价值，并一直是工效学、心理学、生理学等学科的研究热点。近年来，随着计算机及人机界面技术的发展，眼动仪在人机界面设计上受到高度重视。美国空军最早在新的人机交互设计中运用视觉追踪技术，最初的主要目的是要把视觉追踪用于战斗机座舱的设计。这一领域的深入研究表明，视觉追踪技术不但可以用于战斗机座舱的设计，而且可以运用视觉追踪技术，把人眼作为计算机的一种输入工具，形成视觉输入人机界面。另外，日本的 ATR 通信系统研究实验室和东京工业大学已将眼动测量用于对虚拟现实的研究，有效地解决了大的视场和高精度的图像显示之间的矛盾。随着高性能摄像机的出现和图像处理技术的发展，眼动仪将朝着高精度、高实用性和低成本的方向发展。

国内对视觉测量的研究始于 20 世纪 79 年代末、80 年代初。一般都是引进了国外设备做实验研究，西安电子科技大学在自主开发研制眼动仪样机方面做了很多工作。北京航空航天大学人机环境工程研究所 90 年代末开展了飞机座舱人机界面评价实验台的研制，利用视觉与眼动系统分析控制面板仪表布局是研究内容之一。

由于人是人机环境系统的主体，只有深刻认识人在系统中的作业特性，才能研制出最大限度地发挥人及人机系统的整体能力的优质高效系统。人的目标拾取运动作为人的一种输出形式，具有速度－精确度的折衷关系，即目标拾取运动的完成时间与命中目标的精确度成反比。这种特性广泛存在于人的各种输出和其他控制系统中。所以如何建立人的目标拾取运动过程中实用、精确的速度－精确度折衷关系理论模型就成了研究的主要任务。

三、前景展望

现代人机系统中，作业人员是在特定环境中操作和管理复杂系统和各种数字化设备，当人在这种环境中工作时，既要靠眼睛来观察环境，又要靠细致的注视来完成精确的控制动作，通过人机工程技术分析，就可知道人在操作时如何分配注意力、体力，同时了解仪表、屏幕以及外视景如何设计和合理分配，才能获得最好的人机交互，既减轻操作人员的工作负荷又避免出错，切实提高人机工效。这对于计算机系统、自动化控制、交通运输、工业设计、军事领域，以及社会系统中重大事变（战争、自然灾害、金融危机等）的应急指挥和组织系统、复杂工业系统中的故障快速处理、系统重构与修复、复杂环境中仿人机器人的设计与制造等问题的解决都有着重要的参考价值。

21世纪人类步入了信息时代，人机工程学的发展必然向着信息化、智能化、网络化的方向发展。人机工程学作为应用性学科，与人的工作生活息息相关，设计生产出更加人性化、高效能的设备、工具和日常生活用品是努力的目标。以发展的眼光看，人机工程学又分为技术人性化和人的技术化两个方面。

未来技术人性化的最大体现将在于计算机虚拟现实技术的实用化。从人与计算机交互方式的演变，从利用穿孔纸带输入计算程序，到面对终端机上的字符操作界面，再到个人计算机上的图形界面和多媒体，继而是网络和虚拟现实即计算机技术的日益"人性化"的过程，也就是人机工程特性的不断提高。盖茨的《未来之路》、尼葛洛庞帝的《数字化生存》和美国前副总统戈尔的《数字地球》的讲演都谈到虚拟现实的有关概念和前景，从人机工程学的角度来说，虚拟现实技术把人类的空间感、行走等感觉和行为功能纳入人机交互之中，使得人与信息的交流变得更加自然和没有阻碍。

在21世纪，随着计算机技术和网络技术的发展，基于人机工程学的虚拟设计和测试评价已经成为可能，这不仅可以节省大量的时间和资源，而且可以增强企业的竞争能力，使产品更具有使用性和人性化。

在人的技术化方面，一方面人自觉和主动地进行学习、接受训练和选拔，从而获得更大的能力；另一方面也会被动地和不自觉地接受技术的约束，形成对技术的依赖，后者例如使用计算器后心算能力的减退，继而使用电脑记事后记忆力的减退。

"请问星期三从北京到上海的航班有哪些？"通过普通电话，用自然的语音交流方式，一位学生正试着从网上查找需要的信息。英特尔公司在举办的一个研究论坛上，展示了其微处理器体系结构及人机界面领域的最新研究成果。英特尔微处理器研究试验室主任傅雷德鲍莱克称："现在人们一提上网就想到电脑，其实人们需要的并不是计算机，而是一个可以帮助人们工作的助手。人们希望能和电脑对话，用身体语言和它交流，甚至希望它能理解自己的每一个暗示。计算机将从以机器为中心的界面转向更为人性化的界面。"

随着人机工程学的应用和实践，我们相信这种情况就是不久的将来我们生活中的场景。

知识链接

人机工程学与虚拟现实

1. 虚拟现实（VR） VR 技术可以创建一个虚拟的环境，让用户完全沉浸其中。在人机工程学中，VR 技术可以用于模拟各种工作场景和操作环境，帮助设计师更好地理解用户的需求和行为。例如，在汽车设计中，设计师可以使用 VR 技术让用户在虚拟的驾驶环境中体验汽车的操控性能和舒适性，从而对汽车的设计进行优化。

2. 增强现实（AR） AR 技术可以将虚拟信息叠加在现实世界中，为用户提供更加直观的信息和指导。在人机工程学中，AR 技术可以用于辅助操作和培训。例如，在工业生产中，工人可以通过佩戴 AR 眼镜，获取设备的操作指南和维护信息，提高工作效率和准确性；在教育领域，AR 技术可以用于教学演示和实验，增强学生的学习效果。

3. 混合现实（MR） MR 技术是 VR 和 AR 技术的结合，它可以实现虚拟世界和现实世界的无缝融合。在人机工程学中，MR 技术可以为用户提供更加自然和真实的交互体验。例如，在建筑设计中，设计师可以使用 MR 技术让用户在现实的建筑空间中看到虚拟的装修效果，从而更好地评估设计方案的可行性和美观性。

目标检测

答案解析

一、选择题

1. 我国普遍采用的学科名为（ ）

　　A. 人间工学　　　　　　　　　　　　B. 人类工效学

　　C. 人类工程学　　　　　　　　　　　D. 人机工程学

2. 人机系统主要包括人、机、（ ）三部分

　　A. 环境　　　　　　B. 设备　　　　　　C. 厂房　　　　　　D. 家庭

3. 人机工程学主要研究的是（ ）三者之间的关系

　　A. 人、机、材料　　　　　　　　　　B. 人、机、环境

　　C. 人、材料、环境　　　　　　　　　D. 机、材料、环境

4. 人机工程学的作用是（ ）

　　A. 单纯提高机器的性能　　　　　　　B. 单纯提高人的工作效率

　　C. 改善人机系统的匹配关系，减少事故　D. 只关注工作环境的改善

5. 以下不属于人体工程学相关领域的是（ ）

　　A. 人体解剖学　　　　　　　　　　　B. 历史学

　　C. 心理学　　　　　　　　　　　　　D. 环境工程学

6. 人体工程学是一门（ ）

　　A. 纯粹的自然科学　　　　　　　　　B. 纯粹的社会科学

　　C. 边缘科学　　　　　　　　　　　　D. 艺术学科

二、简答题

1. 人机工程学定义的三层次分别是什么？人机工程学研究内容的三对象分别是什么？

2. 人机工程学有哪些研究内容？讨论人机工程学与自己学科的关系。

3. 观察生活中的设计，列举 2~3 个人机工程学较好的设计实例，并加以分析。

4. 找出周围环境中 2~3 个不合理的人机工程学设计，分析不合理原因，并讨论可行的解决办法。

书网融合……

本章小结

第二章　人体测量与数据应用

学习目标

1. **掌握**　人体测量学定义；人体测量内容；人体尺寸的影响因素。
2. **熟悉**　人体测量中的主要统计函数，百分位的概念和应用原则。
3. **了解**　百分位中的最大尺寸原则；最小尺寸原则；平均值原则和可调节性原则的设计应用。
4. 在设计时能针对不同的使用场景，确认使用人群特征，通过查阅人体尺寸库并选择合适的百分位尺寸，为设计提供准确的数据支撑。

⇒ 案例分析

实例　在汽车座椅的设计中，人体测量数据同样起着至关重要的作用。设计师会根据人的身高、体重、体型等数据，确定座椅的尺寸、形状、调节范围等参数。座椅的高度应能够满足不同身高的驾驶员和乘客的需求，使其能够舒适地操作踏板和看到前方道路。座椅的宽度和深度应能够适应不同体型的人，提供足够的支撑和舒适感。此外，座椅的靠背角度、头枕高度等也需要根据人体测量数据进行合理设计，以减少长时间驾驶带来的疲劳和不适。

问题　人体测量数据对产品设计的影响有哪些？

人体尺度测量与比例是人机工程学课程体系中的一个重要知识。主要是通过对人体的整体测量和局部测量来研究人体类型、特征、尺度、比例和发展变化的规律。通过对人体测量，提供人的肢体所能发挥的力量大小、肌肉关节等活动限度、人体静态和动态尺寸的数据和资料，为人机系统设备的设计和空间布置提供科学依据。

因此，通过对人体尺寸的测量和比例的研究，我们可以为产品设计、工作场所和动作类型等提出设计原则和标准，以便充分地利用空间，使在人操作时舒适省力，并具有准确性与安全性。本章我们将具体讲解人机工程学中人体测量与比例的知识。

第一节　人体测量

一、尺寸与尺度

1. 尺寸　是指沿某一方向、某一轴向或围径测量的值。人体尺寸是指用专用仪器在人体上的特定起点、止点或经过点沿特定测量方向测得的尺寸。

2. 尺度　是基于人体尺寸的一种关于物体大小或空间大小的心理感受，也可以说尺度是一种心理尺寸。尺度是一个相对的概念，一种比例上的关系。比如，同一高度的扶手，成人和儿童的使用感觉不同。

尺寸是客观的，尺度是主观的。尺寸是物理层面的人机工程学问题，而尺度是认知和感性层面的人机工程学问题，侧重于人的心理感受。尺度是造型对象的整体或局部与人的生理或人所可见的某种特定标准之间的大小关系，它比较固定。正确的产品造型设计次序应该首先根据人机工程学确定尺寸，然后根据尺度确定和调整造型物的比例。

为了使各种与人体尺度有关的设计对象能符合人的生理特点，让人在使用设计物时处于舒适的状态和适宜的环境之中，工业设计的从业者就必须在工业设计实践中充分考虑人体的各种尺度，因而也就要了解一些人体测量学方面的基本知识，并熟悉有关设计所必需的人体测量基本数据的性质和使用条件。

人体测量学是通过测量人体各部位尺寸，来确定人类个体之间和群体之间在人体尺寸上的差别，研究人的形态特征，从而为工业设计和工程设计提供人体测量数据和标准的学科。

二、人体测量发展简述

人体测量的历史悠久，自从有人类以来，生活中的方方面面都会或多或少地涉及人体尺寸及相关问题。例如，居住的建筑采用多大的空间和尺寸，使用的工具采用多长、多粗的握柄等，都少不了对相关人体尺寸的测量和应用。

人体测量学（anthropometry），是对人体外形与尺度研究的学科。

这一名称源于希腊语中人（anthropos）和测量（metrikos）这两个词。依据史蒂芬·菲森特（Stephe Pheasant）的研究，人体测量学可以追溯到文艺复兴时期。阿尔布雷特·丢勒（Albrecht Dfirer）在所著的《人类比例四书》（*Four Books of Human Proportions*）中，通过绘画等描述了各种人体，书中收集了达·芬奇的著名的人体比例绘画，这幅画以人的肚脐为圆心，四肢处在圆周之上。这是人体测量中知名度最高的测绘作品之一。这幅画是根据 1500 多年前维特鲁威《建筑十书》里面的描述而绘制的。由此可见早在 1500 多年前，人们就已经开始对人体尺寸测量进行深入的思考和探索。

1870 年，比利时数学家魁特里撰写了《人体测量学》一书，这是第一次系统地对人体测量进行研究的科学著作，也是人体测量系统性、科学性发展的标志。从 19 世纪末开始，各个国家的科学家都开始系统研究人体测量，并编写相关标准。

许多设计师由于设计实践的需要，也逐步地介入人体测量的研究中，其中最有代表性的是亨利·德雷夫斯。他是美国著名的设计师，1929 年成立了自己的工业设计事务所，并与贝尔公司开展合作。在设计产品时，他始终认为产品尺寸必须符合人体尺寸。他 1961 年出版的《人体尺度》一书被普遍认为是将设计与人体测量有机融合的重要著作。

一些发达国家已经建立较为完善的人体测量体系，制定相应的标准，定期进行人体尺寸数据的采集和更新。如美国早在 1919 年就对 10 万退伍军人进行了多项人体测量，目前每 3～5 年发布人体尺寸数据。第二次世界大战后，美、英两国又进行了大规模的海空军人体测量，1946 年提出研究报告《航空部队人体尺寸和人员装备》，这是人体尺寸用于人机工程设计的重要文献。在 20 世纪 70 年代出版的 *Human scale* 丛书提供了多张卡片，可以拨动侧边的转盘，获知多个百分位数的人体尺寸数据，还可以获得多种类型产品针对不同百分位人群的尺寸数据建议。

我国 2000 多年前即开始进行过人体测量的工作。现存最早的我国医学典籍《内经·灵枢》的《骨度篇》中，已有关于人体测量的记载和阐述。20 世纪 80 年代我国曾针对成年人进行人体尺寸测量，GB/T 10000—1988《中国成年人人体尺寸》是中华人民共和国国家标准，根据人类工效学要求提供了我国成年人人体尺寸的基础数值。适用于工业产品、建筑设计、军事工业及工业的技术改造设备更新与劳动安全保护。GB/T 10000—2023《中国成年人人体尺寸》基于 2014—2018 年开展的全国成年人尺寸调查，更改了所有的人体尺寸统计数据，增加了上臂围、大腿围、瞳孔间距、掌围、足围等 5 项人体尺寸测量项目。它是目前最新的国家标准。

三、人体测量数据类型

本书主要关注人体测量与设计的关系。根据人体测量数据来设计更符合人体特点的产品等，让人们在生活和工作中更加舒适和方便。

一般来讲，人体测量学所测量的数据主要分为以下两大类。

1. 人体构造尺寸　也称为人体静态尺寸，是指人在静止状态下的基本人体构造的尺寸。

静态人体测量是指被测者静止地站着或坐着进行的一种测量方式。静态测量的人体尺寸可作为设计工作空间大小、家具和产品界面以及一些工作设施等的依据。

2. 人体功能尺寸　静态测量参数虽然可以解决不少工业产品造型设计中的有关人体尺度的问题，但是人在操纵设备或从事某种作业时并不是静止不动的，大部分时间是处于活动状态的。

人体功能尺寸也称为人体动态尺寸。人体构造尺寸与人体功能尺寸有较大差别。

动态人体测量的特点是，当人进行任何一项身体活动时，并不是某个身体部位独立完成的，而是身体各部位协调完成，具有一定的连贯性和活动性。例如，单个手臂可及的范围是在手臂长度的基础上，与肩部运动、躯干的扭转、背部的屈曲以及操作本身特性有关。因此，动态人体测量要根据实际情况加以判断，不能仅仅依靠静态人体测量的尺寸来解决实际问题。

图2-1为车辆驾驶的静态图与动态图，不仅需要考虑人在驾驶过程中的静态尺寸，同时还要考虑驾驶员的胳膊、腿部及身体的动态活动范围。而现实生活中人体多处于运动状态，所以对人体功能尺寸的研究与应用对于设计而言是非常重要的。但无论是构造尺寸还是功能尺寸，都要放在具体的设计对象中去进行分析与研究，对于设计而言才有实际价值。例如，人的四肢活动是有一定范围的，要将相关产品或界面的操作范围布置在人们手脚操作时最方便和反应最灵敏的范围之内，从而减少人的疲劳，提高人机系统的效率。

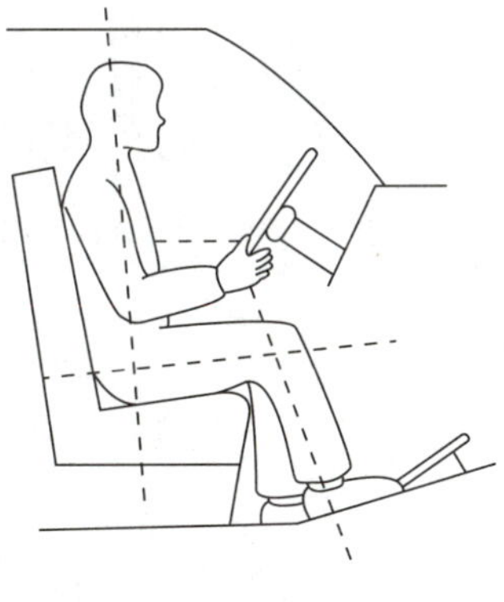

（a）静态图 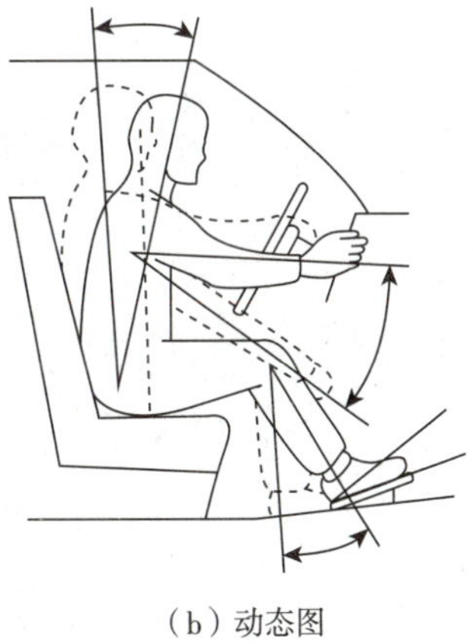　　　　　（b）动态图

图2-1　车辆驾驶的静态图与动态图

日常生活中，尽管人们不太留意，但与人体测量相关的各种设计产品比比皆是。例如，公交车内扶手的高度便是根据人的上举功能尺寸确定的。当然在实际设计过程中，确定任何一个设计尺寸，往往都会牵涉到各种要素之间的协调，即便是一个扶手的高度。

四、人体测量方法

对于从事工业设计或工程设计的人员，一般是应用人体尺寸的数据资料，并不需要自己进行大规模的人体尺寸测量和相应的数据分析工作。特殊情况下，有可能需要做一些小样本的人体尺寸测量工作，在后面章节中将有所阐述。

本节侧重于介绍传统的手工人体尺寸测量方法。GB/T 10000—2023 中的数据就是通过这种传统方法得到的。对新型的非接触式人体尺寸测量方法，则进行对比性的概述。

人体尺寸数据的科学性体现在可比性、适用性两方面。可比性指国际、国内测量方法严格统一。适用性指测量的项目、测量所得的数据是设计等实用中所需要的。

为了保证可比性和适用性，ISO（国际标准化组织）下属的 ISO/TC159/SC3（人类工效学：人体测量与生物力学分技术委员会）制定了相关标准 ISO 7250 - 1：2017。与此国际标准等效的我国相应国标是 GB/T 5703—2023《用于技术设计的人体测量基础项目》和 GB/T 5704—2008《人体测量仪器》。

下面简略说明这两个国标的要点。

（一）人体测量仪器

GB/T 5704—2008 等国标中规定的人体测量工具有人体测高仪［图 2 - 2（a）］、弯脚规［图 2 - 2（b）］、直脚规［图 2 - 2（d）］、三脚平行规［图 2 - 2（c）、(e)］等。

此外，还有用于测量体重的体重计，用于测量人体关节活动角度的角度计（图 2 - 3），用于测量身体围长与弧长的软尺（图 2 -4）等。

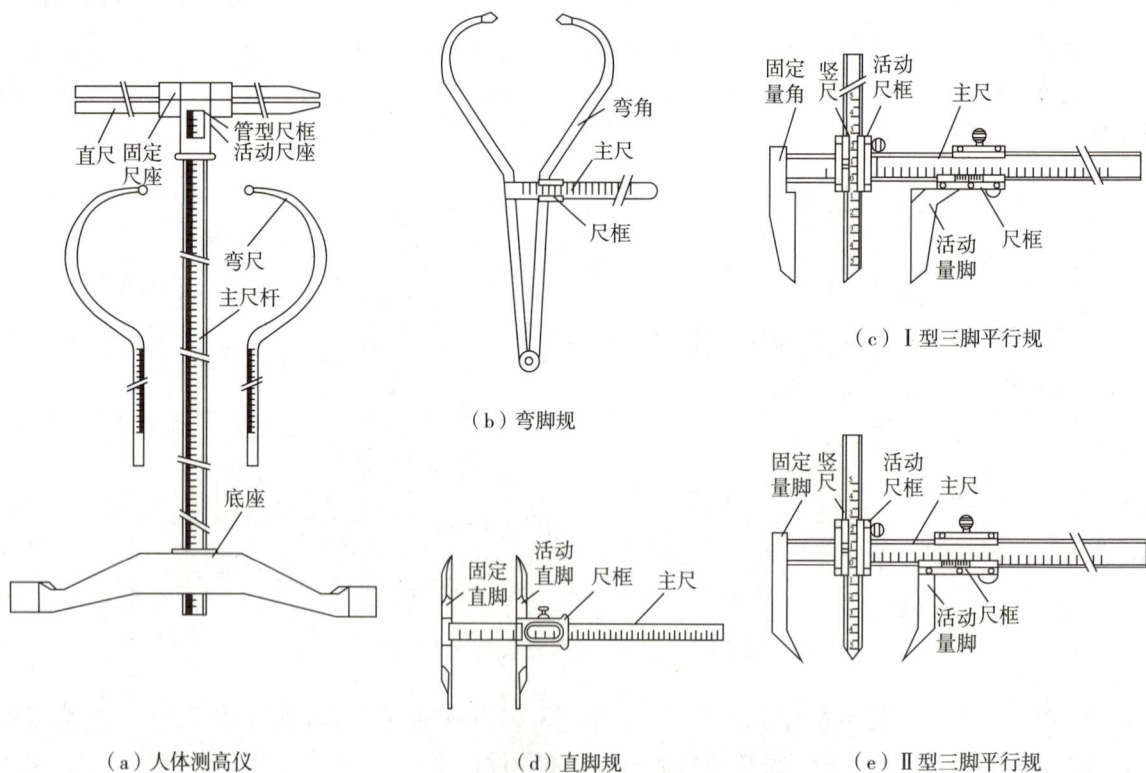

（a）人体测高仪　　（b）弯脚规　　（c）I 型三脚平行规　　（d）直脚规　　（e）II 型三脚平行规

图 2 - 2　人体测量仪器

图 2 - 3　人体测量用角度计

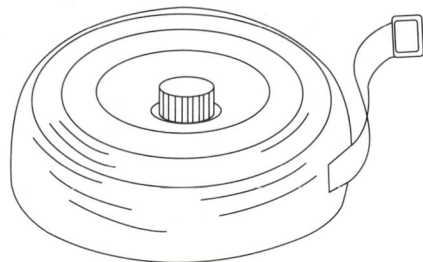

图 2 - 4　软尺

（二）人体测量条件

在 GB/T 5703—2010 等国标中，对人体尺寸测量的被测者衣着和支撑面、基准面和基准轴、测量姿势等测量条件都做了规定。

1. 被测者的衣着和支撑面　测量时，被测者应裸体或尽可能少着装，且免冠赤足。

立姿测量时站立在地面或平台上；坐姿测量时，座椅平面为水平面、稳固、不可压缩。

2. 测量基准面和基准轴

（1）测量基准面

1）矢状面　沿身体中线对称地把身体切成左、右两半的铅垂平面，称为正中矢状面；与正中矢状面平行的一切平面都称为矢状面。

2）冠状面　垂直于矢状面，通过铅垂轴将身体切成前、后两部分的平面。

3）水平面　垂直于矢状面和冠状面的平面；水平面将身体分成上、下两个部分。

4）眼耳平面　通过左右耳屏点及右眼眶下点的平面，又称法兰克福平面。

（2）测量基准轴

1）铅垂轴　通过各关节中心并垂直于水平面的一切轴线。

2）矢状轴　通过各关节中心并垂直于冠状面的一切轴线。

3）冠状轴　通过各关节中心并垂直于矢状面的一切轴线。

人体尺寸测量均在测量基准面内，沿测量基准轴的方向进行。

人体测量的基准面和基准轴如图 2 - 5 所示。

3. 测量姿势　在人体测量时要求被测者保持规定的标准姿势，基本的测量姿势为立姿和坐姿，姿势要点如下。

（1）立姿　身体挺直，头部以法兰克福平面定位，眼睛平视前方，肩部放松，上肢自然下垂，手伸直，掌心向内，手指轻贴大腿外侧，左右足后跟并拢、前端分开约成 45°角，体重均匀分布于两足，足后跟、臀部和后背部与同一铅垂面相接触。

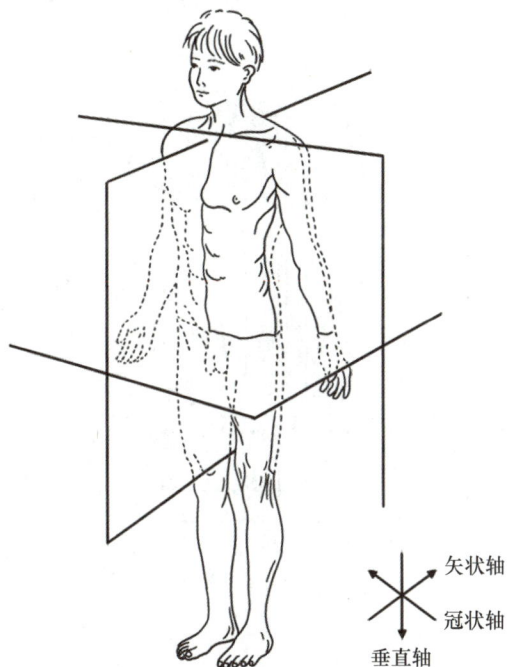

图 2 - 5　人体测量的基准轴

（2）坐姿　躯干挺直，头部以法兰克福平面定位，眼睛平视前方，两大腿完全由座面支撑，膝弯曲大致成直角，足平放在地面上，手轻放在大腿上。臀部和后背部靠在同一铅垂面上。

4. 测量方向　测量中人体的上下方向，上方称为头侧端，下方称为足侧端。测量中人体的左右方向，靠近正中矢状面的部位称为内侧，远离正中矢状面的部位称为外侧。测量中靠近四肢的部位称为近位，远离四肢的部位称为远位。在上肢上，桡骨侧称为桡侧，尺骨侧称为尺侧。在下肢上，胫骨侧称为胫侧，腓骨侧称为腓侧。

（三）测量项目及其定义

GB/T 5703—2023《用于技术设计的人体测量基础项目》中，列出立姿测量项目12项（含体重）、坐姿测量项目16项、特定体部测量项目20项、功能测量项目14项。

通常说人的"肩部"都指一个概略的范围，并不是一个小小的点，因此，"肩高"该怎么测量？类似的像"眼高""手宽"等这样一些项目到底该怎么测量？必须进行严格规定，否则所得数据便没有"可比性"，也就没有意义。因此，GB/T 5703—2023对所有测量项目都逐一做了定义说明、测量方法、测量仪器的规定。这里选摘两个示例如下。如需更多更详细的了解，可查看上述国标等文献。

1. 肩高
（1）说明地面到肩峰点的垂直距离，如图2-6所示。
（2）测量方法被测者足跟并拢，身体挺直站立，肩部放松，上臂自然下垂。
（3）测量仪器人体测高仪。

2. 手宽
（1）说明在第Ⅱ~Ⅴ掌骨头水平处，掌面桡、尺两侧间的投影距离，如图2-7所示。
（2）测量方法被测者前臂水平，手伸直，四指并拢，掌心朝上。
（3）测量仪器直角规。

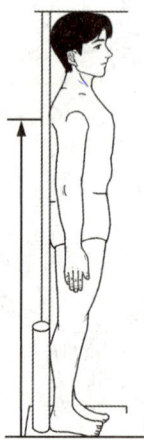

图 2-6　肩高

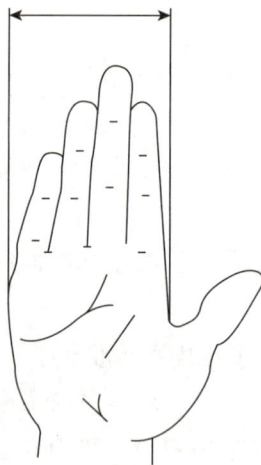

图 2-7　手宽

（四）人体测量图例

图2-8、图2-9为一些人体尺寸测量的图例，较为形象地表示了部分人体测量的方法。

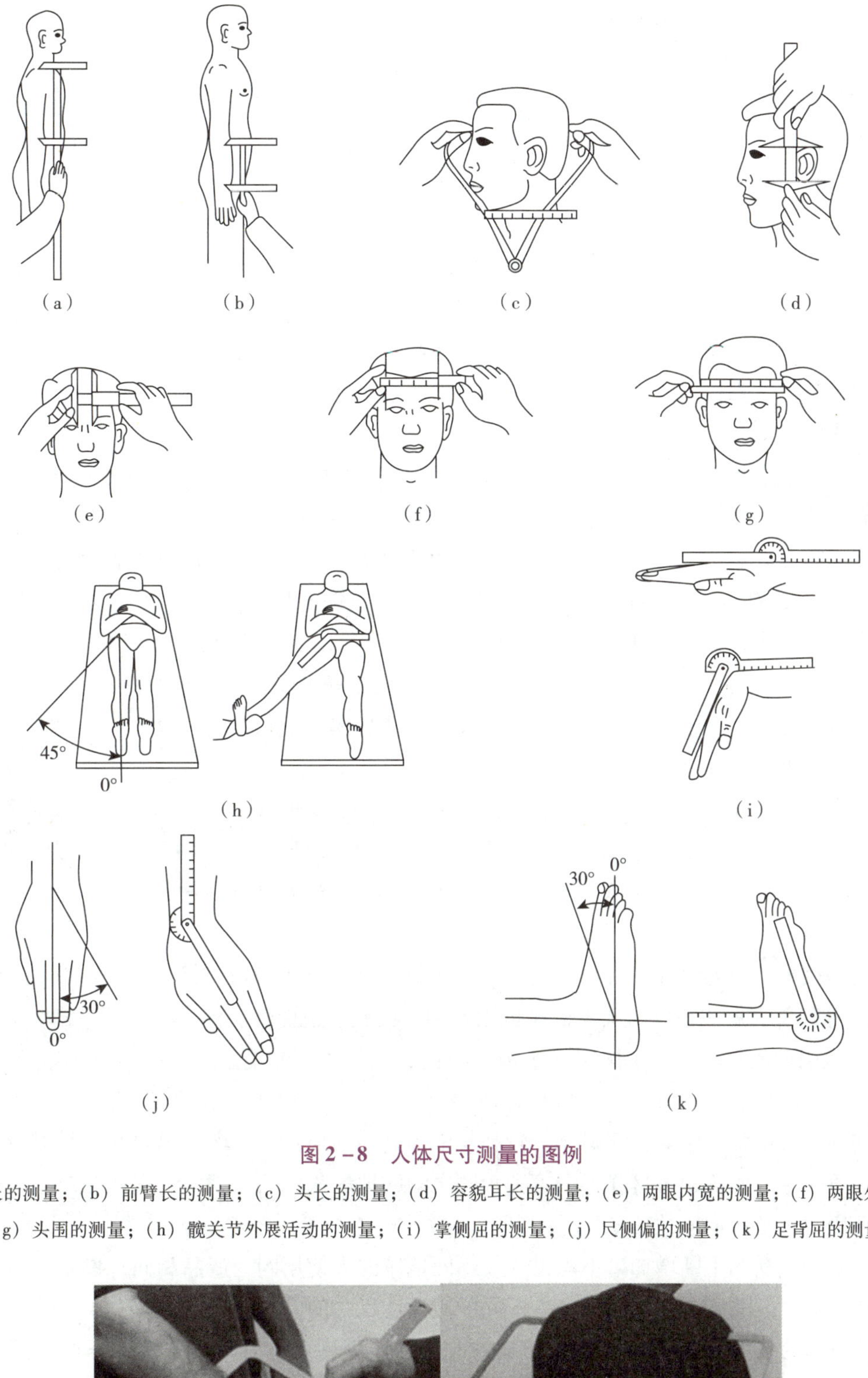

图 2 – 8 人体尺寸测量的图例

（a）上臂长的测量；（b）前臂长的测量；（c）头长的测量；（d）容貌耳长的测量；（e）两眼内宽的测量；（f）两眼外宽的测量；

（g）头围的测量；（h）髋关节外展活动的测量；（i）掌侧屈的测量；（j）尺侧偏的测量；（k）足背屈的测量

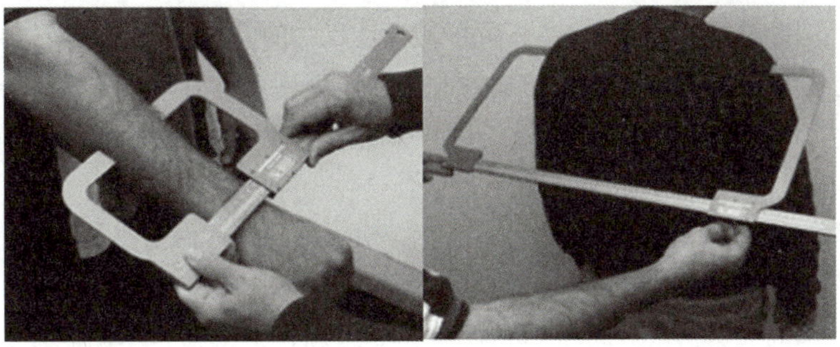

图 2 – 9 测量图例

五、影响人体尺寸的因素

人体随着年龄增长会发生变化。性别、种族、职业、地理环境的不同以及文化背景、营养成分、食物种类乃至起居习惯的不同，都会影响人体的发育及尺寸。因此我们要对不同背景下的群体及个体进行细致的测量和分析才能得到他们的特征尺寸，进而得出人体的差异和人体尺寸的分布规律。

1. 因年龄引起的差异 人的许多身体尺寸是随年龄变化而变化的，例如，从童年时期到成人时期，人的身高会发生很大变化。一般情况下，人在 20～25 岁时身高停止增长，而在 35～40 岁时身高开始降低，女性比男性尤为明显。而与身高不同，一些身体尺寸如体重和胸围可能一直变大，直到 60 岁左右才开始下降。尽管人们在晚年时期骨质会变得疏松一些，但体重的下降主要是由于肌肉不断消耗，这也导致老年人肌肉强度下降，引发肌肉萎缩。设计师需考虑年龄因素及差异规律，应满足不同年龄人群对不同尺寸的需求。

老年人的身高均比年轻时矮，而身体的围度却会比一般的成年人大，需要更宽松的空间范围。同时，由于肌肉力量的退化，伸手够东西的能力不如年轻人。因此，手脚所能触及的空间范围要比一般成年人小。所以家庭用具，尤其是厨房用具、柜橱和卫生设备的设计，考虑老年人的身体活动范围是很重要的。

2. 因性别引起的差异 男性和女性在身体尺寸上存在显著差异，如 10～12 岁是女性身体成长最快的时期，而男性身体成长最快的时期则在 13～15 岁。成年后，女性的身体尺寸约是成年男性身体尺寸值的 92%，但在某些人体尺寸上，如大腿围长、臀围、胸厚等测量值，成年女性的尺寸要比男性的大。一般来说，女性身体上脂肪占体重的比例高于男性，男性身体力量和强度一般大于女性。

3. 因民族和地区引起的差异

（1）因民族引起的差异 不同的国家及不同的种族，因地理环境、生活习惯、遗传特质的不同，人体尺寸差异十分明显。例如，越南人的平均身高为 1605mm，比利时人的平均身高为 1799mm，身高差距竟达 194mm。同时，同一个国家、不同区域人的平均身高也有差异，通常寒冷地区人的平均身高大于热带地区，平原地区人的平均身高大于山区。

例如，美国按男子身高设计的飞机，美国男子的适应范围为 90%，对法国人为 80%，对日本人为 43%。泰国人为 24%。所以设计时要考虑民族因素和多民族的适应性。

（2）因地区引起的差异 一个国家由于地区不同，人体数据也有所差异。中国身材较高的地区为河北、山东、辽宁、山西、内蒙古、吉林和青海等；身材中等的地区为长江三角洲、浙江、江苏、湖北、福建、陕西、甘肃和新疆等；身材介于较高与中等之间的地区为河南、黑龙江；身材较矮的地区为四川、云南、贵州和广西等；身材介于中等和较矮之间的地区为江西、湖南、安徽和广东。所以设计时还要考虑地区因素及地区适应性。

随着全球贸易活动的不断增加，不同民族及不同地区的人使用同一产品和同一设施的情况将越来越普遍，因此在设计时，需要考虑不同国家、不同区域人体尺寸的差异。

4. 因时代因素引起的差异 由于食物结构的改变，体育活动的开展，卫生知识的普及，当代年轻人身材比老一辈要高大，这个问题在总人口的身高平均值上也可以得到证实。欧洲的居民预计每 10 年身高增加 10～14mm。因此，若使用三四十年前数据会导致相应的误差。

所以在设计时需要考虑时代引起的人体尺寸变化，对人体尺寸库做适当的修正，同时应认识到这种缓慢的变化对各种产品的设计、生产和发展周期带来的影响。

5. 因职业因素引起的差异 从劳动科学和社会医学的调查中得知，不同职业、不同社会阶层的居民，在体形和生长方面互有区别，在身高尺寸上也存在差异。如重体力劳动者与轻体力劳动者的体形及尺寸有很大差别。

例如，职业篮球队员要比一般同性别人员高出很多，芭蕾舞演员要比一般同性别人员偏瘦，而卡车司机表现出比一般人高和重的趋势，钢琴手、吉他手的手指因为长期练习也会加长。我们在为某一人群设计的时候，需要考虑该人群的特点，如为篮球馆设计一系列家具时，需要考虑篮球运动员的平均尺寸，而不是所有人群的平均值。

六、人体测量中的主要统计函数

由上可知，人体的尺寸受到多因素的影响，所以在设计时需要考虑人体尺寸，处理人体与群体尺寸的关系至关重要。在人体测量中所得到的测量值都是离散的随机变量，因而可根据概率论与数理统计对测量数据进行统计分析，从而获得所需群体尺寸的统计规律和特征参数。

1. 总体　研究的全体对象的集合称为总体。人体尺寸测量中，总体是按一定特征被划分的人群。设计时必须了解总体的特性，并且对该总体进行命名。

2. 样本　从总体取出的许多个体称为样本。各种人体尺寸手册中的数据就是来自这些样本，因此，设计人员必须了解样本的特点及其表达的总体。

3. 平均值　表示样本的测量数据集中地趋向某一个值，称为平均值，简称均值。均值是描述测量数据位置特征的值，可用来衡量一定条件下的测量水平和概括地表现测量数据的集中情况。对于有 n 个样本的测量值：$X_1, X_2, \cdots, X_n$，其均值如式（2-1）所示。

$$\overline{X} = \frac{X_1 + X_2 + \cdots + X_n}{n} = \frac{1}{n}\sum_{i=1}^{n} x_i \qquad (2-1)$$

4. 方差　描述测量数据在中心位置（均值）上下波动程度差异的值叫作均方差，通常称为方差。方差表明样本的测量值是变量，既趋向均值而又在一定范围内波动。对于均值为 $\overline{X}$ 的 n 个样本测量值：$X_1, X_2, \cdots, X_n$，其方差 S^2 的计算如式（2-2）所示。

$$S^2 = \frac{1}{n-1}[(x_1 - \overline{X})^2 + (x_2 - \overline{X})^2 + \cdots + (x_n - \overline{X})^2]$$

$$= \frac{1}{n-1}\sum_{i=1}^{n}(x_i - \overline{X})^2 \qquad (2-2)$$

用上式计算方差时，由于要用数据做两次计算，即首先用数据计算出 $\overline{X}$，再用数据计算出 S^2 效率不高，故可以采用另一个与式（2-2）等价且可以有效计算的公式，如式（2-3）所示。

$$S^2 = \frac{1}{n-1}(x_1^2 + x_2^2 + \cdots + x_n^2 - n\overline{X}^2)$$

$$= \frac{1}{n-1}\left(\sum_{i=1}^{n} x_i^2 - n\overline{X}^2\right) \qquad (2-3)$$

如果测量值 x_i 全部靠近均值 $\overline{X}$，则优先选用这个等价的计算式来计算方差。

5. 标准差　是方差的平方根。由方差的计算可知，方差的量纲是测量值量纲的平方，为使其量纲和均值相一致，则取其均方差的平方根值，即标准差，来说明测量值对均值的波动情况。对于均值为 X 的 n 个样本测量值：$x_1, x_2, \cdots, x$，其标准差 S_D 如式（2-4）所示。

$$S_D = \left[\frac{1}{n-1}\left(\sum_{i=1}^{n} x_i^2 - n\overline{X}^2\right)\right]^{\frac{1}{2}} \qquad (2-4)$$

6. 抽样误差　又称标准误差，即全部样本均值的标准差。当测量方法一定，样本容量越多，则测量结果精度越高。因此，在可能范围内增加样本容量，可提高测量结果的精度。当样本数据列的标准差为 S_D，样本容量为 n 时，则抽样误差 $S_{\overline{x}}$ 的计算如式（2-5）所示。

$$S_{\bar{x}} = \frac{S_D}{\sqrt{n}}$$

(2-5)

7. 关于百分点   大部分人体测量，数据是按百分点来表达的，即把研究对象分成100份，根据一些特定的人体尺寸条件，从最小到最大进行分段。例如：第1百分点的身高尺寸表示99%的研究对象的身高尺寸。同样，第95百分点的身高尺寸则表示仅有5%的研究对象具有比该数值更高的高度；而95%的研究对象则具有同样的或更低的高度。总之，百分点表示具有某一人体尺寸和小于该尺寸的人占统计对象总人数的百分数。当采用百分点的数据时，有两点要特别注意。

（1）人体测量当中的每一个百分点数值，只表示某一项人体尺寸。例如身高或坐高。

（2）没有一个各项人体尺寸都同时处在同一百分点上的人。

8. "平均人"的谬误   第50百分点的数值可以说已经相当接近于某一组人体尺寸的平均值，但绝不能误解为有"平均人"这样一个人体尺寸。

选择数据时，如果以为第50百分点数值代表了平均人的尺寸，那就大错而特错了。这里不存在什么"平均人"，第50百分点只是说明所选择的某一项人体尺寸有50%的人适用。因此，按照设计的性质，通常选用第95%（95百分点）和第5%（5百分点）的数值，才能满足绝大多数使用者。

统计学表明：任意一组特定对象的人体尺寸分布均符合正态分布规律，即大部分属于中间值，只有一小部分属于过大值和过小值，它们分布在范围的两端。设计上满足所有人的要求是不太可能的，但必须满足大多数人。所以必须从中间部分取用能够满足大多数人的尺寸数据作为设计参考依据。因此，一般都是舍去两头的极大值和极小值，而涉及90%~95%的人。

📎 **知识链接**

人体尺寸测量方法

1. 传统测量方法

（1）直接测量   使用测量工具如卷尺、皮尺、卡尺等直接测量人体的各个部位的尺寸。例如，测量身高、体重、胸围、腰围、臀围等。

（2）间接测量   通过测量人体的某些特征，如脚印、手印等，来推算人体的尺寸。例如，通过测量脚印的长度和宽度，可以推算出人体的身高和体重。

2. 现代测量技术

（1）三维扫描   利用三维扫描仪对人体进行扫描，获取人体的三维模型。这种方法可以快速、准确地测量人体的各个部位的尺寸，并且可以进行多角度的观察和分析。

（2）摄影测量   通过拍摄人体的照片，利用摄影测量技术来获取人体的尺寸信息。这种方法可以在不接触人体的情况下进行测量，适用于一些特殊情况，如测量运动员的身体尺寸等。

第二节   人体尺寸的百分位数

一、人体尺寸分布状况

人们高高矮矮、胖胖瘦瘦，相互不同，对于任何一项人体尺寸，中国人中都有大的、中等的、小的等各种情况。要全面完整地显示中国成年人人体尺寸情况，就要描述清楚对于每一项人体尺寸，具有多大数值的人占多大的比例，这就叫人体尺寸的"分布状况"。

GB/T 10000—2023 采用两种方法描述人体尺寸的分布状况。

每一项人体尺寸都给出 7 个百分位数的数据，这 7 个百分位数分别是 1 百分位数、5 百分位数、10 百分位数、50 百分位数、90 百分位数、95 百分位数和 99 百分位数。常用符号 P_1、P_5、P_{10}、P_{50}、P_{90}、P_{95}、P_{99} 来分别表示它们。其中前 3 个称为小百分位数，后 3 个称为大百分位数，50 百分位数则称为中百分位数。

百分位数是一种位置指标、一个界值，K 百分位数 P_k 将群体或样本的全部观测值分为两部分，有 K% 的观测值等于小于它，有（100 – K）% 的观测值大于它。人体尺寸用百分位数表示时，称为人体尺寸百分位数。

例如，在设计中最常用的是 P_5、P_{50}、P_{95} 3 种百分位数。其中，P_5（第 5 个百分位数）代表"小"的人体尺寸，是指有 5% 的人群人体尺寸小于此值，而有 95% 的人群人体尺寸均大于此值；P_{50}（第 50 个百分位数）表示"中"的人体尺寸，是指大于和小于此人群人体尺寸的各为 50%；P_{95}（第 95 个百分位数）代表"大"的人体尺寸，是指有 95% 的人群人体尺寸均小于此值，而有 5% 的人群人体尺寸大于此值。

例1　中国成年男子（18 ~ 70 岁）身高的 95 百分位数是 P_{95} = 1800mm，这就表示：中国成年男子（18 ~ 70 岁）中有 95% 的人身高等于和小于 1800mm，有（100 – 95）% = 5% 的人身高大于 1800mm。

例2　中国成年女子（18 ~ 70 岁）体重的 5 百分位数是 P_5 = 45 kg，这就表示：中国成年女子（18 ~ 70 岁）中有 5% 的人体重等于和小于 45kg，有（100 – 5）% = 95% 的人体重大于 45kg。

百分位的分布是符合正态分布曲线的，如图 2 – 10 所示，男性（18 ~ 70 岁）人群的身高大部分人分布在 50%，然后人数向 5% 和 95% 逐渐减少的趋势。

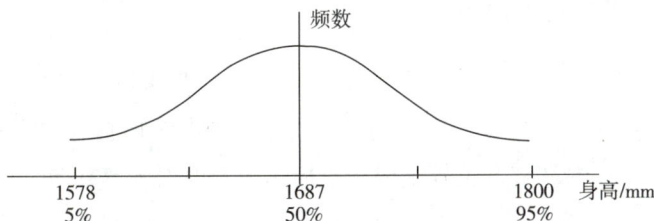

图 2 – 10　男性（18 ~ 70 岁）身高正态分布曲线

GB/T 10000—2023 中的每一个数据表格都是用这 7 个百分位数表示的，所以这是 GB/T 10000—2023 描述人体尺寸分布状况的主要方法，也是设计中通常采用的、比较方便的方法。

给出人体尺寸均值和标准差这是 GB/T 10000—2023 描述人体尺寸分布状况的补充方法，只对 6 个地区（东北华北区、中西部区、长江中下游区、长江中游区、两广福建区、云贵川区）中国人的身高、体重、胸围 3 个人体尺寸，以及 18 ~ 70 岁成年男性和女性的人体尺寸给出了均值和标准差。人体尺寸的均值和标准差可用于中国人体尺寸的理论分析，必要时也可用来推算出所有百分位数的人体尺寸数值，推算方法参看"人体尺寸的地区差异和时代差异"中的计算公式。

二、百分位的应用原则

如何选取适合的百分位有四大原则，分别是最大尺寸原则、最小尺寸原则、平均值原则和可调节性原则。

1. 最大尺寸原则   是指在尺寸参考时选用人体尺寸的第95百分位数甚至第99百分位数的原则。生活中常用的大尺寸应用有门的高度、床的长度和宽度、过街天桥上防护栏杆的高度、礼堂座位的宽度、热水瓶把手孔圈的大小、屏风（能阻挡视线）的高度等。

门的高度，由人体身高决定，参考人体高度的第95百分位数，身高过高的人通过短暂的弯腰也可通过。而通道和天花板高度要尽可能地适用于99%甚至100%的人群。

办公屏风的高度，由人的坐姿眼高决定，参考坐姿眼高为第95百分位数，保证对绝大部分人群的视觉起阻隔作用，提供相对的独立空间。

2. 最小尺寸原则   是指在尺寸参考时选用第5百分位数原则，就是小尺寸原则。生活中常用的小尺寸应用有过街天桥防护栏杆的间距、电扇罩（防手指进入受伤）的间距、浴室里上层衣柜的高度、阅览室上层书架的高度、公共汽车上车踏步的高度等。

图2-11所示为飞机驾驶舱的按键分布，以飞行员的伸手范围尺寸决定，应该采用第5百分位数，这样可使绝大部分驾驶员都能够安全操作。

图书馆最上层书架的高度由人站姿时的伸手高度决定，应该采用第5百分位数，可使大部分人不依靠凳子即可够到最上层的书。

图2-11　飞机驾驶舱的上方和前方的按键图

3. 平均值原则   是指在尺寸参考时选用第50百分位数原则。例如，一些设计对舒适性和安全性要求不高，如沙发和座椅高度、门把手高度等，满足大部分人的需求即可。生活中常用的平均值原则应用如下：一般门上的手把，门上锁孔离地面的高度，大多数文具的尺寸，公共场所休闲椅凳的高度等。

4. 可调节性原则   是指在尺寸上满足绝大部分人群的舒适度，在尺寸参考时选用第5~95百分位数。例如，对安全性要求较高的汽车座椅，需要尺寸全方位可调节；对于舒适性要求较高的办公座椅，也采用多功能可调节性原则。

如图2-12所示，通常汽车座椅调节开关都是位于座椅侧面，根据调节方向，可以分为椅面调节①、靠背调节②、前后调节③、高低调节④、腰部调节、头枕调节等，可满足5%~95%人群的坐姿舒适性和满足驾驶安全的需要。

5. 特殊情况   如果以第5百分位数或第95百分位数为限值，会造成界限以外的人员使用时不仅不舒适，而且当有损健康和造成危险时，尺寸界限应扩大至1%（第1百分位数）和99%（第99百分位数）。例如，安全通道宽度考虑人体肩宽，为保证在危机情况下人员快速疏散，需满足第99百分位数原则。公共建筑内安全出口和疏散门的净宽度不应小于900mm，疏散走道和疏散楼梯的净宽度不应小于1100mm。

图2-12　汽车座椅的调节功能图

栏杆间距设计应考虑儿童头部尺寸，要考虑如何避免因栏杆设计缺陷导致的儿童头部被卡。从发生危险的人群来看，多是两三岁的儿童，所以栏杆最大间距需要考虑此年龄儿童的头部尺寸，用到1%尺寸原则，确保此年龄阶段儿童头部进不去。按照《民用建筑设计通则》规定，

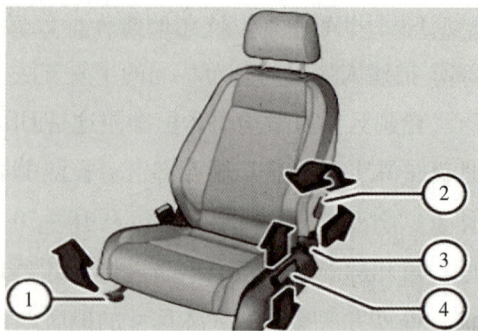

阳台、外廊、室内回廊、上人屋面等临空处制造的防护栏杆，栏杆高度不得低于1100mm；采用垂直杆件做栏杆时，其杆件净距离不应大于110mm。

第三节　人体尺寸国家标准

一、GB/T 10000—2023《中国成年人人体尺寸》

1. GB/T 10000—2023 的适用范围　此标准提供了我国成年人（男18~70岁，女18~70岁）人体尺寸的基础数据。适用于工业产品、建筑设计、军事工业以及劳动安全保护等领域。

对于每一项人体尺寸，该标准均按男、女各5个年龄段给出数据。年龄分组如下：

男、女18~70岁，18~25岁，26~35岁，36~60岁，61~70岁。

2. 人体尺寸的项目　GB/T 10000—2023 中共列出5组、52项静态人体尺寸和16项人体功能尺寸数据，分别是：人体主要尺寸6项，立姿人体尺寸16项，坐姿人体尺寸13项；人体头部尺寸8项，人体手部尺寸6项，人体足部尺寸3项。

二、我国成年人人体尺寸国家标准

该标准根据人机工程学要求提供了我国成年人人体尺寸的基础数据，适用于工业设计、建筑设计、军事工业及工程技术改造、设备更新、劳动安全保护等。

成年人的人体构造尺寸如下。

1. 人体主要尺寸　包括身高、体重、上臂长、前臂长、大腿长、小腿长等数据，见表2-1、表2-2和图2-13。

表 2-1　18~70 岁成年男性静态人体尺寸百分位数（单位：mm）

测量项目		百分位数						
		P_1	P_5	P_{10}	P_{50}	P_{90}	P_{95}	P_{99}
1.1	身高	1528	1578	1604	1687	1773	1800	1860
1.2	体重/kg	47	52	55	68	83	88	100
1.3	上臂长	277	289	296	318	339	347	358
1.4	前臂长	199	209	216	235	256	263	274
1.5	大腿长	403	424	434	469	506	517	537
1.6	小腿长	320	336	345	374	405	415	434

表 2-2　18~70 岁成年女性静态人体尺寸百分位数（单位：mm）

测量项目		百分位数						
		P_1	P_5	P_{10}	P_{50}	P_{90}	P_{95}	P_{99}
1.1	身高	1440	1479	1500	1572	1650	1673	1725
1.2	体重/kg	41	45	47	57	70	75	84
1.3	上臂长	256	267	271	292	311	318	332
1.4	前臂长	188	195	202	219	238	245	256
1.5	大腿长	375	395	406	441	476	487	508
1.6	小腿长	297	311	318	345	375	384	401

2. 立姿人体尺寸　人体尺寸标准中的成年人立姿人体尺寸有眼高、肩高、肘高、手功能高、会阴高、胫骨点高等主要尺寸数据。见表 2-3 和表 2-4、图 2-14。

表 2-3　18~70 岁成年男性立姿人体尺寸（部分）百分位数（单位：mm）

测量项目		百分位数						
		P_1	P_5	P_{10}	P_{50}	P_{90}	P_{95}	P_{99}
2.1	眼高	1416	1464	1486	1566	1651	1677	1730
2.2	肩高	1237	1279	1300	1373	1451	1474	1525
2.3	肘高	921	957	974	1037	1102	1121	1161
2.4	手功能高	649	681	696	750	806	823	854
2.5	会阴高	628	655	671	729	790	807	849
2.6	胫骨点高	389	405	415	445	477	488	509
4.1	胸宽	236	254	265	299	330	339	356
4.2	胸厚	172	184	191	218	246	254	270
4.3	肩宽	339	354	361	386	411	419	435
4.4	肩最大宽	398	414	421	449	481	490	510
4.5	臀宽	291	303	309	334	359	367	382
4.8	胸围	770	809	832	927	1032	1064	1123
4.9	腰围	642	687	713	849	986	1023	1096
4.10	臀围	810	845	864	938	1018	1042	1098

表 2-4　18~70 岁成年女性立姿人体尺寸（部分）百分位数（单位：mm）

测量项目		百分位数						
		P_1	P_5	P_{10}	P_{50}	P_{90}	P_{95}	P_{99}
2.1	眼高	1328	1366	1384	1455	1531	1554	1601
2.2	肩高	1161	1195	1212	1276	1345	1366	1411
2.3	肘高	867	895	910	963	1019	1035	1070
2.4	手功能高	617	644	658	705	753	767	797
2.5	会阴高	618	641	653	699	749	765	798
2.6	胫骨点高	358	373	381	409	440	449	468
4.1	胸宽	233	247	255	283	312	319	335
4.2	胸厚	172	184	191	218	246	254	270
4.3	肩宽	308	323	330	354	377	383	395
4.4	肩最大宽	366	377	384	409	440	450	470
4.5	臀宽	281	293	299	323	349	358	375
4.8	胸围	746	783	804	895	1009	1042	1109
4.9	腰围	599	639	663	781	923	964	1047
4.10	臀围	802	837	854	921	1009	1040	1111

3. 坐姿人体尺寸　人体尺寸标准中的成年人坐姿人体尺寸包括坐高、坐姿颈椎点高、坐姿眼高、坐姿肩高、坐姿肘高、坐姿大腿厚、坐姿膝高、小腿加足高、坐深、臀膝距、坐姿下肢长等主要尺寸数据。见图 2-15、表 2-5、表 2-6。对工作、劳动而言，或对器物设计而言，以上表列出的这些人体尺寸项目都比较重要。现从表 2-2 至表 2-6 中摘出 10 个人体尺寸项目，在表 2-7 中简要说明其应用场合。

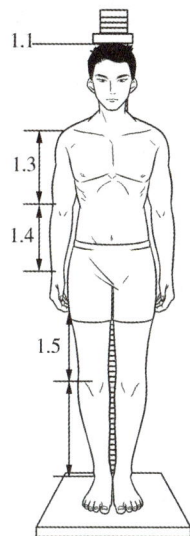

图 2-13　人体主要尺寸

图 2-14　立姿人体尺寸

表 2-5　18~70 岁成年男性坐姿人体尺寸百分位数（单位：mm）

测量项目		P_1	P_5	P_{10}	P_{50}	P_{90}	P_{95}	P_{99}
3.1	坐高	827	856	870	921	968	979	1007
3.2	坐姿颈椎点高	599	622	635	675	715	726	747
3.3	坐姿眼高	711	740	755	798	845	856	881
3.4	坐姿肩高	534	560	571	611	653	664	686
3.5	坐姿肘高	199	220	231	267	303	314	336
3.6	坐姿大腿厚	112	123	130	148	170	177	188
3.7	坐姿膝高	443	462	472	504	537	547	567
3.8	坐姿腘高	361	378	386	413	442	450	469
3.9	坐姿臀-腘距	407	427	438	472	507	518	538
3.10	坐姿臀-膝距	509	526	535	567	601	613	635
3.11	坐姿下肢长	830	873	892	956	1025	1045	1086
4.6	坐姿两肘间宽	352	376	390	445	505	524	566
4.7	坐姿臀宽	292	308	316	346	379	388	410

表 2-6　18~70 岁成年女性坐姿人体尺寸百分位数（单位：mm）

测量项目		P_1	P_5	P_{10}	P_{50}	P_{90}	P_{95}	P_{99}
3.1	坐高	780	805	820	863	906	921	943
3.2	坐姿颈椎点高	563	581	592	628	664	675	697
3.3	坐姿眼高	665	690	704	745	787	798	823
3.4	坐姿肩高	500	521	531	570	607	617	636
3.5	坐姿肘高	188	209	220	253	289	296	314
3.6	坐姿大腿厚	108	119	123	137	155	163	173
3.7	坐姿膝高	418	433	440	469	501	511	531
3.8	坐姿腘高	341	351	356	380	408	418	439
3.9	坐姿臀-腘距	396	416	426	459	492	503	524
3.10	坐姿臀-膝距	489	506	514	544	577	588	607
3.11	坐姿下肢长	792	833	849	904	960	977	1015
4.6	坐姿两肘间宽	317	338	352	410	474	491	529
4.7	坐姿臀宽	293	308	317	348	382	393	414

图 2 - 15　坐姿人体尺寸

表 2 - 7　国标中部分人体尺寸项目的应用场合举例

人体尺寸项目	应用场合举例
2.1 立姿眼高	立姿下需要视线通过或需要隔断视线的场合，例如病房、监护室、值班岗亭门上玻璃窗的高度，一般屏风及开敞式大办公室隔板的高度等，商品陈列橱窗、展台展板及广告布置等
2.3 立姿肘高	立姿下，上臂下垂、前臂大体举平时，手的高度略低于肘高，这是立姿下手操作工作的最适宜高度，因此设计中非常重要，轮船驾驶，机床操作，厨房里洗菜、切菜、炒菜，教室讲台高度等都要考虑它
2.4 立姿手功能高	立姿下不需要弯腰的最低操作件高度；行走时让手提包、手提箱不拖到地面上等要求，均与这一人体尺寸有关
2.5 立姿会阴高	草坪的防护栏杆是否容易跨越、男性公厕中小便接斗的高度、自行车鞍座与脚踏的距离等，均与这一人体尺寸有关
3.1 坐高	双层床、客轮双层铺、火车卧铺的设计，复式跃层住宅的空间利用等，均与这一人体尺寸有关
3.3 坐姿眼高	坐姿下需要视线通过或需要隔断视线的场合，例如影剧院、阶梯教室的坡度设计，汽车驾驶的视野分析，需要避免视觉干扰的窗户高度，计算机、电视机屏幕的放置高度，其他坐着观察的对象的合理排布等
3.5 坐姿肘高	座椅扶手高度设计，与坐姿工作、坐姿操作有关的各种机器与器物，例如坐姿操作生产线工作台的高度，书桌、餐桌的高度设计等
3.6 坐姿大腿厚	椅面之上、桌面抽屉下面的空间，是否容得下大腿或允许大腿有一些活动余地
3.8 坐姿腘高	很重要，是座椅椅面高度设计的依据
3.9 坐姿臀 - 腘距	座椅、沙发座深设计的依据

4. 人体头部尺寸　人体头部尺寸包括头全高、头矢状弧、头冠状弧、头最大宽、头最大长、头围、形态面长。

人体头部尺寸的 8 个项目见图 2 - 16、表 2 - 8、表 2 - 9。

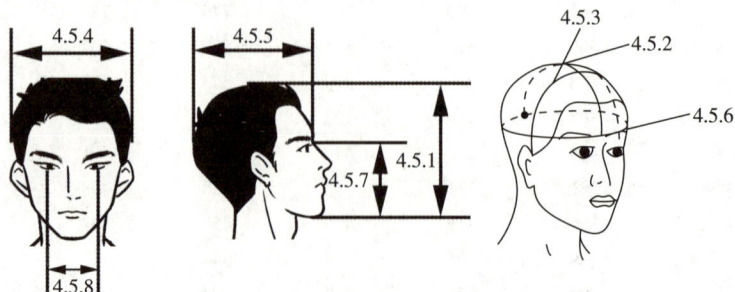

图 2 - 16　人体头部尺寸

表 2-8 18~70 岁成年男性人体头部尺寸百分位数（单位：mm）

测量项目		百分位数						
		P_1	P_5	P_{10}	P_{50}	P_{90}	P_{95}	P_{99}
4.5.1	头高	202	210	217	231	249	253	260
4.5.2	头矢状弧	305	320	325	350	372	380	395
4.5.3	耳屏间弧（头冠状弧）	321	334	340	360	380	386	397
4.5.4	头宽	142	147	149	158	167	170	175
4.5.5	头长	170	175	178	187	197	200	205
4.5.6	头围	531	543	550	570	592	600	617
4.5.7	形态面长	104	108	111	119	129	133	144
4.5.8	瞳孔间距	52	55	56	61	66	68	71

表 2-9 18~70 岁成年女性人体头部尺寸百分位数（单位：mm）

测量项目		百分位数						
		P_1	P_5	P_{10}	P_{50}	P_{90}	P_{95}	P_{99}
4.5.1	头高	199	206	213	227	242	246	253
4.5.2	头矢状弧	280	303	311	335	360	367	381
4.5.3	耳屏间弧（头冠状弧）	313	324	330	349	369	375	385
4.5.4	头宽	137	141	143	151	159	162	168
4.5.5	头长	162	167	170	178	187	189	194
4.5.6	头围	517	528	533	552	571	577	591
4.5.7	形态面长	96	100	102	110	119	122	130
4.5.8	瞳孔间距	50	52	54	58	64	66	71

三、人体尺寸的地区差异和时代差异

1. 地区差异 不同地区的人群，由于民族、气候条件、饮食结构等方面不同的长期影响，人体尺寸存在着差异。GB/T 10000—2023 将全国划分为 6 个自然区域，给出了 6 个地区人群体重、身高和胸围 3 种人体尺寸的数据，见表 2-10、表 2-11。

（1）东北华北区 黑龙江、吉林、辽宁、内蒙古、河北、山东、北京、天津。

（2）中西部区 河南、山西、陕西、宁夏、甘肃、新疆、西藏、青海。

（3）长江下游区 江苏、浙江、安徽、上海。

（4）长江中游区 湖北、湖南、江西。

（5）两广福建区 广东、广西、海南、福建、台湾。

（6）云贵川区 云南、贵州、四川、重庆。

表 2-10 六个自然区域成年男性身高和体重的均值及标准差

测量项目	东北华北区		中西部区		长江中游区		长江下游区		两广福建区		云贵川区	
	均值	标准差	均值	标准差	均值	标准差	均值	标准差	均值	标准差	均值	标准差
身高/mm	1702	67.3	1686	64.8	1673	65.8	1694	67.4	1684	72.2	1663	68.5
体重/kg	71	11.9	69	11.3	67	10.4	68	11.0	67	10.9	65	10.5
胸围/mm	949	80.0	930	80.3	920	74.8	929	75.5	915	74.1	913	73.7

表 2-11 六个自然区域成年女性身高和体重的均值及标准差

测量项目	东北华北区		中西部区		长江中游区		长江下游区		两广福建区		云贵川区	
	均值	标准差	均值	标准差	均值	标准差	均值	标准差	均值	标准差	均值	标准差
身高/mm	1584	61.9	1577	58.7	1564	54.7	1582	59.7	1564	60.6	1548	58.6
体重/kg	60	9.8	60	9.6	56	7.9	57	8.5	55	8.4	56	8.5
胸围/mm	908	86.0	915	81.0	892	73.6	896	76.7	882	72.9	908	77.2

由表 2-10 和表 2-11 可知，我国 6 个自然区域中，东北华北区人群的身材较为高大，下面依次是长江下游区、中西部区、两广福建区、长江中游区 4 个地区，其中云贵川区人群的身材较为矮小。数据表明差距还是相当明显的。以身高为例：

东北华北区与云贵川区男子身高均值相差 1702mm - 1663mm = 39mm。

东北华北区与云贵川区女子身高均值相差 1584 - 1548mm = 36mm。

设计工作中如果要用到某个地区某项人体尺寸的某个百分位数，可由相应人体尺寸的均值和标准差直接推算得到，公式为

$$P_K = x \pm K\sigma \tag{2-6}$$

式中，P_K 为人体尺寸的 K 百分位数；x 为相应人体尺寸的均值（可由表 2-10 和表 2-11 中查得）；σ 为相应人体尺寸的标准差（可查表 2-10 和表 2-11 中查得）；K 为转换系数，见表 2-12。

当求 1~50 百分位之间的百分位数时，式中取 " - " 号；

当求 50~99 百分位之间的百分位数时，式中取 " + " 号。

表 2-12 由均值和标准差计算百分位数的转换系数

百分位数	转换系数 K	百分位数	转换系数 K	百分位数	转换系数 K	百分位数	转换系数 K
0.5	2.576	20	0.842	70	0.524	97.5	1.960
1.0	2.326	25	0.674	75	0.674	98	2.05
2.5	1.960	30	0.524	80	0.842	99	2.326
5	1.645	40	0.25	85	1.036	99.5	2.576
10	1.282	50	0.00	90	1.282		
15	1.036	60	0.25	95	1.645		

例 3 求东北华北地区女子身高的 95 百分位数 P_{95}。

解 由表 2-11 查得东北华北地区女子身高的均值 x 和标准差 σ 分别为：$x = 1584$mm；$\sigma = 61.9$mm。

由表 2-12 查得转换系数 $K = 1.645$。

代入算式 $P_{95} = x + K\sigma = 1584$mm $+ 1.645 \times 61.9$mm $= 1686$mm。

2. 时代差异 由于生活水平提高，营养改善，同一民族、同一地区人群的人体尺寸存在时代差异，在社会经济发展快的时期更加明显，且青少年的时代差异比成年人的时代差异更显著。

在欧美一些国家，人体尺寸的时代差异从 20 世纪初期明显地显现出来，日本则始于 20 世纪 50~60 年代。我国从 20 世纪 70 年代末开始改革开放以来，经济发展迅速，生活水平提高很快，与当今的现状存在时代差异是肯定的。

研究指出，一个国家或民族，生活水平提高导致的人体尺寸增加，一般会延续几十年，但人体尺寸增加的速度会越来越慢。例如欧洲、北美国家从 20 世纪后半叶开始，日本在 20 世纪最后十几年间，平均身高的增加都已经很缓慢了。欧洲、北美国家在 20 世纪最后十几年中，平均身高已基本稳定下来，

平均体重还有小幅度的增加。上述情况有助于预测今后中国人体尺寸变化的大体趋势。

青少年人体尺寸的时代差异比成年人更为显著，原因是营养改善使青少年发育年龄提前。20世纪末期的一项调查显示，考入上海市高校的上海籍新生，与20世纪50年代同类学生相比，平均身高增加100~120mm之多。这一数字自然远远高于同期成年人身高的差异，其原因是：在20世纪50年代，上大学以后还继续长身高的学生并不少见，而后期青少年身高的发育在中学时期都已完成。

我国"第二次全国人体尺寸测量调查"工作分两阶段进行，第一阶段针对4~17岁的未成年人，第二阶段针对成年人。

四、未成年人和老年人人体尺寸

GB/T 26158—2010《中国未成年人人体尺寸》于2011年1月14日发布，2011年7月1日实施。

该国标给出了中国男、女未成年人（4~17岁）72项人体尺寸的11个百分位数。

年龄段分5个：4~6岁，7~10岁，11~12岁，13~15岁，16~17岁。

自然区域分6个：东北华北、中西部、长江下游、长江中游、两广福建、云贵川。

该国标中的资料丰富详尽，图表甚多，现摘录其中的一个数表"13~15岁未成年男子人体尺寸的百分位数"，见表2-13。

"成年人"的含义一般包括老年人在内。例如国家卫生和计划生育委员会发布的《中国居民营养与慢性病状况报告（2015）》显示：全国18岁以上成年男性和女性的平均身高分别为1671mm和1558mm。而GB/T 10000—2023中对应的数据为1687mm和1572mm。

表2-13

进入老年以后，人体尺寸都会发生变化，70岁、80岁时的身高比20岁时降低了多少，虽因人而异，但一般是相当明显的，老年女性的变化比老年男性更加显著。2015的数据包含老年人在内的平均身高，所以小于GB/T 10000—2023中的相应数值。

从事老年人用品设计，必须立足于老年人的数据资料。

五、成年人人体功能尺寸

人在从事各种工作时都需要有足够的活动空间。工作位置上的活动空间设计与人体功能尺寸密切相关。由于活动空间应尽可能适合绝大多数人的使用。设计时应以高百分位人体尺寸为依据，所以，成年人的人体功能尺寸均以我国成年男子第95百分位身高（1800mm）为基准。

（一）人体功能尺寸活动空间分析

人们在工作中常取站、坐、跪、卧、仰等作业姿势，现从各个角度对其活动空间进行分析说明，并给出人体尺度图。

1. 立姿的活动空间 立姿时人的活动空间不仅取决于身体的尺寸，也取决于保持身体平衡的微小平衡动作和肌肉松弛的脚站立的平面不变时，为保持平衡必须限制上身和手臂能达到的活动空间，如图2-17所示。

2. 坐姿的活动空间 根据立姿活动空间的条件，给出坐姿活动空间的人体尺度，如图2-18所示。

3. 单腿跪姿的活动空间 根据立姿活动空间的条件，给出单腿跪姿活动空间的人体尺度。取跪姿时，承重膝常更换。由一膝换到另一膝时，为确保上身平衡，要求活动空间比基本位置大，如图2-19所示。

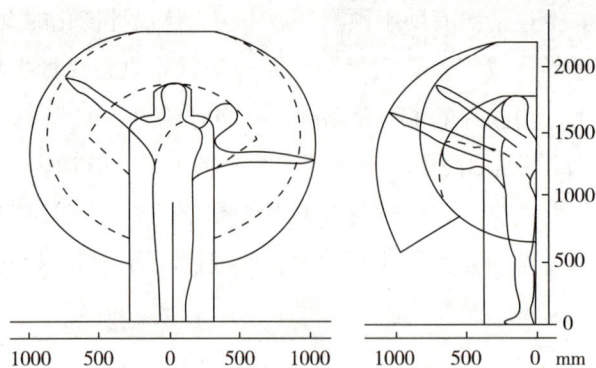

图 2 – 17　人体立姿活动空间示意

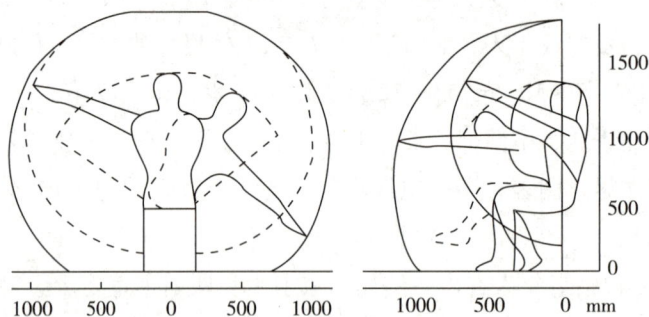

图 2 – 18　人体坐姿活动空间示意

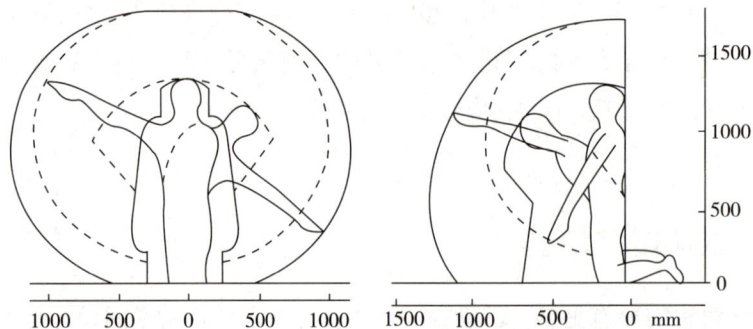

图 2 – 19　人体单腿跪姿的活动空间示意

4. 仰卧的活动空间　仰卧活动空间的人体尺度，如图 2 – 20 所示。

图 2 – 20　人体仰卧活动空间示意

　　这些常用的立、坐、跪、卧等作业姿势活动空间的人体尺度，可满足人体一般作业空间设计的需要。但对于受限作业空间的设计，则需要应用各种作业姿势下人体功能尺寸测量数据，使用时应增加修正余量。

（二）工作空间人体功能尺寸的名称和数据

GB/T 10000—2023《中国成年人人体尺寸》给出了 16 项与工作空间有关的中国成年人人体尺寸的数据。其名称和数据见图 2–21、表 2–14、表 2–15。

图 2–21　工作空间设计用人体功能尺寸测量项目示意图

表 2–14　18~70 岁成年男性工作空间设计用功能尺寸百分位数（单位：mm）

测量项目	百分位数						
	P_1	P_5	P_{10}	P_{50}	P_{90}	P_{95}	P_{99}
1　上肢前伸长	729	760	774	822	873	888	920
2　上肢功能前伸长	628	654	667	710	758	774	808

续表

测量项目		百分位数						
		P_1	P_5	P_{10}	P_{50}	P_{90}	P_{95}	P_{99}
3	前臂加手前伸长	403	418	425	451	478	486	501
4	前臂加手功能前伸长	291	308	316	340	365	374	398
5	两臂展开宽	1547	1594	1619	1698	1781	1806	1864
6	两臂功能展开宽	1327	1378	1401	1475	1556	1582	1638
7	两肘展开宽	804	827	839	878	918	931	959
8	中指指尖点上举高	1868	1948	1986	2104	2228	2266	2338
9	双臂功能上举高	1764	1845	1880	1993	2113	2150	2222
10	坐姿中指指尖点上举高	1188	1242	1267	1348	1432	1456	1508
11	直立跪姿体长	581	612	628	679	732	749	786
12	直立跪姿体高	1166	1200	1217	1274	1332	1351	1391
13	俯卧姿体长	1922	1982	2014	2115	2220	2253	2326
14	俯卧姿体高	343	351	355	374	397	404	422
15	爬姿体长	1128	1161	1178	1233	1290	1308	1347
16	爬姿体高	743	765	776	813	852	864	891

表 2 – 15　18 ~ 70 岁成年女性工作空间设计用功能尺寸百分位数（单位：mm）

测量项目		百分位数						
		P_1	P_5	P_{10}	P_{50}	P_{90}	P_{95}	P_{99}
1	上肢前伸长	640	693	709	755	805	820	856
2	上肢功能前伸长	535	595	609	653	700	715	751
3	前臂加手前伸长	372	386	393	416	441	448	461
4	前臂加手功能前伸长	269	284	291	313	338	346	365
5	两臂展开宽	1435	1472	1491	1560	1633	1655	1704
6	两臂功能展开宽	1231	1267	1287	1354	1428	1452	1509
7	两肘展开宽	753	770	780	813	848	859	882
8	中指指尖点上举高	1740	1808	1836	1939	2046	2081	2152
9	双臂功能上举高	1643	1709	1737	1836	1942	1974	2047
10	坐姿中指指尖点上举高	1081	1137	1159	1234	1307	1329	1372
11	直立跪姿体长	610	621	627	647	668	674	689
12	直立跪姿体高	1103	1131	1146	1198	1254	1271	1308
13	俯卧姿体长	1826	1872	1897	1982	2074	2101	2162
14	俯卧姿体高	347	351	353	362	375	379	388
15	爬姿体长	1097	1117	1127	1164	1203	1215	1241
16	爬姿体高	707	720	728	753	781	789	808

　　表 2 – 14、表 2 – 15 中的尺寸项目与很多工作情况有关。例如，在第二章第四节中所举计算公共汽车顶棚扶手横杆杆心线高度的例子中，用到的"手上举能抓握的横杆高度"，便可由表 2 – 14、表 2 – 15 中的数据"9"查得。

　　（三）通过小样本测量建立人体尺寸回归方程的方法

　　1. 小样本测量与人体尺寸回归方程　我国几个主要的人体尺寸国标所列出的是最基本人体尺寸项

目，不能包含实际工作中需要用到的所有人体尺寸。国标中的基本人体尺寸数据，是通过大样本测量得到的，测量的个体数为几千甚至几万个，这样大的工作量只能由国家专门机构来完成。

工作中需要用某项人体尺寸，国标及文献中却没有数据，怎么办呢？GB/T 13547—1992 建议：通过小样本测量建立人体尺寸回归方程的方法来获取其数值。一般进行几十个个体的人体尺寸测量，经过数据处理即可。

通过小样本测量建立人体尺寸回归方程的理论基础是：各人体尺寸之间具有线性相关性。把国标中没有的某项人体尺寸作为因变量 y，把国标中已有的某基本人体尺寸作为自变量 x，则两者之间的一次方程关系（线性关系）为

$$y = ax \pm b \tag{2-10}$$

式中，a 和 b 是表示两者线性相关的常数。通过小样本测量并进行数据处理，可以确定 a、b 这两个常数。有了这两个常数，即可从自变量 x 得到因变量 y。

2. 建立回归方程以及自变量的选取　通过小样本测量的数据建立线性回归方程，是数理统计的基本内容之一。现在用数据处理软件来做，快捷简便。通过示例说明如下。

目标任务：假设国标等文献里查不到男子跪姿体长 Gc 这个人体尺寸，我们希望求得 Gc 与国标里基本人体尺寸身高 H 的线性回归方程 Gc = aH + b。

问题归结为：通过小样本测量的数据，确定方程中的两个常数 a 和 b。

简要说明工作步骤如下：

（1）所谓"小样本"，并没有明确的数目规定，一般可取 40～50 个"正常"的个体。

（2）对每个个体进行自变量（身高反）和因变量（跪姿体长 Gc）的测量，得到以下的数据列表：

序号	1	2	3	4	5	6	…
身高 H	…	…	…	…	…	…	
跪姿体长 Gc …	…	…	…	…	…	…	

（3）采用相应的数据处理软件，将数据按要求输入计算机，就可得到回归方程中的常数 a 和 b（式 2-10）。假设计算机软件输出的结果为 a = 0.362，b = 18.8，于是得到需要的回归方程为

$$Gc = 0.362H + 18.8 \tag{2-10}$$

3. 讨论建立回归方程时如何选取自变量　通过小样本测量建立人体尺寸的回归方程，正确选取自变量是关键环节。上面例子中因变量是跪姿体长 Gc，选取了身高 H 为自变量，这是因为跪姿体长与人体高矮相关。如果我们要求的因变量是俯卧姿体高 F_{WG}，该如何选取自变量呢？由于这一尺寸显然与人体胖瘦即人的体重相关，就应选取体重吸 W 作为自变量。又例如手指的长度可表达为手长的回归方程，而指关节宽、掌厚等则可表达为手宽的回归方程。如果自变量选取不当，将不能通过小样本测量获得可靠的人体尺寸回归方程，对此应予以充分注意。

4. 回归方程应用示例　由国标查取基本人体尺寸数据，代入回归方程，即获得所需人体尺寸的相应百分位数。

例 4　用回归方程"Gc = 0.362H + 18.8"计算男子跪姿体长 Gc 的 50 百分位数。

（1）从 GB/T 10000—2023 中查得男子身高 H 的 50 百分位数为 1687mm。

（2）将 H 值代入上式即得到男子跪姿体长 Gc 的 50 百分位数为：

$$Gc = (0.362 \times 1687 + 18.8) \text{ mm} = 629\text{mm}$$

例 5　假设通过小样本测量建立了回归方程"$F_{WG} = 1.048W + 314.5$（单位：kg）"，式中 F_{WG} 为"女子俯卧姿体高"，W 为"女子体重"，试求女子俯卧姿体高的 5 百分位数。

（1）从 GB/T 10000—2023 中查得女子体重 W 的 5 百分位数为 45kg。

（2）将 W 值代入上面对应的回归方程即得到女子俯卧姿体高 F_{WG} 的 5 百分位数为：

$$F_{WG} = （1.048 \times 45 + 314.5）\ mm = 362mm$$

第四节　人体测量数据的应用

在熟悉人体测量基本知识之后，才能合理选择和应用各种人体数据，否则有的数据可能被误解，如果使用不当，还可能导致严重的设计错误。另外，各种统计数据不能作为设计中的一般常识，也不能代替严谨的设计分析。因此，当设计中涉及人体尺度时，设计者必须熟悉数据测量的定义、适用条件、百分位的选择等方面的知识，才能正确应用有关的数据。

一、主要人体尺寸的应用原则

为了使人体测量数据有效地为设计者所利用，这里精选出部分工业设计中常用的数据百分位，并将这些数据的定义、应用条件、选择依据等列于表 2 - 16 中，仅供读者参考。

二、尺寸修正

表 2 - 16

讨论人体尺寸数据应用时，首先会遇到以下两个问题。

（1）人体尺寸数据是在不穿鞋袜只穿单薄内衣的条件下，并要求被测者保持挺直站立、正直端坐的标准姿势测量得到的，但人们在日常生活和工作中，既要穿鞋袜衣裤，也更适宜于全身自然放松，与人体测量的标准条件并不一致，人体尺寸数据能直接应用吗？怎么应用？

（2）人有高、矮、胖、瘦之分，那么设计公用产品、公共设施、公用空间时，该以什么样的人体尺寸为标准呢？应以身材高大者、矮小者，还是以身材中等者为设计的依据？

GB/T 12985—1991《在产品设计中应用人体百分位的通则》中对上述两个问题给出了处理的原则。对室内外环境设计、公共设施设计、工作空间设计，这些原则也同样适用。现介绍 GB/T 12985—1991 的内容如下。

（一）尺寸修正量

解决上述第一个问题的方法是：应用人体尺寸数据时引进尺寸修正量。尺寸修正量的构成如图 2 - 22 所示。

图 2 - 22　尺寸修正量的构成

下面分述各种尺寸修正量的意义和数据示例。

1. 功能修正量　为保证实现产品功能，对所依据的人体尺寸附加的尺寸修正量。

功能修正量所包含 3 个方面的数据，示例如下。

（1）穿着修正量

1）穿鞋修正量　立姿身高、眼高、肩高、肘高、手功能高、会阴高等，男子：+25mm，女子：+20mm。

2）着衣着裤修正量　坐姿坐高、眼高、肩高、肘高等 +6mm；肩宽、臀宽等 +13mm；胸厚 +18mm；臀膝距 +20mm。

需注意两点：①上面只是 GB/T 12985—1991 所举的一些数据示例，而设计中可能遇到的问题却远不止这些。例如，穿秋衣或冬装引起的胸围、腰围等围度的变化，戴帽子、戴手套（冬、夏）引起的变化，冬季高寒地区穿马靴引起的变化等，这些多种多样复杂情况下的数据，在技术标准中是不可能——穷尽的，需要设计者根据具体情况，通过实际测量、实验等方法研究确定。②GB/T 12985—1991 提供的上述数据示例，适合于工作或劳动时穿平跟鞋、春秋季穿夹衣夹裤的"一般情况"。若不是这种一般情况，如城市女性穿高跟、半高跟鞋，寒冷地区冬季人们穿较厚的衣裤、鞋帽等情况，也需设计者通过实际调研确定穿着修正量。

（2）姿势修正量　人们正常工作、生活时，全身采取自然放松的姿势所引起的人体尺寸变化如下。

1）立姿身高、眼高、肩高、肘高等，－10mm。

2）坐姿坐高、眼高、肩高、肘高等，－44mm。

（3）操作修正量（实现产品功能所需的修正量）　上肢前展操作，对于"上肢前伸长"（后背到中指指尖的距离，见图 2－21、表 2－14、表 2－15 中数据"1"），按按钮时，－12mm；推滑板推钮、扳拨扳钮开关时，－25mm；取卡片、票证时，－20mm。

与关于穿着修正量的"两点注意"类似，操作远不限于"上肢前展操作"，操作动作是多种多样的：有用上肢的，也有用下肢的；用上肢时有在前方操作的，也有在其他各种方向操作的；有直臂操作的，也有屈臂操作的；有主要用手指操作的，也有主要用手掌、全手甚至手臂操作的；还有各种操作用力形式、用力大小、动作幅度、作业体位等。例如，有时需要用手掌按压较大的蘑菇形总开关按钮，有时需要抓握住握柄推合或拉断电闸、水闸，有时需要用脚踩踏加速踏板或制动等，这些操作修正量的数据在 GB/T 12985—1991 中没有列出。所以，更多"操作修正量"数据，同样需要设计者根据实际情况，通过研究实测来确定。

2. 心理修正量　为了消除空间压抑感、恐惧感，或为了美观等心理因素而加的尺寸修正量。

例如，对于 3～5m 高的平台上的护栏，其高度只要略高于人们的重心，就能在正常情况下防止平台上人员的跌落事故。但对于更高的平台，人们站在栏杆旁边时，会产生恐惧心理，甚至导致脚下发软，手心和腋下出冷汗，因此有必要把栏杆高度进一步加高。这项附加的加高量就是心理修正量。又如工程机械驾驶室、厂房内起重机操纵室、岗站岗亭的内空间、坦克舱室等处所，倘若其空间大小刚刚能容下人们完成必要的操作或活动，肯定是不够的，因为这样会使人们在其中感到局促和压抑，为此应该放出适当的余裕空间。这种余裕空间就是心理修正量。又如鞋的内底长度应该比人脚长度放一点余量，以防止穿着行走时的"顶痛"。这部分余量属于功能修正量。但若觉得放了这点余量的鞋不够美观，可以再增加一个造型美观需要的"超长度"，那就是心理修正量了。

心理修正量应根据需要和许可两个因素来研究确定。普通工程机械驾驶室能给出的余裕空间虽然也不能太大，但坦克舱室里的余裕空间只能更小，因为尽可能地降低坦克高度，对坦克的安全性和机动性太重要了。再以客轮客舱、大学生宿舍和礼堂剧院这三种室内空间来对比，三者的心理空间尺寸修正量显然依次一个比一个应该大得多。研究心理修正量的常用方法是：设置场景，记录被试者的主观评价，综合统计分析后得出数据。

各种尺寸修正量有正值也有负值，总的尺寸修正量是各修正量的代数和，即：

$$尺寸修正量 = 功能修正量 + 心理修正量 =$$
$$（穿着修正量 + 姿势修正量 + 操作修正量）+ 心理修正量$$

（二）人体尺寸百分位数的选择

解决上述第二个问题的方法是：根据产品的功能，先分类选择所依据的人体尺寸数据，再确定采用的百分位数。

1. 依产品功能分类选择人体尺寸数据　依产品功能特性，将产品尺寸设计分为3类4种（表2-17）。

（1）Ⅰ型产品尺寸设计（又称"双限值设计"）　需要两个人体尺寸百分位数作为尺寸上限值和下限值的依据者。

产品的尺寸需要进行调节，才能满足不同身材的人使用的，属于Ⅰ型产品尺寸设计。因此需要一个大百分位数和一个小百分位数的人体尺寸分别作为产品尺寸的上、下限值的依据。例如汽车驾驶室的座椅，为使身材高、矮的驾驶者都能方便地操纵转向盘、适宜地用脚踩加速踏板和制动踏板，并具有良好的视野，座椅的高低和椅背的前后必须能够调节，且以某大百分位数人体尺寸和某小百分位数人体尺寸分别作为座椅尺寸范围限值的设计依据。

自行车鞍座的位置、腰带和手表表带的长短、落地式或台式传声器的话筒高度等，也是这类产品的例子。希望读者自行思考举出更多的实例来。

（2）Ⅱ型产品尺寸设计（又称"单限值设计"）　只需要一个人体尺寸百分位数作为尺寸上限值或下限值的依据者。

这一类产品又可分为以下两种。

1）ⅡA型产品尺寸设计（又称"大尺寸设计"）　只需要一个人体尺寸百分位数作为尺寸上限值的依据者。

若产品的尺寸只要能适合身材高大者需要，就必能适合身材矮小者需要的，属于ⅡA型产品尺寸设计。因此只需要一个大百分位数的人体尺寸，作为产品尺寸上限值的设计依据就行了。例如床的长度和宽度、过街天桥上防护栏杆的高度、热水瓶把手孔圈的大小、礼堂座位的宽度、屏风（能阻挡视线）的高度等，都是只要能符合身材高大者的要求，则对身材矮小者一定没问题。希望读者自行思考举出更多的实例来。

2）ⅡB型产品尺寸设计（又称"小尺寸设计"）　只需要一个人体尺寸百分位数作为尺寸下限值的依据者。

若产品的尺寸只要能适合身材矮小者需要，就必能适合身材高大者需要的，属于ⅡB型产品尺寸设计。因此只需要一个小百分位数的人体尺寸，作为产品尺寸下限值的设计依据就行了。例如过街天桥上防护栏杆的间距、电风扇罩子（防止手指进入受伤害）的间距、浴室里上层衣柜的高度、阅览室上层书架的高度、读报栏高度的上限、公共汽车上踏步的高度等，都是只要能符合身材矮小者的要求，则对身材高大者一定没问题。希望读者自行思考举出更多的实例来。

（3）Ⅲ型产品尺寸设计（又称"平均尺寸设计"）　只需要第50百分位数的人体尺寸（P_{50}）作为产品尺寸设计的依据者。

当产品尺寸与使用者的身材大小关系不大，或虽有一些关系，但要分别予以适应却有其他种种方面的不适宜，则用50百分位数的人体尺寸作为产品尺寸的设计依据。这种情况属于Ⅲ型产品尺寸设计。例如一般门上的手把、锁孔离地面的高度、大多数文具的尺寸、公共场所休闲椅凳的高度等，一般就按适合中等身材者使用为原则进行设计。

表2-17　产品设计尺寸与产品类型定义

产品类型	产品类型定义	说明
Ⅰ型产品尺寸设计	需要两个人机尺寸百分点数作为尺寸上限值和下限值的依据	又称双限值设计
Ⅱ型产品尺寸设计	只需要一个人机尺寸百分点数作为尺寸上限值或下限值的依据	又称单限值设计
ⅡA型产品尺寸设计	只需要一个人机尺寸百分点数作为尺寸上限值的依据	又称大尺寸设计
ⅡB型产品尺寸设计	只需要一个人机尺寸百分点数作为尺寸下限值的依据	又称小尺寸设计
Ⅲ型产品尺寸设计	只需要第50百分点数作为产品尺寸设计的依据	又称平均尺寸设计

公用产品和设施应按身材高大者还是矮小者的人体尺寸来进行设计，初听会觉得是个很难回答的问题。学习了上述按产品功能分类处理的方法，获得了解决问题的基本原则。那么是否所有实际问题都能如此单纯地进行归类呢？——我们来讨论一个具体问题。

讨论：公共汽车顶棚的扶手横杆高度应属于哪一类型产品尺寸设计？

公共汽车顶棚的扶手横杆从使用功能来说，应该让大多数乘客都能够得着、抓得住；而只要小个子能够得着，大个子就一定没问题，从这方面分析，扶手横杆的高度设计属于ⅡB型产品尺寸设计。但是另一方面从安全考虑，扶手横杆不能碰着乘客的头；而只要碰不着大个子的头，小个子就一定没问题，从这方面分析，扶手横杆的高度设计又属于ⅡA型产品尺寸设计。可见这个具体问题要从两个方面进行设计计算。从两方面要求将获得两个计算结果，如果它们互相之间不存在矛盾，当然问题就解决了；倘若两方面的要求互不相容，还得另想解决办法。那么对于本问题两者是否矛盾呢？稍后通过简单计算即可知道。

这个简单的实例，说明了以下两点：①国标只是指出处理问题的原则方法，不能代替实际问题的分析解决；②把相对复杂一点的问题，分解成典型的单纯类型问题来解决，常是可行的方法。

2. 人体尺寸百分位数的选择 Ⅲ型产品尺寸设计以 50 百分位数（P_{50}）的人体尺寸作为产品尺寸设计的依据，是很明确的。除此以外，作为Ⅰ型、ⅡA型、ⅡB型产品尺寸设计依据的，或者是大百分位数人体尺寸，或者是小百分位数人体尺寸，或者大、小百分位数人体尺寸都要用到。但常用的大百分位数有 90、95、99 共 3 个百分位数（P_{90}、P_{95}、P_{99}），常用的小百分位数有 10、5、1 也是 3 个百分位数（P_{10}、P_5、P_1），一般应该如何具体选择呢？说明这个问题以前，先引进"满足度"的概念。

满足度产品尺寸所适合的使用人群占总使用人群的百分比。

一般而言，产品设计的目标应该是达到较大的满足度，但必须明确，并非满足度越大越好。因为过大的满足度，必然带来其他方面的不合理。例如，如果使火车卧铺铺位的长度连身高 1.85m、1.90m 的大个子也能很好满足，那么另一侧的通道就会太窄，造成其他诸多不便。其最终结果是：因照顾少数人的利益而损害了多数人的方便。如果使礼堂座位能满足很胖的胖人就座，那么座位大了，座位的数量就要减少，使整个礼堂的效益受到损失。可见，合理的满足度受多种因素影响和制约，应综合考虑确定。以火车卧铺铺位的长度为例，若取男子身高 95（或 90）百分位数的人体尺寸 1800mm（或 1773mm）为依据来设计，对成年男性乘客的满足度达到 95%（或 90%），而对包括女性乘客、孩童乘客、老年乘客在内的全体乘客群而言，满足度显然要高于 95%（或高于 90%）。只有很小比例的很高的高个子躺在这样的卧铺上要"委屈一点""将就一点"，但换来的是另一侧的通道宽了，能给全体乘客们的活动和乘务员的工作带来更多的方便。因此，综合多种因素来考虑，这才是合理的设计。基于以上的分析，产品设计中选择人体尺寸百分位数有如下的一般原则。

（1）一般产品，大、小百分位数常分别选 P_{95} 和 P_5，或酌情选 P_{90} 和 P_{10}。

（2）对于涉及人的健康、安全的产品，大、小百分位数常分别选 P_{99} 和 P_1，或酌情选 P_{95} 和 P_5。

（3）对于成年男女通用的产品，大百分位数选用男性的 P_{90}、P_{95}、P_{99}；小百分位数选用女性的 P_{10}、P_5、P_1；而Ⅲ型产品设计则选用男、女 50 百分位数人体尺寸的平均值（$P_{50男} + P_{50女}$）/2。

人体尺寸百分位数选择和产品满足度的关系见表 2-18。

表 2 – 18　人体尺寸百分位数的选择和产品的满足度

产品类型	产品性质	作为产品尺寸设计依据的人体尺寸百分位数	满足度
Ⅰ 型	涉及人的安全、健康的产品一般工业产品	上限值 P_{99}，下限值 P_1	98%
		上限值 P_{95}，下限值 P_6	90%
ⅡA 型	涉及人的安全、健康的产品一般工业产品	P_{99} 或 P_{95}（上限值）	99% 或 95% 90%
		P_{90}（上限值）	
ⅡB 型	涉及人的安全、健康的产品一般工业产品	P_1 或 P_6（下限值）	99% 或 95% 90%
		P_{10}（下限值）	
Ⅲ 型	一般工业产品	P_{50}	
成年男女通用 Ⅰ 型、ⅡA 型、ⅡB 型	各种产品	上限值 $P_{99男}$、$P_{95男}$、$P_{90男}$	通用
		下限值 $P_{1女}$、$P_{5女}$、$P_{10女}$	
成年男女通用 Ⅲ 型	各种产品	$(P_{50男} + P_{50女})/2$	通用

例 6　设计计算公共汽车顶棚扶手横杆杆心线的高度，并对比"抓得住"与"不碰头"两个要求是否相容。如互不相容，如何解决?

解:

1）按乘客"抓得住"的要求设计计算。

属于ⅡB 型男女通用的产品尺寸设计（小尺寸设计）问题，根据上述人体尺寸百分位数选择原则及表 2 – 18 所列，应该有

$$G_1 \leqslant J_{10女} + X_{X1} \tag{2-7}$$

式中，G_1 为由"抓得住"要求确定的横杆杆心线的高度；$J_{10女}$ 为女子"上举功能高"的 10 百分位数（图 2 – 21、表 2 – 15）（男、女共用，应取女子的小百分位数人体尺寸，不涉及什么安全问题，取 $P_{10女}$ 即可），由表 2 – 15（GB/T 10000—2023）查得 $J_{10女} = 1737mm$（18 ~ 55 岁）；X_{X1} 为女子的穿鞋修正量，取 $X_{X1} = 20mm$。

代入数值得到

$$G_1 \leqslant 1737mm + 20mm = 1757mm \tag{2-8}$$

2）按乘客"不碰头"的要求设计计算。

属于ⅡA 型男女通用的产品尺寸设计（大尺寸设计）问题，根据上述人体尺寸百分位数选择原则及表 2 – 13 所列，应该有

$$G_2 \geqslant P_{99男} + X_{X2} + r \tag{2-8}$$

式中，G_2 为由"不碰头"要求确定的横杆杆心线的高度；$P_{99男}$ 为男子身高的 99 百分位数（表 2 – 1）（男、女共用，应取男子的大百分位数人体尺寸，涉及人身安全问题，故取 $P_{99男}$），由表 2 – 1 查得 $P_{99男} = 1860mm$（18 ~ 70 岁）；X_{X1} 为男子的穿鞋修正量，取 $X_{X2} = 25mm$；r 为横杆半径，取 $r = 15mm$。

代入数值得到

$$G_2 \geqslant 1860mm + 25mm + 15mm = 1900mm \tag{2-9}$$

3）两个要求是否相容，如何解决?

式（2 – 7）要求横杆杆心线低于 1757mm，式（2 – 9）又要求横杆杆心线高于 1900mm，两者互不相容，即不可能同时满足两方面的要求。

因此还要另想办法协调和解决问题。本问题可以很容易找到解决办法：横杆杆心线可以比 1900mm 再略高一些，确保更多高个子的安全；在横杆上每隔 0.5m 左右挂一条带子，带子下连着手环，手环可以比 1757mm 再略低一些，让更多小个子也抓得着。

三、产品功能尺寸的设定

产品功能尺寸，是指为保证产品实现某项功能所确定的基本尺寸。这里所说的功能尺寸限于人机工程范围中与人体尺寸有关的尺寸；通常有别于标注在加工制作图样上的尺寸。例如，沙发座面高度的功能尺寸，是指有人坐在上面、被压变形后的高度尺寸；枕头高度的功能尺寸，是指被睡眠者的头压下以后的高度尺寸等。

产品的功能尺寸又可分为两种：产品最小功能尺寸和产品最佳功能尺寸。它们的设定公式如下：

产品最小功能尺寸 = 相应百分位数的人体尺寸 + 功能修正量

产品最佳功能尺寸 = 相应百分位数的人体尺寸 + 功能修正量 + 心理修正量

　　　　　　　　 = 产品最小功能尺寸 + 心理修正量

例7　确定客轮层高功能尺寸的最小值 $G_{最小}$ 和最佳值 $G_{最佳}$。

解：

1）确定客轮层高功能尺寸的最小值为

$$G_{最小} = P_{95男} + X_{功能}$$

式中，$P_{95男}$ 为男子身高的 95 百分位数（表 2 - 1），$P_{95男} = 1800mm$；$X_{功能}$ 为功能修正量。在本问题中，可认为由穿鞋修正量（25mm）、戴帽修正量和考虑行走中的略有起伏等因素所需的最小余裕量等几部分构成，合计起来酌情取 115mm。

于是得

$$G_{最小} = 1800mm + 115mm = 1915mm$$

2）确定客轮层高功能尺寸的最佳值为

$$G_{最佳} = G_{最小} + X_{心理}$$

式中，$X_{心理}$ 为心理修正量，在本问题中设取 $X_{心理} = 115mm$。

于是得

$$G_{最佳} = 1915mm + 115mm = 2030mm$$

读者试仿照此例题，确定火车卧铺铺长的最小功能尺寸和最佳功能尺寸。

四、够得着的距离，容得下的间距和可调节性

选择测量数据要考虑设计内容的性质，如果设计要求使用者坐或站着能够得到某处，那么选择第 5 百分点的数据是适宜的。这个尺寸表示只有 5% 的人伸手臂够不到，而 95% 的人可以够到，这种选择就是正确的。设计中要考虑通行间距尺寸的，应选用第 95 百分点的数据。例如：设计走廊的高度和宽度时，如能满足大个子的人的需要，也就同时能满足小个子的人的需要。

另外一种情况，就是采取可调节措施。例如，选用可升降的椅子和可调高度的搁板，调节幅度由人体尺寸、工作性质和加工能力所决定。这种调节措施应能使设计物或设计环境满足 90% 或更多的人。

这里所举的例子只表明应注重各种人体尺度和特殊百分点的适用范围，而实际设计中应考虑适合越多的人越好。如果一个搁板可以容易地降低 2.5 ~ 5cm 而不影响设计的其他部分和造价的话，那么使之适用于 98% 或 99% 的人显然是正确的。

（1）不能走动者，或称为乘轮椅患者及卧床者。

（2）能走动的残疾人。对于这些人，我们必须考虑他们借助的工具是拐杖、手杖、助步车、支架还是用动物帮助自理，这些东西是他们身体功能需要的一部分。所以为了做好设计，除应知道一些人机测量数据之外，还应把这些工具当作一个整体来考虑。

目标检测

答案解析

一、选择题

1. 当确定公交车上拉杆的高度时，宜选用（　　）百分位的数据

　　A. 较高　　　　　　　　　　B. 较低

2. 人体测量的数据常以百分位数来表示人体尺寸等级，最常用的是以第5%、第（　　）%、第95%三种百分位数来表示

　　A. 50　　　　　　　B. 60　　　　　　　C. 70　　　　　　　D. 55

3. 必须适应或允许身体某些部分通过的空间尺寸（像通道、出入口、防触及危险部位的安全距离等），应以第（　　）百分位的值作为适用的人体尺寸

　　A. 50　　　　　　　B. 80　　　　　　　C. 90　　　　　　　D. 95

4. 有限度的或受身体延伸所限制的空间尺寸（像抓握物体的可及距离、控制器的位移、显示器与测试点位置、安全防护罩上的空隙等），应以第（　　）百分位的值作为适用的人体尺寸

　　A. 50　　　　　　　B. 20　　　　　　　C. 10　　　　　　　D. 5

5. 当确定头顶上方的控制装置和开关等的位置时，选用第（　　）百分位的数据是合理的

　　A. 5　　　　　　　B. 50　　　　　　　C. 75　　　　　　　D. 95

6. 产品尺寸设计分类中，满足"只要能适合身材矮小者需要，就肯定也能适合身材高大者需要的设计属于（　　）

　　A. 双极限设计　　　B. 大尺寸设计　　　C. 小尺寸设计　　　D. 平均尺寸设计

二、简答题

1. 简述人体测量的方法。

2. 如何理解百分点？举例说明。

3. 简述我国主要人体尺寸的应用原则。

4. 如何确定所设计产品的类型？如何完成产品功能尺寸的设定？举例说明。

书网融合……

本章小结

第三章　人体感知系统

⇒ 案例分析

实例 汽车的仪表盘需要清晰地向驾驶员传达各种信息,如车速、转速、油量、水温等。在设计仪表盘时,充分考虑人体感知系统。例如,采用不同颜色和亮度的指示灯来区分不同类型的信息,红色通常表示危险或紧急情况,如刹车故障灯;绿色表示正常运行状态,如转向灯。仪表盘上的数字和指针也经过精心设计,大小适中、清晰可读,以确保驾驶员在快速行驶过程中能够迅速准确地感知到关键信息。同时,仪表盘的布局也符合人体视觉习惯,重要信息通常放置在驾驶员视线容易聚焦的区域。

问题 人体感知系统主要包括哪些方面?它们在人机工程学中的作用是什么?

在人机工程学的研究中,人的因素是主旋律,也是整个系统研究的主线。人同样也是一个系统,我们研究人,要先从人的感官系统开始。

在人机系统中,如果把操作者作为人机系统中的一个"环节"来研究,则人与外界直接发生联系的主要有三个系统,即感觉系统、神经系统和运动系统。

人的感知系统是一个体系。首先是感觉器官,它是操作者感受人机系统信息的特殊区域,也是系统中最早可能产生误差的部位;其次,人机系统的各种信息将随即传入神经,把信息由感觉器官传到大脑这个人体"理解"和"决策"的中心;进而决策指令再由大脑输出,经过神经系统传达到肌肉;这个过程的最后一步,则是人体的各个运动器官按指令执行各种操作动作,即所谓作用过程。对于人机系统中人的这个环节,除了感知能力、决策能力对系统操作效率有很大影响之外,最终的作用过程可能是对操作者效率的最大限制。

第一节　感觉和感觉器官

感觉是人脑对直接作用于感觉器官的客观事物个别属性的反映。人的感觉器官接受内、外环境的刺激,并将其转换为神经冲动,通过传入神经,将其传至大脑皮质感觉中枢,便产生了感觉。

感觉是其他一切心理现象的基础,没有感觉就没有其他一切心理现象。感觉诞生了,其他心理现象就在感觉的基础上发展起来,感觉是其他一切心理现象的源头和"胚芽",其他心理现象是在感觉的基础上发展、壮大和成熟起来的。感觉是其他心理现象大厦的"地基",其他心理现象都是建立在感觉的基础上的。

　　感觉虽然是一种极简单的心理过程，但在我们的生活实践中具有重要的意义。有了感觉，我们就可以分辨外界各种事物的属性，因此才能分辨颜色、声音、软硬、粗细、重量、温度、味道、气味等；有了感觉，我们才能了解自身各部分的位置、运动、姿势、饥饿、心跳；有了感觉，我们才能进行其他复杂的认识过程。

　　例如，一块苹果放在人的面前，通过眼睛看，便产生了红彤彤的颜色视觉；触摸一下，则产生光滑感的触觉；闻一下，便产生香醇的嗅觉；吃一下，便产生甜滋滋的味觉。由此产生的视觉、触觉、嗅觉、味觉等都属于感觉。另外，感觉还反映人体本身的活动状况，例如，正常的人能感觉到自身的姿势和运动，感觉到内部器官的工作状况如舒适、疼痛、饥饿等。但是，感觉这种心理现象有时并不反映客观事物的全貌。失去感觉，就不能分辨客观事物的属性和自身状态。因此，我们说，感觉是各种复杂的心理过程（如知觉、记忆、思维）的基础，就这个意义来说，感觉是人关于世界的一切知识的源泉。

　　感觉是一种最简单而又最基本的心理过程，在人的各种活动过程中起着极其重要的作用。人除了通过感觉分辨外界事物的个别属性和了解自身器官的工作状况外，一切较高级的、较复杂的心理活动，如思维、情绪、意志等都是在感觉的基础上产生的。所以说，感觉是人了解自身状态和认识客观世界的开端。

第二节　感觉的特征

一、适宜刺激

　　人体的各种感觉器官都有各自最敏感的刺激形式，这种刺激形式称为相应感觉器的适宜刺激。适宜刺激和识别特征见表3－1。

表3－1　适宜刺激和识别特征

感觉种类	适宜刺激	感受器	反映属性
视觉	760~400nm 的光波	视网膜的视锥细胞和视杆细胞	黑、白、彩色
听觉	16~20000 次/秒音波	耳蜗的毛细胞	声音
味觉	溶于水的有味的化学物质	舌咽上味蕾的味细胞	甜、酸、苦、咸、味道等
嗅觉	有气味的挥发性物质	鼻腔黏膜的嗅细胞	气味
肤觉	物体机械的、温度的作用或伤害性刺激	皮肤和黏膜上的冷点、温点、痛点、触点	冷、温、痛、压
运动觉	肌肉收缩，身体各部分的位置变化	肌肉、筋腱、韧带、关节中的神经末梢	身体运动状态位置的变化
平衡觉	身体位置方向的变化	内耳、前庭和半规管的毛细胞	身体位置的变化
机体觉	内脏器官活动变化的物理化学刺激	内脏器官壁上的神经末梢	身体疲劳、饥、渴和内脏器官活动不正常

二、感觉阈限

　　人在接受信息时，只对作用于感觉器官的、特定强度范围的刺激有感觉，这种能使人产生感觉的刺激强度范围就是感觉阈限。感觉阈限分为感觉阈下限、感觉阈上限、绝对感觉阈值和差别感觉阈限，各种感觉的绝对感觉阈值见表3－2。

表 3 – 2 各种感觉的绝对感觉阈值

感觉类型	阈值		感觉阈的直观表达（下限）
	感觉阈下限	感觉阈上限	
视觉	能［量］$(2.2 \sim 5.7) \times 10^{-17}$J	能［量］$(2.2 \sim 5.7) \times 10^{-8}$J	在晴天夜晚，距离48km处可见到蜡烛光（10个光量子）
听觉	声强 1×10^{-12}W/m²	声强 1×10^{-2}W/m²	在寂静的环境中，距离6m处可听到钟表嘀嗒声
嗅觉	相对密度 2×10^{-7}kg/m³		一滴香水在三个房间的空间打散后，可以嗅到香水味（初入室内）
味觉	硫酸试剂 4×10^{-7}mol/L		一茶勺砂糖溶于9L水中，可以尝到甜味（初次尝试）
触觉	能［量］2.6×10^{-9}J		蜜蜂的翅膀从1cm高处落在肩的皮肤上

1. 感觉阈下限 刚刚能引起感觉的最小刺激量。

2. 感觉阈上限 能产生正常感觉的最大刺激量。刺激强度不允许超过上限，否则不但无效，还会引起相应感觉器官损伤。

3. 绝对感觉阈值 能被感觉器官所感受的刺激强度范围。感觉器官不仅能感觉刺激的有无，而且能感受刺激的变化或差别。

4. 差别感觉阈限 刚刚能引起差别感觉的刺激最小差别量。不同感觉器官的差别感觉阈限不是一个绝对数值，而是随最初刺激强度变化，且与最初刺激强度之比是个常数。

适应感觉器官经持续刺激一段时间后，在刺激不变的情况下，感觉会逐渐减小以致消失，这种现象称为"适应"。通常所说的"久而不闻其臭"就是嗅觉器官产生了适应；而久居闹市却对高分贝的噪声充耳不闻的现象，也是听觉器官产生适应的例子之一。

表 3 – 3 各种感觉的适应时间

感觉	触觉、压觉	视觉		听觉	味觉
		明适应	暗适应		
适应时间	2s	1 ~2min	45min 以上	15min	30s

三、相互作用

在一定的条件下，各种感觉器官对其适宜刺激的感受能力都将受到其他刺激的干扰影响而降低，由此使感受性发生变化的现象称为感觉的相互作用。此外，味觉、嗅觉、平衡觉等都会受其他感觉刺激的影响而发生不同程度的变化。利用感觉相互作用规律来改善劳动环境和劳动条件，以适应操作者的主观状态，对提高生产率和舒适性具有积极的作用。

例如我们长时间坐在安静的空间内工作，会使心情过于压抑，可以适当地利用声音来刺激听觉系统，丰富感知系统，使系统达到平衡状态。又如，我们同时注意到两个相同事物，可能无法分清主次，这时同样可以利用调动其他感觉系统，如香味或声音等变化来分清事物的主次。对感觉相互作用的研究在人机工程学设计中具有重要意义。

四、对比

同一感受器官接受两种完全不同但属同一类的刺激物的作用，而使感受性发生变化的现象称为对比。

几种刺激物同时作用于同一感受器官时产生的对比称为同时对比。

如图3-1所示，同样一个灰色的图形，在白色的背景上看起来显得颜色重一些，在黑色背景上则显得颜色浅一些，这是无彩色对比；而灰色图形放在红色背景上呈绿色；放在绿色背景上则呈红色，这种图形在彩色背景上而产生向背景的补色方向变化的现象叫彩色对比。

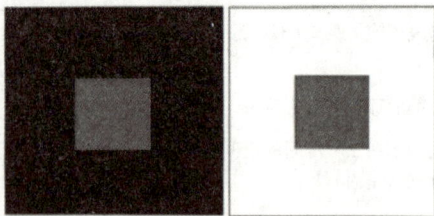

图3-1　无彩色对比

几个刺激物先后作用于同一感受器官时产生的对比称为继时对比。例如，吃了糖以后接着吃带有酸味的食品，会觉得更酸；又如，左手放在冷水，右手放在热水里，过一会，再将两手放在温水里，则左手感到温热，右手则感到冷，这都是继时对比现象。

五、余觉

刺激取消以后，感觉可以存在极短的时间内，这种现象叫余觉。例如，在暗室里急速转动一根燃烧着的火柴，可以看到一圈火花，这就是由许多火点留下的余觉组成的，如图3-2所示。

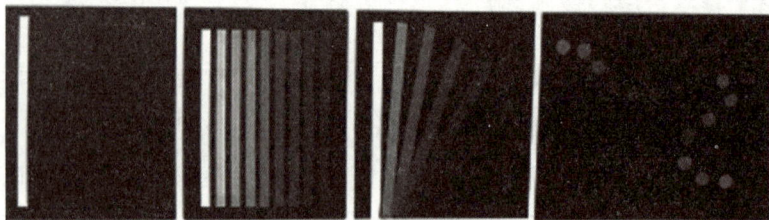

图3-2　余觉

第三节　知　觉

一、知觉的定义与分类

1. 知觉的定义　知觉是人脑对直接作用于感觉器官的客观事物和主观状况整体的反映。人脑中产生的具体事物的印象总是由各种感觉综合而成的，没有反映个别属性的知觉，也就不可能有反映事物整体的感觉。所以，知觉是在感觉的基础上产生的。感觉到的事物个别属性越丰富、越精确，对事物的知觉也就越完整、越正确。

虽然感觉和知觉都是客观事物直接作用于感觉器官而在大脑中产生对所作用事物的反映，但感觉和知觉又是有区别的，感觉反映客观事物的个别属性，而知觉反映客观事物的整体。以人的听觉为例，作为知觉反映的是一段曲子、一首歌或一种语言，而作为听觉所反映的只是一个个高高低低的声音。所以，感觉和知觉是人对客观事物的两种不同水平的反映。

在生活或生产活动中，人都是以知觉的形式直接反映事物，而感觉只作为知觉的组成部分而存在于知觉之中，很少有孤立的感觉存在。由于感觉和知觉关系如此密切，所以在心理学中就把感觉和知觉统称为"感知觉"。

2. 知觉的分类　知觉按照不同的标准可以分为几大类。

（1）根据知觉主导作用的分析　可以分为视觉知觉与听觉知觉。

（2）根据知觉对象的不同 可以分为空间知觉、时间知觉和运动知觉。

（3）根据有无目的 可以分为有意识知觉和无意识知觉。

（4）根据能否正确反映客观事物 可以分为正确知觉和错误知觉。

如图3-3所示分各种分类。

二、知觉的特性

1. 整体性 与感觉不同，在知觉过程中，人们不是孤立地反映刺激物的个别特性和属性，而是多个个别属性的有机综合，反映事物的整体和关系。"窥一斑而知全豹"，这就是知觉的整体性。

知觉整体性往往取决于以下四种因素。

（1）知觉对象的特点，如接近、相似、闭合、连续等因素。

（2）对象各组成部分的强度关系。

（3）知觉对象各部分之间的结构关系也影响知觉的整体性。

（4）知觉的整体性主要依赖于知觉者本身的主观状态，其中最主要的是知识与经验。

从图3-4中，我们看到了实际并不存在的白色三角形。但是这个三角形并不是线条组成的，而是因为图片里有三角形的三个角，人们通过自己已知的经验，将缺少的部分自行地填补上了。

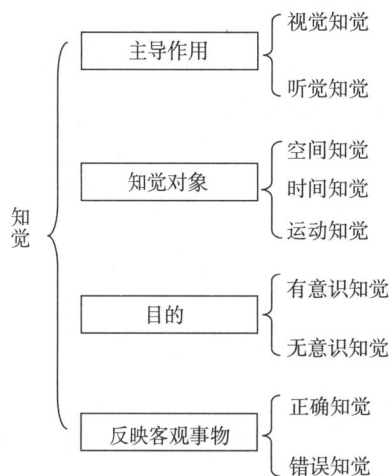

图3-3 知觉的分类

2. 选择性 人所处的周围环境复杂多样，某一瞬间，人不可能对众多事物进行感知，而总是有选择地把某一事物作为知觉对象，与此同时，把其他对象作为知觉对象的背景，这种现象称作知觉的选择性。从知觉背景中区分出对象来，一般取决于下列条件。

（1）对象和背景的差别 对象和背景的差别越大（包括颜色、形态、刺激强度等方面），对象越容易从背景中区分出来，并优先突出，给予清晰的反映；反之，就难于区分。例如，万绿丛中一点红、鹤立鸡群等。

（2）对象的运动 在固定不变的背景上，活动的刺激物容易成为知觉对象。例如，航道的航标用闪光作信号，更能引人注意，提高知觉效率。

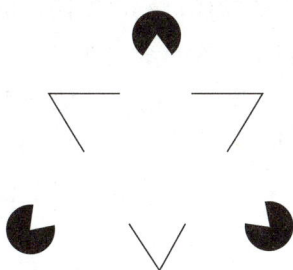

图3-4 知觉的整体性

图3-5 知觉的选择性

（3）主观因素 人的主观因素对于选择知觉对象相当重要，当任务、目的、知识、经验、兴趣、情绪等因素不同时，选择的知觉对象便不同。例如，在情绪良好、兴致高涨时，知觉的选择面就广泛；而在抑郁的心境状态下，知觉的选择面就狭窄，会出现视而不见、听而不闻的现象。凡是与人的活动目的相一致、与知识水平相适应，又符合人的需要与兴趣的事物，就容易成为优先知觉的对象。

知觉对象和背景的关系不是固定不变的，而是可以相互转换的。图 3 - 5 我们可以看成两个人的侧脸，换一个角度，还可以看成一个花瓶。产生这种两可的感觉，是因为知觉选择对象的不同，当背景选择不一样的时候，看到的结果也是不一样的，这就是知觉选择性的体现。虚实互补，互生互存，创造出简洁而有趣的效果。

3. 理解性 人在知觉过程中，不是完全依赖感觉被动地把知觉对象的特点登记下来，而是以过去的知识经验为依据，力求对知觉对象作出某种解释，使它具有一定的意义，这就是知觉的理解性。正因为知觉具有理解性，所以在知觉一个事物时，同这个事物有关的知识、经验越丰富，对该事物的知觉就越丰富，对其认识也就越深刻。如医生对患者体态、面色的知觉。

知觉的理解性与知觉的选择性、整体性有密切的关系。

（1）理解有助于选择　理解帮助知觉对象从背景中分离出来。如鲁宾双关图。

（2）理解有助于知觉的整体性　人们对于自己熟悉的东西，容易当成一个整体来感知，但在面对不熟悉的事物时，知觉的整体性常常受到破坏，但正是理解帮助人们把缺少的部分补充起来。如不完整的图形、不完整的句子（图 3 - 6）。

4. 恒常性 知觉的条件在一定范围内发生变化，而知觉的印象却保持相对不变的特性，称作知觉的恒常性。知觉恒常性是经验在知觉中起作用的结果，也就是说，人总是根据记忆中的印象、知识、经验去知觉事物的。在视知觉中，恒常性表现得特别明显。关于视知觉对象的大小、形状、亮度、颜色等的印象与客观刺激的关系并不完全服从于物理学的规律，尽管外界条件发生了一定变化，但观察同一事物时，知觉的印象仍相当恒定。

图 3 - 6　知觉的理解性图

视知觉恒常性主要有以下几个方面。

（1）大小恒常性　在看远处物体时，人的知觉系统补偿了视网膜映像的变化，因而知觉的物体是其真正的大小。例如，在 5 米远和 10 米远处看一位身高 1.8 米的人，虽然视网膜上的映像大小是不同的，但总是把他感知为一样高，即在一定限度以内，知觉的物体大小不完全随距离而变化，表现出知觉大小的恒常性。

（2）形状恒常性　它是指在看物体的角度有很大改变时，知觉的物体仍然保持同样形状。形状恒常性和大小恒常性可能都依靠相似的感知过程。保持形状恒常性最起作用的线索是带来有关深度知觉信息的线索，如倾斜、结构等。例如，当一扇门在人的面前打开时，视网膜上门的映像经历一系列的改变，但人总是知觉门是长方形的（图 3 - 7）。

图 3 - 7　知觉的恒常性

（3）明度恒常性 一件物体，不管照射它的光线强度怎么变化，它的明度都是不变的。决定明度恒常性的重要因素是，从物体反射出来的光的强度和从背景反射出来光的强度的比例，只要这一比例保持恒定不变，明度也就保持恒定不变。因此，邻近区域的相对照明，是决定明度保持恒定不变的关键因素。例如，无论在白天还是在夜空下，白衬衣总是被知觉为白的，那是因为它反射出来的光的强度和从背景反射出来的光的强度比例相同。

（4）颜色恒常性 它是与明度恒常性完全类似的现象。因为绝大多数物体之所以可见，是由于它们对光的反射，反射光这一特征赋予物体各种颜色。一般来说，即使光源的波长变动幅度相当宽，只要照明的光线既照在物体上也照在背景上，任何物体的颜色都将保持相对的恒常性。例如，无论在强光下还是在昏暗的光线里，一块煤看起来总是黑的。

三、感觉与知觉的联系与区别

1. 感觉与知觉的区别

（1）产生的来源不同 感觉是介于心理和生理之间的活动，它主要源于感觉器官的生理活动以及客观刺激的物理特性；知觉是在感觉的基础上对客观事物的各种属性进行综合和解释的心理活动，表现出了人的知识经验和主观因素的参与。

（2）反应的具体内容不同 感觉是对客观事物的个别属性的反应。知觉则是对客观事物的各个属性的综合整体的反应。

（3）生理机制不同 感觉是单一分析器活动的结果，知觉是多种分析器协同活动并对复杂刺激物及刺激物之间关系进行分析综合的结果。

2. 感觉与知觉的联系

（1）感觉是知觉产生的基础 感觉是知觉的有机组成部分，是知觉产生的基本条件，没有对客观事物个别属性反应的感觉，就不可能有反应客观事物整体的知觉。

（2）知觉是感觉的深入与发展 一般来说，若某客观事物或现象感觉到的个别属性越丰富、越完善，那么对该事物的知觉就越完整、越准确。

（3）知觉是高于感觉的心理活动，但并不是感觉的简单相加后的总和 它是在个体知识及经验的参与下，以及个体心理特征（如需要、动机、兴趣、情绪状态等）的影响下产生的。

第四节 视 觉

在人们认知世界的过程中，有80%~90%的信息是通过视觉系统获得的，因此，视觉系统是人与外界联系的最主要途径。物体依赖于光的反射映入眼睛，所以，光、对象物、眼睛是构成视觉现象的三个要素。但视觉系统并不只是眼睛，从生理学角度看，它包括眼睛和脑；从心理学角度看，它不仅包括当前的视觉，而且包括以往的知识经验。视觉捕捉到的信息，不仅是人体自然作用的结果，也是人的观察与过去经历的反映。

视觉的适宜刺激是光。光是放射的电磁波，呈波形的放射电磁波组成广大的光谱，其波长差异极大。为人类视力所能接受的光波只占整个电磁光谱的一小部分。在可见光谱上，人会知觉到紫、蓝、绿、黄、橙、红等色彩；如果将各种不同波长的光混合起来则产生白色。光谱上的光波波长小于380nm的一段称为紫外线，光波波长大于780nm的一段称为红外线，这两部分波长的光都不能引起人的光觉。

图 3-8 所示为电磁波和可见光谱。

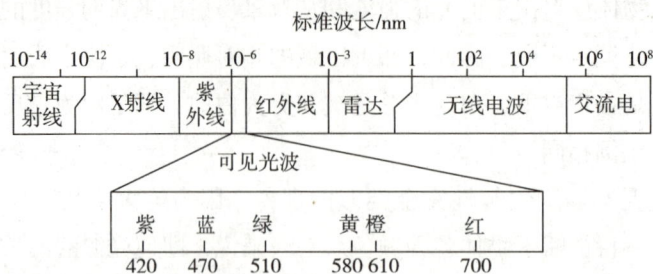

图 3-8 电磁波和可见光谱

图 3-9 人的眼球结构

一、视觉器官与视觉过程

1. 眼睛构造 眼睛是视觉的感受器官，人眼是直径为 21～25mm 的球体，其基本构造与照相机类似。眼睛的瞳孔、晶状体和视网膜分别相当于照相机的透镜孔、透镜和胶卷。眼球周围还有六块肌肉可使眼球转动（图 3-9）。

2. 视觉过程 视觉的大致形成过程是：外界物体反射来的光线，依次经过角膜、瞳孔、晶状体和玻璃体，并经过晶状体等的折射，最终落在视网膜上，形成一个物像。视网膜上有对光线敏感的细胞。这些细胞将图像信息通过视神经传给大脑的一定区域，人就产生了视觉（图 3-10）。

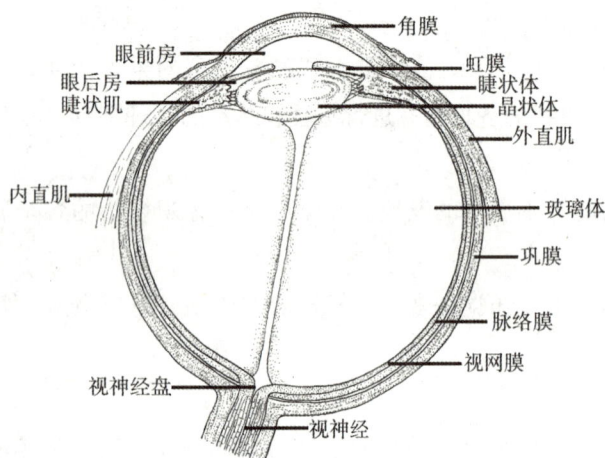

图 3-10 视觉成像原理

二、视觉的机能

视觉的机能是指视觉器官对客观事物识别能力的总称，包括视角、视力、视距、色觉、对比感度和视觉适应等。

1. 视角 视角（a）是观察物体时，从物体两端（上、下或左、右）引出的光线在人眼光心处所成的夹角（图 3-11）。物体的尺寸越小，离观察者越远，则视角越小。

$$a = 2\arctan\ (D/2L)$$

式中，a 为视角，D 为被看物体上两端点的直线距离；L 为眼睛到被看物体的距离。

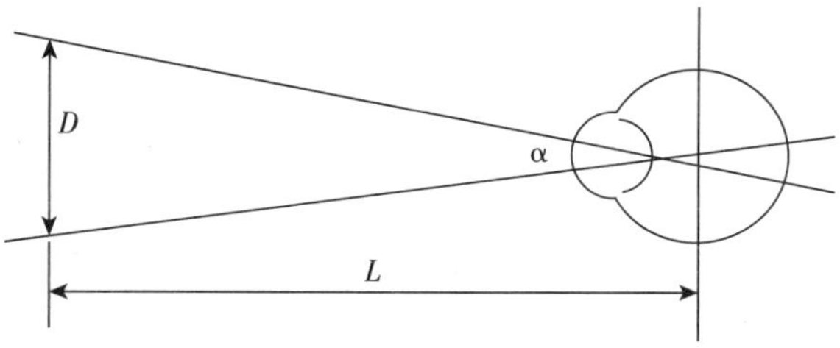

图 3 - 11　视角原理

临界视角指眼睛能分辨被看物体最近两点的视角。

2. 视力　是指分辨细小的或遥远的物体及细微部分的能力，眼识别远方物体或目标的能力称为远视力，识别近处细小对象或目标的能力称为近视力。

在健康检查时，主要是检查远视力。在一定条件下，眼睛能分辨的物体越小，视觉的敏锐度越大，视力的基本特征在于辨别两点之间距离的大小。视力可分为静视力、动态视力和夜间视力。静视力是指人和观察对象都处于静止状态下检测的视力，动态视力是指眼睛在观察移动目标时，捕获影像、分解、感知移动目标影像的能力。在高速环境下行车，人体的生理状态也会有所改变，如眼睛的动态视力降低。

视力是衡量眼睛分辨物体细微结构能力的一个生理尺度，以临界视角的倒数来表示。按标准规定，人站在离视力检查表 5 米远处观看表中第十行"E"字，若能分辨清楚，视力为 1.0 即视力正常，此时的临界视角 =1′。

视力 =1/能够分辨的最小物体的视角

3. 视野　又称"视场"。眼睛观看正前方物体时所能看得见的空间范围，常以角度来表示。

（1）水平视野　双眼区域在 60°左右的区域；人们最敏感的视力是在标准视线每侧 1°的范围内；单眼视野的标准视线每侧 94°～104°（图 3 - 12）。

（2）垂直视野　最大视区为标准视线以下 70°，颜色辨别界限在标准视线以上 30°和标准视线以下 40°。实际上，人的自然视线是低于标准视线的。在一般情况下，站立时自然视线低于标准视线 10°；坐着时低于标准视线 15°；很松弛的状态下站立和坐着时自然视线标准视线分别为 30°和 38°。观看展示物的最佳视区低于标准视线 30°的区域内（图 3 - 13）。

（3）颜色视野　是指颜色对眼的刺激能引起感觉的范围。色视野中白色最大，黄色、蓝色、红色依次递减，绿色视野最小（见图 3 - 14）。

4. 视距　是指人眼与被观察物之间的距离。视距的远近直接影响着认知的速度和准确性，适宜操作的视距为 380～760mm，其中以 560mm 为佳。不同性质的操作对最佳视距的要求也有不同（表 3 - 4）不同产品、场所和国家对视距的要求也有一些具体规范，例如，家用电视的最佳视距，根据国际无线电咨询委员会（CCIR）的定义，当观看距离为屏幕高度的 3 倍时，高清晰度电视系统（如液晶和等离子电视）显示效果应该等于或接近于一名正常视力者在观看原视景物或演示时的临场感觉，而纯平面 CRT 电视的最佳观看距离是屏面高度的 5 倍，即标称屏幅 50 英寸的 16：9 宽屏电视，实际屏幕高度约为 610mm，其最佳视距为 1830～3050mm。而汽车驾驶员认读车内仪表的视距，根据美国标准的推荐值，轿车最大视距为 711mm，最小视距为 450 毫米，最佳视距为 550mm，卡车视距为 700～880mm。

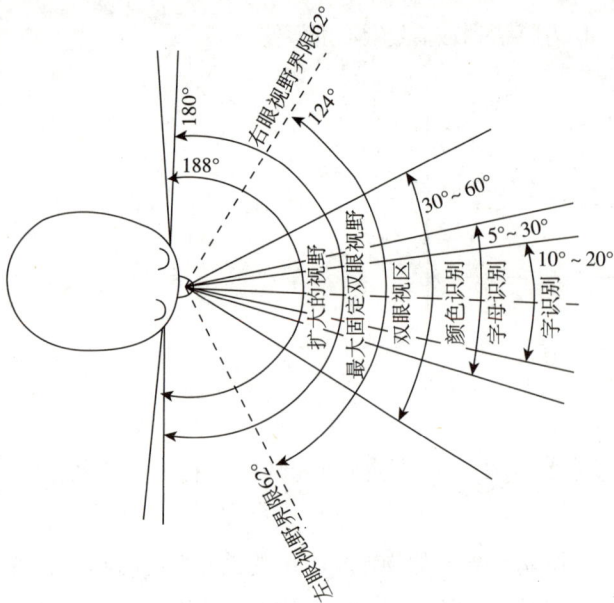

图 3-12　水平面的视野

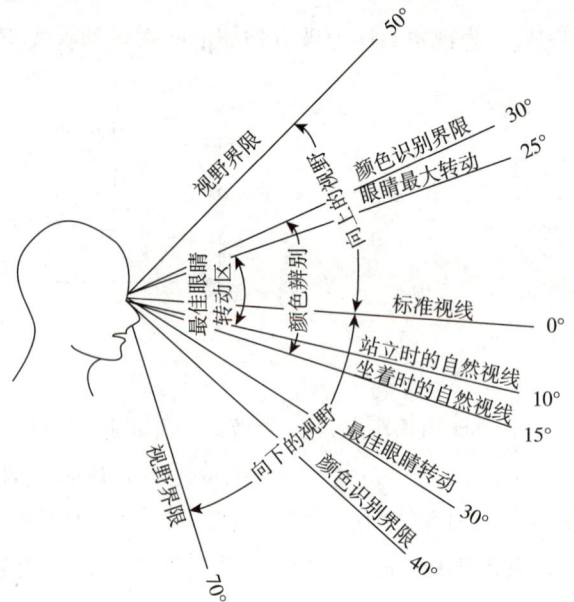

图 3-13　垂直面的视野

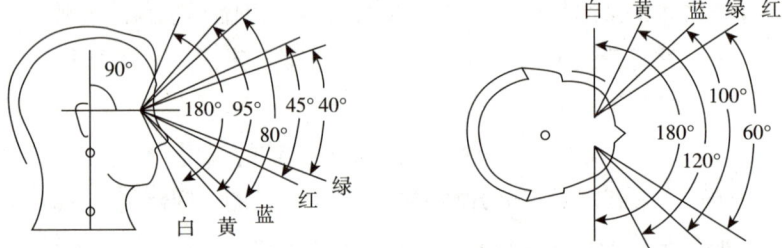

图 3-14　人的色视野

表 3-4　不同工作任务视距的推荐值

任务要求	举例	视距/mm	固定视野直径/mm	备注
最精细的工作	安装最小的部件（表、电子元件等）	120~250	200~400	完全坐着，部分地依靠视觉辅助手段（小型放大镜、显微镜）
精细的工作	安装收音机、电视机	250~350（多为300~320）	400~600	坐或站
中等粗活	在印刷机、钻井机和机床旁工作	<500	<800	坐或站
粗活	包装、粗磨等	500~1500	300~2500	多为站着
远看	看黑板、开汽车等	>1500	>2500	坐或站

（1）视觉适应　是人眼随视觉环境中光量变化而感受性发生变化的过程。人眼的适应分为暗适应和明适应两种。

我们都有过从亮处突然进入暗处而看不到任何东西的经历。这说明，人眼需要一定时间的暗适应后才能看清暗物体，称为暗适应（dark adaptation）。

明适应（light adaptation）是指从暗处下进入强光环境时，眼睛需要适应一段时间，才能看清周围物体的过程。

我们从露天进入关灯的电影院时会感觉一片漆黑，需要一段时间之后才能逐渐看清电影院里的人，这种现象属于暗适应；当我们从电影院走出来时，一瞬间感觉阳光十分刺眼，但很快就恢复正常，这是明适应的过程。

明、暗适应的时间不同是由于视网膜内的不同细胞造成的，分别为视杆细胞和视锥细胞，视杆细胞和视锥细胞各自的功能见表3-5。暗适应最初为5分钟，适应的速度很快，之后逐渐减慢，整个暗适应过程大约要30分钟才能完成。暗适应过程受照明光颜色、强度和作用时间等因素影响。明适应过程一开始人眼感受性迅速降低，30秒后变化很缓慢，大约1分钟后明适应过程才趋于完成。

表3-5　视杆细胞和视锥细胞各自的功能

视网膜内细胞	功能	视网膜内细胞	功能
视杆细胞	在低水平照明时（如夜间）起作用 区别黑白 对光谱中的绿色最敏感 在视网膜远离中心处最多 对极弱的刺激敏感	视锥细胞	在高水平照明时（如白天）起作用 区别色彩 对光谱中的黄色最敏感 在视网膜靠近中心处最多 主要在识别空间位置和要求敏锐地看物体时起作用

人眼的暗适应分三种。

1）瞳孔放大　是个相对比较快的反应。从2毫米放大到5毫米很快，但进一步放大需要长一点的时间。

2）视维细胞的适应　中等速度，需要在5分钟的时间才能达到大约0.1尼特的感觉下限。

3）视杆细胞的适应　速度最慢，需要长达25分钟才能达到或接近30微尼特的感觉下限。

另外，是从暗处到达亮处的明适应。尽管人眼感觉不舒服，但会在很快的时间（1分钟之内）恢复原来的不灵敏状态。但是，经过长期（几天）不见光的环境后，人眼高度灵敏，直接突然暴露在强光下会造成永久性伤害。因此，从无光的山洞里走出来的人，需要逐步见光才可以，否则将造成眼睛永久性伤害。

（2）眩光　物体表面产生刺眼和耀眼的强烈光线称作眩光。

眩光多源于外界物体表面过于光亮（如电镀抛光、有光漆表面）、亮度对比过大或直接强光照射。眩光有直接眩光和反射眩光两种。直接眩光是由天然光或强烈的人工光源直接照射引起的；反射眩光是因视野内天花板、墙壁、机器或其他表面反射而来的高亮度光线或高亮度对比而产生的。

眩光可使人视力下降，产生不舒适的视觉感受，因此，应该尽力加以避免和限制。如不恰当的阳光采光口，不合理的光亮度，不恰当的强光方向，均会在室内产生眩光。

1）减少直接眩光的方法　降低光源的亮度。如果光源的亮度无法降低到满意程度，则应改变光源位置或改变作业对象的位置，增大视线和眩光源之间的角度，使光线避开观察者的眼睛。

2）减少反射眩光的方法　①改变物体表面材质，使之不反射或少反射；②提高周围环境照度，以减少反射物与周围环境之间的亮度对比。

三、视觉的特征

1. 疲劳程度　眼睛沿水平方向运动比沿垂直方向运动快而且不易疲劳。

2. 视线变化习惯　视线变化习惯左—右，上—下，顺时针。

3. 准确性　人眼对水平尺寸和比例的估计比对垂直尺寸和比例的估计更准确。

4. 观察情况的优先性　左上—右上—左下—右下。视区内的仪表布置必须考虑这一点。

5. 设计依据　人的两眼总是协调同步的，在正常情况下，不可能出现一只眼睛转动而另一只眼睛不动的情况，因此通常以双眼视野为设计依据。

6. 接受程度　人眼对于形象的接受直线轮廓优于曲线轮廓。

7. 颜色的易辨认顺序　红、绿、黄、白；颜色相配时的易辨认顺序：黄底黑字、黑底白字、蓝底白字、白底黑字。

第五节　听　觉

听觉是人获得外界信息的重要途径，其获得的信息量仅次于视觉。在所有的感觉中，由听觉获得的信息占全部信息的 10% 。听觉以在时间上的连续性为特点，没有视觉产生那么直接，但视觉往往受到环境的空间和亮度的限制，而听觉则可以弥补和配合其他感官。

一、听觉器官与听觉过程

（一）人耳的构造

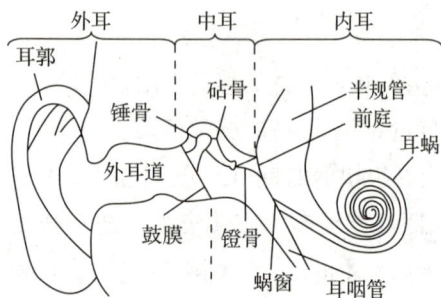

图 3 – 15　人耳的构造

人耳结构主要由三个部分组成，分别是外耳、中耳及内耳。每个结构有不同的组成和生理功能。外耳主要包括耳郭及外耳道。外耳道呈 S 形，长度为 2.5 ~ 3.5cm。因为耳道有弯度，所以定制机才可能塞进耳朵，并且确定机器在耳朵内不掉出来。比如，扭头、跑步、蹲跳等，定制机都不易掉落。中耳结构中，主要有三块骨头（锤骨、砧骨、镫骨），即听骨链。鼓膜是有一个反光区的透明膜，起到保护中耳的作用，以防水、虫子等进入中耳。内耳结构主要由耳蜗和前庭组成。内耳主要作用是换能，将中耳传进来的声音振动转换成生物电（图 3 – 15）。

（二）听觉过程

声波作用于听觉器官，使其感受细胞兴奋并引起听神经的冲动发放传入信息，经各级听觉中枢分析后形成听觉。其形成过程为：声源—耳郭（收集声波）—外耳道（使声波通过）—鼓膜（将声波转换成振动）—耳蜗（将振动转换成神经冲动）—听神经（传递冲动）—大脑听觉中枢（形成听觉）。

影响听觉的人的因素，除个体差异外，主要是年龄。

人能够听到的最弱的声音界限值，称为听阈。使人耳产生难耐刺痛感的高强度声音界限值，称为痛阈。听阈和痛阈之间就是人正常感受的听觉范围。听觉能正常感受的频率范围和声压级范围如图 3 – 16 所示。

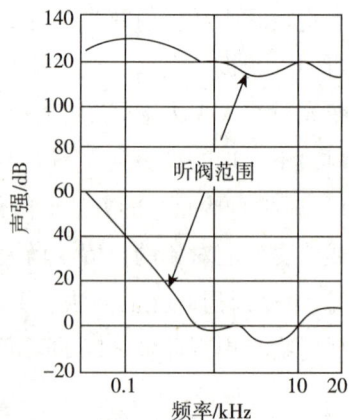

图 3 – 16　听觉的频率范围和声压级范围

1. 可听声频范围　对于正常人来说，只有频率为 20 ~ 20000Hz 的振动才能产生声音的感觉。低于 20Hz 的声波称为次声，高于 20000Hz 的声波称为超声，次声和超声都无法被人耳听见。

2. 辨别声音的强弱　人耳具有区分不同音调（频率）和声强的能力。人耳对频率的感受很灵敏，如在 500～4000Hz 时，可辨别的频率差为 3%；当频率小于 500Hz 和大于 4000Hz 时，频率相差 1% 即可辨别出来。对声强的辨别不如对频率灵敏，当声强增加 26% 或声压增加 12% 时方能辨别出来。

3. 辨别声音的方向和来源　人耳的听觉本领绝大部分都涉及所谓"双耳效应"，或称"立体声效应"，这是正常双耳听闻所具有的特性。

4. 听觉反应时间　据测定，人的听觉反应时间为 120～160 毫秒，比视觉对光信息的反应时间快 30～40 毫秒。

5. 听觉适应　在噪声作用下，可使听觉发生暂时性减退、听觉敏感度降低，可听阈值提高。当人离开强噪声环境而回到安静环境时，听觉敏感度不久就会恢复。这种听觉敏感度的改变是一种生理上的"适应"，称为暂时性听力下降。

不同的人对噪声的适应程度是不同的，但暂时性听力下降却有明显特征，即受到噪声作用后听觉有较小的减退现象，而回到安静环境中听觉敏感度又能迅速恢复。

6. 听觉疲劳　在持久的强噪声作用下，听力减退较大，恢复至原来听觉敏感度的时间也较长，通常需数小时以上，这种现象称为听力疲劳。噪声引起的听力疲劳不仅取决于噪声的声级，还取决于噪声的频谱组成。频率越高则引起的疲劳程度越重。

7. 听力损伤　如果噪声连续刺激，而听觉敏感度在休息时间内又来不及完全恢复，那么时间长了就可能发生持久性听力损失。如果长期接触过量的噪声，听力阈值就不能完全恢复到原数值，造成耳感受器发生器质性病变，进而发展成不可逆的永久性听力损失，临床称为噪声性耳聋，它是一种进行性感音系统的损害。

8. 听力下降　听力随年龄的增长而下降，对感受高频部分的声音，其听力下降的趋势尤为明显。另外，当其他感觉器官接受某种刺激时也会引起听力下降。

二、听觉的几种效应

（一）掩蔽效应

由于第一个声音（主体声）的存在而使第二个声音（遮蔽声）提高听阈的现象，称为掩蔽效应。因此，一个声音能被听到的条件是这个声音的声压级不仅要超过听者的听阈，而且要超过它所在背景环境中的掩蔽阈。

遮蔽声强，遮蔽声的频率与主体声的频率接近，都会使遮蔽效应加大。低频遮蔽声对高频主体声的遮蔽效应较大；反之，高频遮蔽声对低频主体声的遮蔽效应较小。

（二）鸡尾酒会效应

人们具有从许多声音中选择听到自己要听的声音的能力。在许多人相聚的鸡尾酒会中，可以对特定人的讲话听得最清楚，这种效应称为鸡尾酒会效应。

（三）双耳效应

用两只耳朵听声与用一只耳朵听声，在效果方面有许多不同，这种不同称为双耳效应。双耳效应最明显的是对声音的定位，由于到达两耳的声音存在声级差、时间差和相位差，人耳对高频声方位的判断主要靠声级差，人耳对低频声方位的判断主要靠时间差。

双耳效应来源于声音到达两耳的微小时间差、强度差和头部对声音阻挡造成的频谱改变。声音频率越高，声波波长越短，声波绕过头部达到较远那只耳朵所发生的频谱改变越严重，两耳的听觉差异也越大，因此，声音的频率越高，辨别声音方向越容易，即听觉方向敏感性随频率增加而增大。右耳听觉的方向敏感性与声音频率的关系见图 3-17。图 3-17 表明，对于 200 Hz 的低频声音，基本不能凭听觉分辨声源的方位。频率 500 Hz，方向性已相当明显，而 2500 Hz、5000 Hz 声音的方向就尤为明显了。

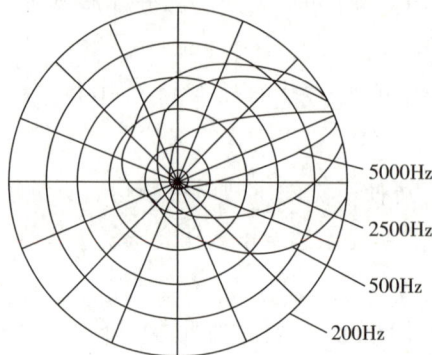

图 3-17　右耳听觉的方向敏感性与声音频率的关系

第六节　嗅　觉

一、嗅觉器官与嗅觉形成

嗅觉是由化学气体刺激嗅觉感受器而引起的感觉。嗅觉感受器位于鼻腔后上部的嗅上皮内，感受细胞为嗅觉细胞。气味物质作用于嗅觉细胞，产生神经冲动经嗅神经传导，最后到达大脑皮层的嗅中枢，形成嗅觉。嗅觉的刺激物必须是气体物质，只有挥发性有味物质的分子，才能成为嗅觉细胞的刺激物。

嗅觉不像其他感觉那么容易分类，在说明嗅觉时，经常用产生气味的东西来命名，例如，玫瑰花香、肉香、腐臭……人类的基本嗅觉有四种，即香、酸、甜味和腐臭。若缺乏一般人所具有的嗅觉能力，则称嗅盲。

人类的嗅觉很敏感，能辨别 2000~4000 种不同物质的气味，因此嗅觉有时用于传递警告信息。但是嗅觉很容易产生适应，并且个体差异较大。某些疾病，如感冒、鼻炎，会降低嗅觉的敏感性；肾上腺功能低下者则出现嗅觉过敏；环境中的温度、湿度和气压等的明显变化，也都对嗅觉的敏感度有很大的影响。因此利用嗅觉感知信息要特别谨慎。

在听觉、视觉损伤的情况下，嗅觉作为一种距离分析器具有重大意义。盲人、聋哑人运用嗅觉就像正常人运用视力和听力一样，他们常常根据气味来认识事物，了解周围环境，确定自己的行动方向。

二、嗅觉的特征

在几种不同的气味混合同时作用于嗅觉感受器时，可以产生不同情况。一种是产生新气味；另一种是代替或掩蔽另一种气味，也可能产生气味中和，混合气味就完全不引起嗅觉。

当嗅觉器官长时间受某种气味的刺激后，对此气味的感觉就会逐渐减弱直至完全适应而无所感觉，这种现象称为嗅觉适应。这是由鼻黏膜的嗅觉细胞及中枢神经系统所指控的，"入芝兰之室，久而不闻其香；入鲍鱼之肆，久而不闻其臭"就是这个意思。

嗅觉时常会伴有其他感觉的混合，如嗅辣椒时的辣味常伴有痛觉，嗅薄荷叶时又带有冷觉。

第七节　味　觉

一、味觉器官与味觉形成

味觉是指食物在人的口腔内对味觉器官化学感受系统的刺激并产生的一种感觉。

从味觉的生理角度分类，传统上只有四种基本味觉：酸、甜、苦、咸；直到最近，第五种味道鲜才被这一领域的作者大量提出。

因此可以认为，目前被广泛接受的基本味道有五种，包括苦、咸、酸、甜以及鲜味。它们是食物直接刺激味蕾产生的。

在五种基本味觉中，人对咸味的感觉最快，对苦味的感觉最慢，但就人对味觉的敏感性来讲，苦味比其他味觉都敏感，更容易被觉察。味觉经面神经、舌神经和迷走神经的轴突进入脑干后终于孤束核，更换神经元，再经丘脑到达岛盖部的味觉区。

舌的不同部位对味觉的感受能力并不一样，舌尖对甜味、舌根对苦味、舌两侧前对咸味、舌两侧后部对酸味较敏感。某些物质作用于舌的不同部位可引起不同的味觉，如糖精于舌尖部为甜、于舌根部苦。

一般随着温度的升高，味觉加强，最适宜的味觉产生的温度是 10~40℃，30℃最敏感，大于或小于此温度都将变得迟钝。温度对呈味物质的阈值也有明显的影响。

二、味觉的特征

1. 味的对比现象　指两种或两种以上的呈味物质，适当调配，可使某种呈味物质的味觉更加突出的现象。如在 10% 蔗糖中添加 0.15% 氯化钠，会使蔗糖的甜味更加突出；在醋酸中添加一定量的氯化钠可以使酸味更突出；在味精中添加氯化钠会使鲜味更加突出。

2. 味的相乘作用　指两种具有相同味感的物质进入口腔时，其味觉强度超过两者单独使用的味觉强度之和，又称为味自协同效应。甘草铵本身的甜度是蔗糖的 50 倍，但与蔗糖共同使用时末期甜度可达到蔗糖的 100 倍。

3. 味的消杀作用　指一种呈味物质能够减弱另外一种呈味物质味觉强度的现象，又称为味的拮抗作用。如蔗糖与硫酸奎宁之间的相互作用。

4. 味的变调作用　指两种呈味物质相互影响而导致其味感发生改变的现象。刚吃过苦味的东西，喝一口水就觉得水是甜的。刷过牙后吃酸的东西就有苦味产生。

此外，当长期受到某种呈味物质的刺激后，就感觉刺激量或刺激强度减小的现象，称为味的疲劳作用。而且味觉和嗅觉可相互影响，当嗅觉出现障碍时，味觉也会减退。

第八节　肤　觉

从人的感觉对人机系统的重要性来看，肤觉是仅次于听觉的一种感觉。皮肤是人体上很重要的感觉器官，感受着外界环境中与它接触物体的刺激。人体皮肤上分布着三种感受器：触觉感受器、温度感受器和痛觉感受器。用不同性质的刺激检验人的皮肤感觉时发现，不同感觉的感受区在皮肤表面呈相互独立的点状分布。

一、触觉

（一）触觉感受器

触觉是微弱的机械刺激触及了皮肤浅层的触觉感受器而引起的；而压觉是较强的机械刺激引起皮肤深部组织变形而产生的感觉，由于两者性质上类似，通常称为触压觉。

触觉感受器能引起的感觉是非常准确的，触觉的生理意义是能辨别物体的大小、形状、硬度、光滑程度以及表面机理等机械性质的触感。在人机系统的操纵装置设计中，就是利用人的触觉特性，设计具有各种不同触感的操纵装置，以使操作者能够靠触觉准确地控制各种不同功能的操纵装置。根据对触觉信息的性质和敏感程度的不同，分布在皮肤和皮下组织中的触觉感受器有游离神经末梢、触觉小体、触盘、毛发神经末梢、棱状小体、环层小体等。不同的触觉感受器决定了对触觉刺激的敏感性和适应出现的速度。

（二）触觉阈限

对皮肤施予适当的机械刺激，在皮肤表面下的组织将引起位移，在理想的情况下，小到 0.001 毫米的位移，就足够引起触的感觉。然而，皮肤的不同区域对触觉敏感性有相当大的差别，这种差别主要是由于皮肤的厚度、神经分布状况引起的。研究表明，女性的阈限分布与男性相似，但比男性略微敏感。还发现面部、口唇、指尖等处的触点分布密度较高，而手背、背部等处的密度较低。

与感知触觉的能力一样，准确地给触觉刺激点定位的能力，因受刺激的身体部位不同而异。研究发现，刺激指尖和舌尖，能非常准确地定位，其平均误差仅 1 毫米左右。而在身体的其他区域，如上臂、腰部和背部，对刺激点定位能力比较差，其平均误差几乎有 1 厘米左右。一般来说，身体有精细肌肉控制的区域，其触觉比较敏锐。

如果皮肤表面相邻两点同时受到刺激，那么人将感受到只有一个刺激；如果接着将两个刺激略为分开，并使人感受到有两个分开的刺激点，那么这种能被感知到的两个刺激点间最小的距离称为两点阈限。两点阈限因皮肤区域不同而异，其中以手指的两点阈限值最低。这是利用手指触觉操作的一种"天赋"。

二、温度觉

温度觉分为冷觉和热觉两种，这两种温度觉是由两种不同范围的温度感受器引起的，冷感受器在皮肤温度低于 30℃ 时开始发放冲动；热感受器在皮肤温度高于 30℃ 时开始发放冲动，到 47℃ 时为最高。人体的温度觉对保持机体内部温度的稳定与维持正常的生理过程是非常重要的。

温度感受器分布在皮肤的不同部位，形成所谓冷点和热点。每一平方厘米皮肤内，冷点有 6～23 个，热点有 3 个。温度觉的强度，取决于温度刺激强度和被刺激部位的大小。在冷刺激或热刺激不断作用下，温度觉就会产生适应。

三、痛觉

凡是剧烈性的刺激，不论是冷、热接触，或是压力等，肤觉感受器都能接收这些不同的物理和化学的刺激，而引起痛觉，组织学的检查证明，各个组织的器官内，都有一些特殊的游离神经末梢，在一定刺激强度下，就会产生兴奋而出现痛觉。这种神经末梢在皮肤中分布的部位，就是所谓痛点。每一平方厘米的皮肤表面约有 100 个痛点，在整个皮肤表面上，其数目可达 100 万个。

第九节 内部感觉

这是指感受内部刺激，反映机体内部变化的感觉。它主要包括机体觉、平衡觉和运动觉 3 类。

一、机体觉

机体觉是有机体内部环境变化作用于内脏感觉器官而产生的内脏器官活动状态的感觉，也叫内脏感觉。其感受器分布于各脏器壁内，它可将内脏的活动及其变化的信息，经传入神经传向中枢。机体觉一般包括饿、饱、渴、痛、恶心、便意感觉等。在一般情况下，人的内脏活动不为人所意识，也不受人的随意支配。只有在生理节律发生超乎常态或处于病理状态下，才能产生明显的感觉，而且常常带有不适感。机体觉有保护性功能。

二、平衡觉

平衡觉是有机体在做直线加减速运动或旋转运动时，能保持身体平衡并知道其方位的一种感觉。其感受器是内耳前庭器官，前庭器官同内脏有密切联系，在前庭器官产生超强兴奋的时候，会发生晕船或晕车。失去平衡觉的人最初会难于调整姿势，易摔倒，还可能感到眩晕。平衡觉对保持身体平衡有重要作用。

三、运动觉

运动觉是反映身体运动和位置状态的感觉，也叫本体感觉。肌肉、肌腱、韧带和关节的本体感受器对压力和肌肉、关节形状的改变非常敏感，使我们能感觉到身体的位置和运动状态，这种感觉称为本体感觉。例如，我们闭着眼也能感知自己关节的屈伸和运动状态，包括位觉、运动觉和振动觉。运动觉是人从事正常活动的保证。

知识链接

感知系统与工业设计

1. 产品外观和形态方面 产品的外观和形态会影响人的视觉和触觉感知。在设计产品时，要考虑其外观的线条、形状、颜色等因素，使其符合人的审美和感知习惯。例如，圆润的边角和柔和的曲线会给人一种舒适、安全的感觉；而尖锐的边角和硬朗的线条则可能会让人感到不舒服或不安全。同时，产品的材质和表面处理也会影响人的触觉感知，光滑的表面会给人一种细腻、舒适的感觉，而粗糙的表面则会给人一种质感和摩擦力。

2. 人机界面设计方面 人机界面是人与产品进行交互的重要部分，其设计要充分考虑人体感知系统的特点。例如，在设计电子设备的显示屏时，要考虑屏幕的亮度、对比度、分辨率等因素，以保证用户能够清晰地看到屏幕上的信息；在设计操作按钮时，要考虑按钮的大小、形状、位置和反馈力度等因素，以便用户能够准确地操作按钮并获得及时的反馈。

目标检测

答案解析

一、选择题

1. 人的感觉印象最多的来自（　）

    A. 耳朵　　　　　　　B. 眼睛　　　　　　　C. 嗅觉　　　　　　　D. 其他感官

2. 在知觉下图所示的双关图时，主要应用了知觉的（　）

    A. 整体性　　　　　　B. 选择性　　　　　　C. 理解性　　　　　　D. 恒常性

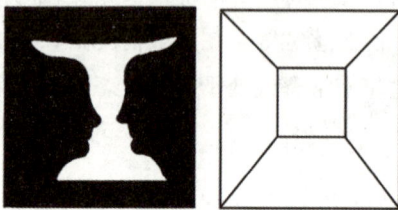

3. 人眼从看高照度的物体到能看清低照度下物体的过程和结果称为（　）适应

    A. 暗适应　　　　　　B. 明适应　　　　　　C. 明暗适应

4. （　）是由瞳孔中心到被观察物体两端所张开的角度

    A. 视力　　　　　　　B. 视角　　　　　　　C. 视野　　　　　　　D. 视平面

5. 人的感觉器官与室内设计有关的是（　）

    A. 视觉、味觉、触觉　　　　　　　　　　　B. 嗅觉、触觉、听觉

    C. 视觉、听觉、触觉

6. 太阳光里含有七种色光，红、橙、黄、绿、青、蓝、紫，其波长在（　）纳米，为可见光

    A. 380～780　　　　　　　　　　　　　　B. 38～780

    C. 380～7800　　　　　　　　　　　　　　D. 3800～7800

二、简答题

1. 阐述人体感觉和知觉的特征，感觉与知觉的相同点与区别及其关系。

2. 阐述人体视觉的特征。

3. 阐述人体听觉特征，举例说明人体神经系统机能及其特征。

4. 知觉有哪些基本特性，如何在设计中利用这些基本特性？有哪些设计作品利用了人的感觉特征？请举例说明。

书网融合……

本章小结

第四章　操纵装置

学习目标

1. **掌握**　人体手部、脚部生理特征；操纵工具的分类和设计特点及原则。
2. **熟悉**　操纵工具设计的一般原则和参考尺寸；人机工程学原理和案例。
3. **了解**　旋转式、移动式和按压式手操纵工具的类型及设计特点；手操纵工具所引起的上肢职业病。
4. 能掌握操纵工具设计原则并能熟练运用人机工程学原理设计优化各类操纵工具。

⇒ 案例分析

实例　鼠标的外形设计符合人体手部的自然曲线，有适合手指放置的按键和滚轮。鼠标的大小有多种规格，以适应不同手型的用户。其表面材质也经过精心选择，提供舒适的触感。一些高端鼠标还具有可调节的 DPI（鼠标灵敏度），以满足不同用户在不同使用场景下的需求。

问题　鼠标的按键大小和间距设计如何影响用户的操作体验和操作准确性？滚轮的灵敏度调节范围是否能满足不同类型用户的需求？

第一节　手足尺寸与人体关节活动

一、人体手足尺寸

在声控及其他非接触式智能控制技术充分发展以前，手足操纵尤其是手动操纵，是主要的操纵方式。因此，在操纵装置和器物设计中，手足的操纵特性包括手足尺寸、肢体的施力与运动特性等，是人的因素的重要方面。

四肢传递的信息可以是力、位移、速度等物理量，实际上操纵使用的主要是力，一般只要求在一定方向上施力，不要求精确的力值和准确控制位移。

1. 人体手足尺寸　是操纵器尺寸设计的基本依据。GB/T 10000—1988 给出了中国成年人的手部基本尺寸和足部基本尺寸，见图 4-1、图 4-2、表 4-1 至表 4-4。

2. 手部控制部位尺寸的回归方程　GB/T 10000—2023 给出的中国成年人手部尺寸 5 项、足部尺寸 2 项，只是手部和足部的基本尺寸，对于实际应用是不够的。在产品设计中需要用到的其他手部尺寸还很多，如手提包的提手环、包装箱侧的手握孔洞等尺寸，都与四指并拢后近位关节处的宽度、手指厚度等尺寸有关。在 GB/T 16252—2023《成年人手部尺寸分型》中，选择与产品设计相关的手部 14 项测量项目作为控制部位。控制部位分为长度、宽度、厚度和围度四类。表 4-5 给出了手部 14 项测量项目与手长或手宽的回归方程。根据回归方程，可计算不同手部分型所对应的手部控制部位尺寸，其中长度类随手长尺寸变化，宽度类、厚度类和围度类随手宽尺寸变化。

图 4-1 人体手部尺寸（单位：mm）

图 4-2 人体足部尺寸（单位：mm）

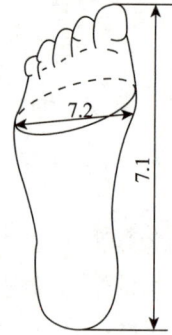

表 4-1 18~70 岁成年男性手部人体尺寸百分位数（单位：mm）

测量项目		百分位数						
		P_1	P_5	P_{10}	P_{50}	P_{90}	P_{95}	P_{99}
6.1	手长	165	171	174	184	195	198	204
6.2	手宽	78	81	82	88	94	96	100
6.3	食指长	62	65	67	72	77	79	82
6.4	食指近位宽	18	18	19	20	22	23	23
6.5	食指远位宽	15	16	17	18	20	20	21

表 4-2 18~70 岁成年女性手部人体尺寸百分位数（单位：mm）

测量项目		百分位数						
		P_1	P_5	P_{10}	P_{50}	P_{90}	P_{95}	P_{99}
6.1	手长	153	158	160	170	179	182	188
6.2	手宽	70	73	74	80	85	87	90
6.3	食指长	59	62	63	68	73	74	77
6.4	食指近位宽	16	17	17	19	20	21	21
6.5	食指远位宽	14	15	15	17	18	18	19

表 4-3 18~70 岁成年男性足部人体尺寸百分位数（单位：mm）

测量项目		百分位数						
		P_1	P_5	P_{10}	P_{50}	P_{90}	P_{95}	P_{99}
7.1	足长	224	232	236	250	264	269	278
7.2	足宽	85	89	91	98	104	106	110

表 4-4 18~70 岁成年女性足部人体尺寸百分位数（单位：mm）

测量项目		百分位数						
		P_1	P_5	P_{10}	P_{50}	P_{90}	P_{95}	P_{99}
7.1	足长	208	215	218	230	243	247	256
7.2	足宽	77	82	83	90	96	98	102

表 4 - 5　手部控制部位尺寸的回归方程（单位：mm）

控制部位测量项目	男	女
	回归方程	回归方程
掌厚	$Y = 15.75 + 0.161X_2$	$Y = 10.88 + 0.202X_2$
掌围	$Y = 87.477 + 1.352X_2$	$Y = 72.136 + 1.411X_2$
掌长	$Y = 6.137 + 0.535X_1$	$Y = 4.116 + 0.537X_1$
拇指长	$Y = 2.421 + 0.316X_1$	$Y = 2.412 + 0.315X_1$
食指长	$Y = -1.875 + 0.4X_1$	$Y = -1.389 + 0.407X_1$
中指长	$Y = -4.943 + 0.461X_1$	$Y = -3.196 + 0.459X_1$
无名指长	$Y = -2.877 + 0.426X_1$	$Y = -1.899 + 0.426X_1$
小指长	$Y = -1.832 + 0.332X_1$	$Y = -4.38 + 0.348X_1$
拇指宽	$Y = 11.604 + 0.123X_2$	$Y = 8.108 + 0.15X_2$
食指近位宽	$Y = 10.197 + 0.116X_2$	$Y = 8.612 + 0.125X_2$
食指远位宽	$Y = 8.006 + 0.115X_2$	$Y = 6.792 + 0.123X_2$
中指近位宽	$Y = 9.44 + 0.118X_2$	$Y = 7.459 + 0.133X_2$
无名指近位宽	$Y = 8.367 + 0.118X_2$	$Y = 7.16 + 0.122X_2$
小指近位宽	$Y = 7.461 + 0.109X_2$	$Y = 6.448 + 0.111X_2$

注：X_1 为手长，X_2 为手宽，Y 为手部其他部位的尺寸。

表 4 - 5 中 20 个手部控制部位尺寸项目的图示和测量方法说明，可查阅 GB/T 16252—2023。

例 1　试求：①女子 5 百分位数的掌厚；②男子 95 百分位数的掌厚；③男子 95 百分位数的掌围。

解：

1）由表 4 - 5 查得，女子掌厚的回归方程为

$$Y = 10.88 + 0.202X_2$$

由表 4 - 2 查得：女子 5 百分位数的手宽为 $X_2 = 73$mm，代入上面的回归方程，即得到女子 5 百分位数的掌厚为

$$Y = 10.88 + 0.202X_2 = 10.88 + (0.202 \times 73)\ mm = 25.63mm$$

2）试用同样方法计算男子 95 百分位数的掌厚，并与下式对照检验

$$Y = 15.75 + 0.161X_2 = 15.75 + (0.161 \times 96)\ mm = 31.20mm$$

3）试用同样方法计算男子 95 百分位数的掌围，并与下式对照检验

$$Y = 87.477 + 1.352X_2 = 87.477 + (1.352 \times 96)\ mm = 217.27mm$$

二、人体关节活动

1. 手部关节活动范围　手部的关节活动包括腕关节活动和指关节活动两种。

（1）腕关节活动　有两个自由度：①向手心或手背方向的转动，分别称为掌侧屈、背侧屈［图 4 - 3（a）］；②向拇指或小手指方向的转动，分别称为桡侧偏、尺侧偏（两根前臂骨中大拇指一侧的叫"桡骨"，小手指一侧的叫"尺骨"，桡侧偏、尺侧偏的名称由此而来）［图 4 - 3（b）］。图 4 - 3 中标注了几个"可达"的参考数据，需要注意的是：这是能够活动到的限度，但在接近限度的状态下工作是劳累的，时间长了容易致伤，应该避免。

（2）指关节活动　与手掌相连的指关节活动有两个自由度：手指握拳或伸开的伸屈活动；指间张开或并拢的张合活动。不与手掌相连的指关节只能做伸屈活动。

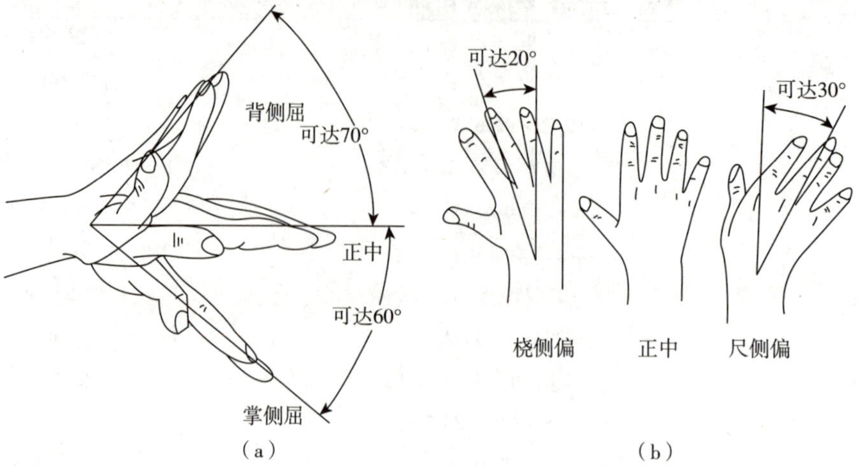

图 4 - 3　腕关节的活动范围

（a）掌侧屈和背侧屈；（b）桡侧偏和尺侧偏

2. 人体的其他关节活动　人体全身有很多关节，这些主要关节的最大活动范围和能舒适调节的范围见表 4 - 6。表列数值适用于一般情况，年岁较高或衣着较厚时，关节活动范围有所减少。人体可以看作由多个关节连接而成的一个连环结构，正像腰关节总的转动角度是由几对腰椎骨间的转角累加的结果，全身各部位能够达到的活动角度，也是各有关关节转动角度的累加。

表 4 - 6　人体主要关节的最大活动范围和能舒适调节的范围

关节	身体部位	活动方式	最大角度/（°）	最大活动范围/（°）	舒适调节范围/（°）
颈关节	头至躯干	低头、仰头	+40 ~ -35①	75	+12 ~ -25
		左歪、右歪	+55 ~ -55①	110	0
		左转、右转	+55 ~ -55①	110	0
胸关节 腰关节	躯干	前弯、后弯	+100 ~ -50①	150	0
		左弯、右弯	+50 ~ -50①	100	0
		左转、右转	+50 ~ -50①	100	0
髋关节	大腿至髋关节	前弯、后弯	+120 ~ -15	135	0（+85 ~ +100）②
		外拐、内拐	+30 ~ 15	45	0
关节	身体部位	活动方式	最大角度/（°）	最大活动范围/（°）	舒适调节范围/（°）
膝关节	小腿对大腿	前摆、后摆	+0 ~ -135	135	0（-95 ~ -120）②
脚关节	脚至小腿	上摆、下摆	+110 ~ +55	55	+85 ~ +95
髋关节小腿关节 脚关节	脚至躯干	外转、内转	+110 ~ -70①	180	+0 ~ +15
肩关节 （锁骨）	上臂至躯干	外摆、内摆	+180 ~ -30①	210	0
		上摆、下摆	+180 ~ -45①	225	（+15 ~ +35）③
		前摆、后摆	+140 ~ -40①	180	+40 ~ +90
肘关节	下臂至上臂	弯曲、伸展	+145 ~ 0	145	+85 ~ +110
腕关节	手至上臂	外摆、内摆	+30 ~ -20	50	0⑤
		弯曲、伸展	+75 ~ -60	135	0
肩关节，下臂	手至躯干	左转、右转	+130 ~ -120①④	250	-30 ~ -60

注：①得自给出关节活动的叠加值；②括号内为坐姿值；③括号内为在身体前方的操作；④开始的姿势为手与躯干侧面平行；⑤拇指向下，全手对横轴的角度为12。

第二节　人体的施力与运动输出特性

一、人体的肌力及其影响因素

1. 人体主要部位的肌肉力量　人体施力来源于肌肉收缩的力量，称为肌力。影响肌力大小的生理因素很多。20～30岁中等体力的男女青年主要部位的肌力数值见表4-7。

表4-7　身体主要部位的肌力数值

肌肉的部位		力/N		肌肉的部位		力/N	
		男	女			男	女
手臂肌肉	左	370	200	手臂伸直时的肌肉	左	210	170
	右	390	220		右	230	180
肱二头肌	左	280	130	拇指肌肉	左	100	80
	右	290	130		右	120	90
手臂弯曲时的肌肉	左	280	200	背部肌肉		1220	710
	右	290	210	（躯干曲伸的肌肉）			

　　女性的肌力一般比男性低20%～30%。右利者右手肌力比左手约高10%；左利者左手肌力比右手高6%～7%。

　　人们使用器械、操纵机器所用的力称为操纵力。操纵力主要是臂力、握力、指力、腿力或脚力，有时也用到腰力、背力等躯干的力量。操纵力与施力的人体部位、施力方向和指向（转向），施力时人的体位姿势、施力的位置以及施力时对速度、频率、耐久性、准确性的要求等多种因素有关，详尽的描述是很复杂的。各国人机学者进行过大量测定研究，积累了大量数据资料。下面依次简介的坐姿手臂操纵力、立姿手臂操纵力和坐姿脚蹬力，是操纵力中与操纵设计关系较密切的部分。

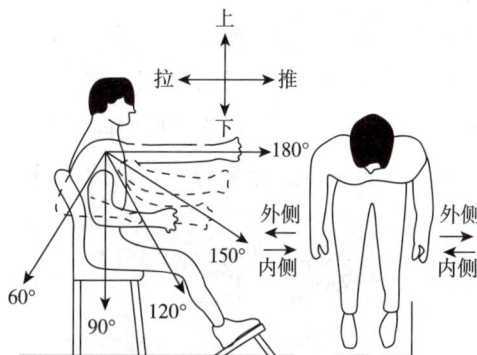

图4-4　坐姿手臂操纵力的测试方位和指向

2. 坐姿手臂操纵力　中等体力的男子（右利者），坐姿下手臂在不同角度、不同指向上的操纵力，可对照参看图4-4和表4-8。

表4-8　坐姿的手臂操纵力（中等体力的男子，右利者）

手臂的角度/（°）	拉力/N		推力/N	
	左手	右手	左手	右手
	向后		向前	
180	225	235	186	225
150	186	245	137	186
120	157	186	118	157
90	147	167	98	157
60	108	118	98	157
	向上		向下	

手臂的角度/ (°)	拉力/N		推力/N	
	左手	右手	左手	右手
	向后		向前	
180	39	59	59	78
150	69	78	78	88
120	78	108	98	118
90	78	88	98	118
60	69	88	78	88
	向内侧		向外侧	
180	59	88	39	59
150	69	88	39	69
120	88	98	49	69
90	69	78	59	69
60	78	88	59	78

分析表 4-6 中的数据，可以看出：①在前后方向和左右方向，都是向着身体方的操纵力大于背离身体方的操纵力；②在上下方向，向下的操纵力一般大于向上的操纵力。表 4-6 是测试右利者男子所得数据，右手操纵力大于左手；对于左利者，情况相反。

3. 立姿手臂操纵力 一项测试结果如图 4-5 所示。这是手钩向肩部的操纵力与前臂、上臂间夹角的关系，从图中可以看出：前臂上臂间夹角约为 70°时，操纵力最大。设计风镐、凿岩机、大型闸门开启装置等器具和设施时，都应考虑人体屈臂操纵力的特性。

在图 4-6 (a) 所示立姿、前臂基本水平的姿势下，男子、女子的平均瞬时向后的拉力分别约为 690N 和 380N；男子连续操作的向后拉力约为 300N；向前的推力比向后的拉力小一些。在图 4-6 (b) 所示内外方向的拉推姿势下，向内的推力大于向外的拉力，男子平均瞬时推力约为 395N。

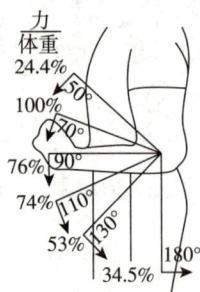

图 4-5 立姿屈臂操纵力的分布

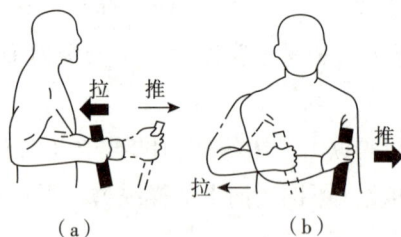

图 4-6 立姿、前臂在水平面两方向上的推拉力
(a) 前后方向的推拉；(b) 内外方向的推拉

4. 握力 两臂自然下垂、手掌向内（朝向大腿）的条件下，男子优势手的握力为自身体重的 47%～58%；女子为自身体重的 40%～48%。年轻人的瞬时最大握力高于这个水平，非优势手的握力小于优势手。若手掌朝上，握力值增大一些；手掌朝下，握力值减小一些。

所有的施力状态下，力量的大小都与持续时间有关。施力持续时间加长，力量逐渐减小。如某种肌力持续到 4 分钟时，会衰减到最大值的 1/4 左右；肌力衰减到最大值 1/2 所经历的持续时间，多数人是基本相同的。

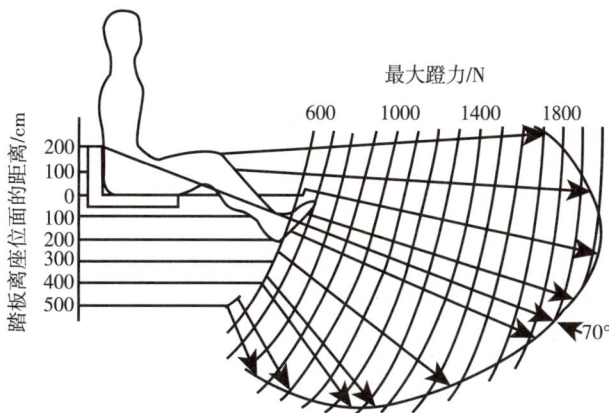

图 4 - 7 坐姿下不同侧视体位的脚蹬力

5. 坐姿脚蹬力 在有靠背的座椅上，由于靠背的支撑，可以发挥较大的脚蹬操纵力。脚蹬操纵力的大小与施力点位置、施力方向有关，一项实测的结果如图 4 - 7 所示。图 4 - 7 中粗线箭头所画、与铅垂线约成 70°的方向是最适宜的脚蹬方向。此时大腿并非水平，而是膝部略有上抬，大、小腿夹角在 140° ~ 150°。

二、反应时和运动时

从驾驶人发现紧急情况，到完成急速转向避让或用脚踩踏制动，共由两个时段构成：第一个时段是感知的时间，称为反应时；第二个时段是动作的时间，称为运动时。人机系统中各种操作的时间均由这两部分构成。

（一）反应时

反应时指从刺激呈现，到人开始做出外部反应的时间间隔，也称为反应潜伏期。反应时是如下知觉过程的全部时间：感觉器官接收外界刺激，刺激由传入神经传至大脑神经中枢，神经中枢综合处理发出反应指令，指令由传出神经传至肌肉，直至肌肉收缩开始反应运动。

影响反应时的有人的主体因素，也有刺激的各种客体因素，分述如下。

1. 简单反应时、辨别反应时与选择反应时 如果刺激只有一种，要求做出的反应也是一种，且两者都是不变的，这种条件下的反应时称为简单反应时。如果刺激多于一种，将出现哪种刺激事先不知道，要求只对其中特定刺激做出反应，这种条件下的反应时称为辨别反应时。如果可能呈现的刺激不止一种，即将出现哪种刺激事先不知道，要求对不同的刺激做出一一对应的不同反应，这种条件下的反应时称为选择反应时。

三种反应时中，简单反应时最短，辨别反应时次之，选择反应时最长。辨别反应时和选择反应时都随可能呈现的刺激数目增多而延长。表 4 - 9 是刺激数目对辨别反应时影响的一项测试结果。

表 4 - 9 刺激数目对辨别反应时影响的一项测试结果

刺激数目	1	2	3	4	5	6	7	8	9	10
辨别反应时/ms	187	316	364	434	485	532	570	603	619	622

2. 刺激类型与反应时 反应时随刺激类型即接受刺激的感觉器官不同而不同。各种感觉器官对应的简单反应时范围见表 4 - 10。

表4-10　各种刺激类型（感觉器官）的简单反应时范围

刺激类型	触觉 （触压、冷热）	听觉 （声音）	视觉 （光色）	嗅觉 （物质微粒）	味觉（唾液 可溶物）	深部感觉 （撞击、重力）
感觉器官	皮肤、皮下组织	耳朵	眼睛	鼻子	舌头	肌肉神经和关节
简单反应时/ms	110~230	120~160	150~200	210~390	330~1100	400~1000

从表4-10可以看出，触觉、听觉和视觉反应时比较短，味觉和深部感觉反应时比较长。另外，触觉反应时与接受刺激的人体部位有关，脸部、手指的反应时短，腿部脚部的反应时长。味觉反应时中，对咸、甜、酸的反应时分别约为308毫秒、446毫秒和536毫秒，而对苦的反应时则长得多，约为1082毫秒。

3. 刺激强度与反应时　任何一种外界刺激都要达到一定的强度才能被人感受，人能感受的最低刺激量称为该种感觉的阈值。反应时与刺激的强度有关：刺激很弱、刚达到阈值的条件下，反应时比正常值长得多；刺激强度加大，反应时缩短；到达一定的刺激强度后，反应时就基本稳定不再缩短了。从表4-11所示不同强度刺激的反应时，可以看出上述变化规律。

表4-11　刺激强度与反应时的关系

刺激类型	刺激强度	简单反应时/ms
听觉声刺激	刚超过阈值	779
	较弱的强度	184
	中等强度	119
视觉光刺激	弱光照	205
	强光照	162

4. 刺激的对比度与反应时　反应时还受刺激量值与背景量值对比度的影响。例如同样的声刺激，因背景噪声的强度、频率不同而有不同可辨性，反应时也随之不同。视觉刺激中，刺激颜色与背景色的对比影响刺激的可辨性，因而也影响反应时，一项测试结果见表4-12。例如，红—橙颜色对比下反应时较长，原因是这两种刺激的对比较弱。

表4-12　颜色对比对反应时的影响

颜色对比	白—黑	红—绿	红—黄	红—橙
简单反应时/ms	197	208	217	246

影响反应时的其他刺激因素还有刺激持续的时间、是否有预备信号等。

5. 人的主体因素与反应时　影响反应时的人的主体方面，有先天性的个体差异，当时的状况和培训练习差异等几方面。先天性的个体差异来源于素质、性别、个性等因素；当时状况指年龄、健康状况、疲劳状况、情绪、生理节律等状态；培训对反应时的影响更是明显，驾驶汽车、打字、速记等工作都可以通过培训和练习减少反应时，从而有效地提高工作效率。

（二）运动时

运动时指从人的外部反应运动开始到运动完成的时间间隔。运动时的时间组成包含运动神经传导时间、肌肉活动时间及两者交互的时间等部分。由于知觉和运动是人体两种性质不同的过程，所以反应时和运动时之间没有显著的相关性。运动时随着人体运动部位、运动形式、运动距离、阻力、准确度、难度等的不同而不同，影响因素非常多。作为"人体功能"基础数据的，是最简单的运动，如用手按压或触摸身体前方不远的某物、某点，而这对于操纵装置设计的应用显然是不够的。实际操纵运动的情况很复杂，如就旋转旋钮而言，由于旋钮尺寸、阻力、安放位置、要求调节准确度等条件不同，操作运动时间就大有差异。各种操作运动的时间不属于人体功能基础数据，而是属于操纵设计中肢体运动的输出数据。

三、肢体的运动输出特性

（一）运动速度与频率

影响肢体运动速度、频率的因素较多，下面就运动部位、运动形式、运动方向、阻力（阻力矩）、运动轨迹等因素的影响，各举一些数据实例来作简要说明。

1. 人体运动部位、运动形式与运动速度 表4－13给出了主要人体部位完成一次简单运动最少平均时间的参考数据。

表4－13 人体完成一次动作的最少平均时间

人体运动部位	运动形式和条件		最少平均时间/ms
手	直线运动抓取		70
	曲线运动抓取		220
	极微小的阻力矩	旋转	220
	有一定的阻力矩	旋转	720
腿脚	向前方、极小阻力	踩踏	360
	向前方、一定阻力	踩踏	720
	向侧方、一定阻力	踩踏	720～1460
躯干	向前或后弯曲		720－1620
	向左或右侧弯		1260

2. 运动方向与运动速度 人的肢体在不同方向上运动的快捷程度是不同的。一项测试实验的结果如图4－8所示：从人体前方水平面上某定点起始，用右手向8个方向上8个等距离的点运动；不同方向上的平均运动时间，成比例地以到中心点的距离用黑圆点标定在该方向上，得到8个黑点；这8个点可连接成一个椭圆，椭圆的短轴在55°～235°的方向上，长轴在145°～325°的方向上。这表明，右手在55°～235°方向，即"右上—左下"方向运动较快；而在145°～325°方向，即"左上—右下"方向运动较慢。对左手测试结果与此明显不同，可试对左手测试结果做出判断。

3. 运动轨迹与运动速度 运动轨迹对运动速度的影响有以下几点。

（1）人手在水平面内的运动快于铅垂面内的运动；前后的纵向运动快于左右的横向运动；从上往下的运动快于从下往上；顺时针转向的运动快于逆时针转向。

（2）人手向着身体方向的运动（向里拉）比背离身体方向的运动（向外推）准确度高。多数右利者右手向右的运动快于左手向左运动，多数左利者左手向左的运动快于右手向右运动。

（3）单手可以在此手一侧偏离正中60°的范围之内较快地自如运动[图4－9（a）]；而双手同时运动，则只在正中左右各30°的范围以内能较快地自如运动[图4－9（b）]。当然，正中方向及其附近是单手和双手能较快自如运动的区域[图4－9（c）]。

（4）连续改变方向的曲线运动快于突然改变方向的折线运动。

4. 运动频率 表4－14是人体不同部位、几种常用操作动作能够达到的最高频率。表列数据的条件

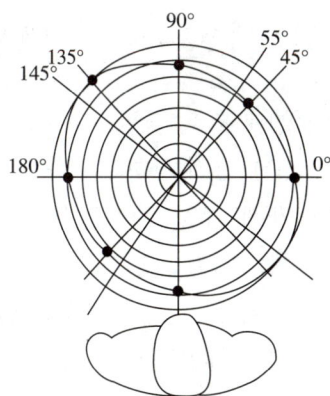

图4－8 右手在水平面内
8个方向上运动时间的对比

是：运动阻力（或阻力矩）微小，运动行程（或转动角度）很小，由优势手脚测试。表列数据是一般人运动能达到的上限值，适宜的工作操作频率应小于这些数值，长时间工作的操作频率必须更小。

图 4-9 单手与双手能较快自如运动的区域

表 4-14 人体各部位常用操作动作的最高运动频率（单位：次/秒）

运动部位	运动形式	最高频率	运动部位	运动形式	最高频率
小指	敲击	3.7	手	旋转	4.8
无名指	敲击	4.1	前臂	伸屈	4.7
中指	敲击	4.6	上臂	前后摆动	3.7
食指	敲击	4.7	脚	以脚跟为支点蹬踩	5.7
手	拍打	9.5	脚	抬放	5.8
手	推压	6.7			

（二）运动准确性及其影响因素

1. 运动准确性 操作运动准确性包括以下几方面：①运动方向的准确性；②运动量（操纵量），如运动距离、旋转角度的准确性；③运动速度的准确性，一般操作要求平稳的速度变化，跟踪调节要求更准确的操作速度；④操纵力的准确性。

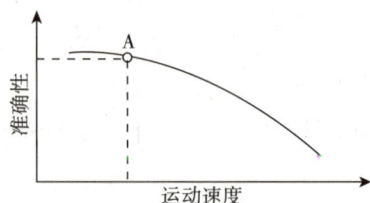

图 4-10 运动速度-准确性特性曲线

2. 运动准确性的影响因素 除了人先天的个体差异、当时的健康和觉醒水平、培训练习状况以外，运动准确性与运动速度、方向、位置、动作类型等因素有关，下面对部分因素做简略说明。

（1）运动速度与准确性 运动速度加快，准确性通常会降低，两者呈图 4-10 所示的曲线关系：在曲线点 A 以左的低速范围内，速度对准确性的影响很小；速度高到一定数值以后，运动准确性加速降低。因此在图 4-10 中点 A 附近选点，能兼顾速度和准确性两方面的要求。

（2）运动方向与准确性 图 4-11 所示为手臂运动方向对准确性影响的一个实测例子：受试者手握细杆沿图示的几种槽缝中运动，记录细杆触碰槽壁的次数，触碰次数多表示运动准确性低。4 种方向触碰次数之比为 247：202：45：32。可见手臂在左右方向的运动准确性高，上下方向次之，而前后方向的运动准确性差，且对比的差别是明显的。

（3）动作类型与准确性 使用操纵器和工具有各种不同的动作类型，肢体完成不同动作的准确性、灵活性是不同的。图 4-12 给出了优劣不同的三组对比：上面三个图所示操作的准确性，均优于对应的下图。图 4-12 所示只是少数几个示例。

（4）运动量与准确性 准确性一般还与运动量大小有关，如手臂伸出和收回的移动量较小（如 100mm 以内）时，常有移动距离超出的倾向，相对误差较大；移动量较大时，则常有移动距离不足的倾向，相对误差较小。旋转运动量与准确性的关系与此类似。

颤抖方向	上下	左右	前后（进出）	前后（进出）
触碰次数	247	202	45	32
	（a）	（b）	（c）	（d）

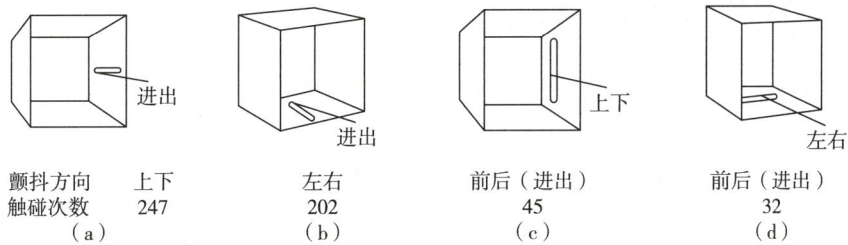

图 4 - 11　手臂运动方向对准确性影响的一个实例

（a）　　　　　（b）　　　　　（c）

图 4 - 12　准确性随动作类型不同的例子

第三节　操纵器的人机学原则

一、操纵器的类型和选用

操纵器又称为操纵装置、控制器、控制装置。人机系统中，操纵器可能是简单的元器件，也可能是元器件的组合，人机学不研究其工作原理、结构等科技问题，只研究与它的操作有关的解剖学、生理学、心理学诸因素。

（一）操纵器的类型

操纵器种类很多，可以从不同的角度进行分类，简述如下。

1. 按操控方式分类　可以分为手动操纵器、脚动操纵器、声控操纵器等操控类型；也可以分为直动操纵器、遥控操纵器等操控方式。

2. 按操控运动轨迹分类

（1）旋转式操纵器　如旋钮、摇柄、十字把手、手轮（转向盘）等。

（2）移动式操纵器　如操纵杆、手柄、推扳开关等。

（3）按压式操纵器　如按钮、按键等。

3. 按操控功能分类　一般分为开关式操纵器、转换式操纵器、调节式操纵器、紧急停车操纵器等类型。

（二）操纵器的选用

表 4 - 15、表 4 - 16 给出了各种常用操纵器使用功能及功能对比，可供选用时参考。

表 4 – 15　常用操纵器的使用功能

操纵器名称	使用功能				
	起动	不连续调节	定量调节	连续调节	输入数据
按钮	○				
扳钮开关	○	○			
旋转选择开关		○			
旋钮		○	○	○	
踏钮	○				
踏板			○	○	
手摇把			○	○	
手轮			○	○	
操纵杆			○	○	
键盘					○

表 4 – 16　常用操纵器的使用功能对比

操纵器使用情况	按钮	旋钮	踏钮	旋转选择开关	扳钮开关	手摇把	操纵杆	手轮	脚踏板
开关控制	适合		适合		适合				
分级控制（3~24 个档位）				适合	最多3档				
粗调节		适合					适合	适合	适合
细调节		适合							
快调节						适合	适合		
需要的空间	小	小—中	中—大	中	小	中—大	中—大	大	大
要求的操纵力	小	小	小—中	小—中	小	小—大	小—大	大	大
编码的有效性	好	好	差	好	中	中	好	中	差
视觉辨别位置	可以	好	差	好	可以	差	好	可以	差
触觉辨别位置	差	可以	差	好	好	差	可以	可以	可以
一排类似操纵器的检查	差	好	差	好	好	差	好	差	差
一排类似操纵器的操作	好	差	差	差	好	差	差	差	差
在组合式操纵器中的有效性	好	好	差	中	好	差	好	好	差

二、操纵器的一般原则

　　某老旧型号货车上，前照灯和刮水器两个开关的大小、形状、颜色都差不多，安装的位置也很靠近，驾驶员行车中常凭感觉伸手去开或关，于是常常弄错：想开前照灯时却开了刮水器，或者相反。还有过与此相似而后果严重得多的历史事件：第二次世界大战中，美军某型号的飞机重复发生类似的事故，后调查发现，原因是有两个功能相反的操纵器，大小、形状、颜色、安装位置都很接近，造成飞行员情急中的误操作。我国某地一个企业，某年曾在某型号的冲压机上连续发生三次断指、伤臂的人身事故。经调查，三次事故中精神、心理因素虽然互不相同（精力不集中、疲劳、情绪不佳等），但三次事故当事人的主诉中有一条却是共同的，即"我只轻轻地碰着了一下开关，当时都没注意到……"这说明，该型号冲压机的开关过于"灵敏"，工作阻力太小了……上述事例非常值得深思，它们都是操纵器设计应该研究的人机学因素。

操纵器设计的一般人机学原则如下。

（1）操纵器的尺寸、形状，应适合人的手脚尺寸及生理学解剖学条件。

（2）操纵器的操作力、操作方向、操作速度、操作行程、操作准确度要求，都应与人的施力和运动输出特性相适应。

（3）有多个操纵器的情况下，它们的形状、尺寸、色彩、质感以及安置位置等方面应有明显区别，使它们易于识别，避免互相混淆。

（4）让操作者在合理的体位下操作，考虑给操作者的手脚或身体提供依托支承，减轻操作者疲劳和单调厌倦的感觉。

（5）操作运动与显示器或与被控对象，应有正确的互动协调关系。此种互动关系应与人的自然行为倾向一致。

（6）形状美观、式样新颖，结构简单。合理设计多功能操纵器，如带指示灯的按钮，能把操纵和显示功能结合起来等。

三、操纵器的形状和式样

（1）手动操纵器的握持部位应为圆滑的圆柱、圆锥、卵形、椭球等形状，以求握持牢靠、方便、无不适感。手掌按压的操纵器表面，采用蘑菇形球面凸起形状。手指按压的表面要有适合指形的凹陷轮廓。按钮应为圆形或矩形，按键应为矩形。

（2）脚控操纵器应使踝关节在操作时减少弯曲，脚踏板与地面的最佳倾角约为30°，操作时脚掌与小腿接近垂直，踝关节的活动不大于25°。

（3）操纵器的式样应便于使用，便于施力。例如操纵阻力较大的旋钮，其周边应制成棱形波纹或压制滚花。

（4）有定位或保险装置的操纵器，终点位置应有止动限位机构。分级调节的操纵器应有各档位置的标记，以及各档位置的定位、自锁机构。

（5）操纵器的形状最好能对其功能有所隐喻、暗示，以利于辨认和记忆。这属于"造型语义"方面的要求。

四、操纵器的尺寸和操作行程

操纵器尺寸与人体尺寸的适应性包括两方面：①操纵器上握持、触压、抓捏部位的尺寸，应与人的手脚尺寸相适应；②操纵器的操作行程，应与人的关节活动范围、肢体活动范围相适应，可参照 GB/T 10000—2023《中国成年人人体尺寸》、GB/T 14775—1993《操纵器一般人类工效学要求》。

图 4-13（a）所示为双手操控的手轮，轮缘直径宜取 25～30mm，依据是人的"手长"。一次连续转动的角度宜在 90°以内，最大不得超过 120°，依据是肢体活动范围。图 4-13（b）所示为一种操纵杆，杆端球径取值为 32～50mm，依据是手抓较为舒适并能自如施力。而操纵杆的适宜"动态尺寸"是：长 150-250mm 的短操纵杆，左右方向的转角不大于 45°，前后方向的转角不大于 30°；长 500～700mm 的长操纵杆，转角为 10°～15°，依据是人的肢体活动范围。

五、操纵器的操纵力

操纵器操纵力的人机学因素有肌力体能适宜性、操纵准确度要求、操纵施力体位与操纵依托支点等方面，分述如下。

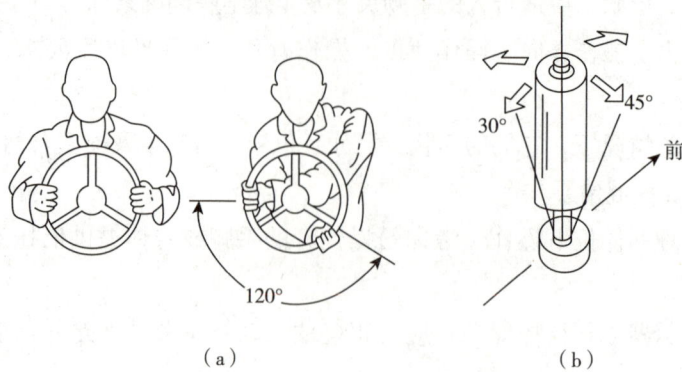

图 4 – 13   操纵器尺寸与人体尺寸的关系

（一）操纵力与肌力体能的适宜性

操纵频次较高，操纵器的操纵力应不大于最大肌力的 1/2；操纵频次较低，操纵力允许大一些。依此原则，即可参照表 4 – 7、表 4 – 8、图 4 – 5、图 4 – 6、图 4 – 7 等资料选择操纵器的操纵力。

国际标准 ISO/TR 3778—1987《农业拖拉机操纵控制的最大操纵力》中规定的最大操纵力参照表 4 – 17。

表 4 – 17   农业拖拉机操纵控制的最大操纵力

被操纵的装置	操纵方式	最大操纵力/N		备注
制动器	脚踏板	600	压力	施加此力，应能得到有效的制动性能
	手柄	400	拉力	
停车制动器	脚踏板	600	压力	
	手柄	400	拉力	
离合器	脚踏板	350		压力
双作用离合器		400		
动力输出轴联轴器	脚踏板	350		压力
	手柄	200		拉力
人力转向系统	转向盘	250		施加此力，可以由向前直线行驶改变为能得到 12m 半径转向圆所需的转向角度
液压加力转向系统，且当该系统加力失效时		600		
液压提升系统	手柄	70		压力和拉力

（二）操纵力与操纵准确度

能否准确地对操纵器进行操纵、跟踪、调节，与操纵力大小有关，还与"位移 – 操纵力特性"有关。

1. 操纵力大小与操纵准确度   为利于轻松地操纵，操纵器通常追求小操纵力。但操纵力过小（过于"灵敏"）会有以下三方面的问题：①容易引发误触动事故；②对操作的信息反馈量太弱，使操纵者不知是否确已完成操作，不放心；③不容易精确地跟踪、调节与控制。由于以上原因，对各种操纵器设定了最小操纵阻力的参考数据，见表 4 – 18。

表4-18　各种操纵器的最小操纵阻力参考值

操纵器类型	最小操纵阻力/N	操纵器类型	最小操纵阻力/N
手推按钮	2.8	曲柄	由大小决定：9~22
脚踏按钮	脚不停留在操纵器上：9.8	手轮	22
	脚停留在操纵器上：44	杠杆	9
脚踏板	脚不停留在操纵器上：17.8	扳钮开关	2.8
	脚停留在操纵器上：44.5	旋转选择开关	3.3

2. 位移-操纵力特性　常见的四种操纵阻力及相应的位移-操纵力特性如下。

（1）操纵阻力为摩擦力起动的瞬时阻力（静摩擦力）较大，位移发生后阻力下降并趋于稳定。这种操纵器较难准确操纵，但有利于减少操纵器的起动事故。

（2）操纵阻力为弹性变形力操纵阻力与操作位移成正比，易于准确操纵；放手后可自动返回零位，适用于需要紧急停止的操纵。

（3）液体的黏滞阻力操纵阻力与操作运动速度成正比，易于进行准确操纵。

（4）构件的惯性阻力操纵阻力与操作运动的加速度成正比，易于进行平稳操纵，防止起动事故。但快速反向移动和转动不方便。

（三）施力体位与操纵依托支点

1. 合理的施力体位　施力时的姿势、位置、指向等综合因素称为施力体位。同样大小的操纵力，在不同施力体位下，轻松或困难的差别甚大。设计及安置操纵器应依从合理的施力体位。例如，借助身体部位的重力作为自然的操纵力。而大幅度、长时间弯腰、侧身、踮脚都应避免。

2. 避免静态施力　人体施力是通过肌肉收缩实现的。肌肉交替收缩和放松，可在血液循环中维持正常的新陈代谢。肌肉在固定的收缩状态下持续用力，称为静态施力。静态施力中血液循环与代谢过程受阻，容易酸累，引起肌肉及肢体抖动，施力不能持久。持续提举重物，持续用手指按压或用脚掌踩压，持续紧捏螺钉旋具把手等，都是静态施力的例子。不合理的静态施力在现实中依然存在，例如某些喷漆罐、罐装喷雾剂使用时需要用手指持续按压开关钮，时间长了会很累。设计中应该避免静态施力或缩短静态施力时间。

3. 提供操纵依托支点　图4-7所示的坐姿脚蹬操作，应以腰椎为依托支点，顶靠着座椅的靠背，以缓解疲劳。在振动、冲击、颠簸等特殊条件下进行调节，更应为肢体设置操作依托支点。

（1）肘部　作为前臂和手关节运动时的依托支点。

（2）前臂　作为手关节运动时的依托支点。

（3）手腕　作为手指运动时的依托支点。

（4）脚后跟　作为踝关节运动时的依托支点。

六、操纵器的识别编码

通俗地说，对一类事物进行编码（coding），就是使其中每一事物具有特征或给予特定代号，以互相区别，避免混淆。

有多个操纵器并存时，应该使它们各有鲜明的特征，易于快速准确地识别，避免误操作，这就是操纵器的识别编码。常用的操纵器编码方式有形状编码、大小编码、色彩编码、操作方法编码、位置编码、字符编码等。

1. 形状编码　使不同功能的操纵器具有各自不同、鲜明的形状特征，便于识别，避免混淆。操纵器的形状编码应注意：①形状最好能对它的功能有隐喻、暗示，以利于辨认和记忆；②在照明不良的条件下能分辨，或在戴薄手套时能靠触觉进行辨别。

图 4-14 所示为美国空军飞机操纵器的形状编码示例。各操纵杆的杆头形状互相区别明显，戴着薄手套，能凭触觉辨别它们。杆头形状与功能还有内在联系。例如"着陆轮"是轮子形状的；飞机即将着陆时为了很快减速，原机翼、机尾壳体上有些板块要翘起来以增加空气阻力，"着陆板"便具有相应的形状寓意。图 4-15 所示为常用旋钮的形状编码，其中图 4-15（a）和图 4-15（b）所示用于 360°以上的旋转操作；图 4-15（c）所示用于 360°以下的旋转操作；图 4-15（d）所示用作定位指示。

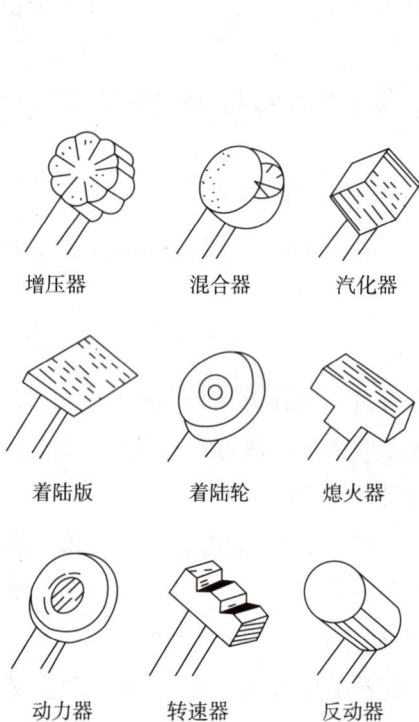

增压器　　混合器　　汽化器

着陆版　　着陆轮　　熄火器

动力器　　转速器　　反动器

图 4-14　美国空军飞机操纵器形状编码（摘录）

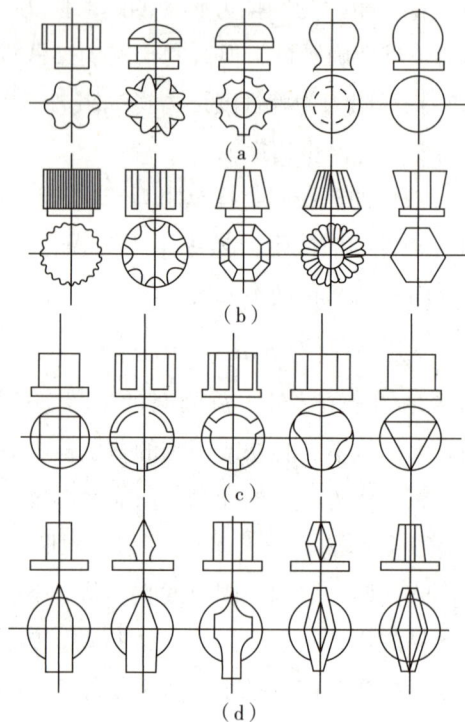

（a）

（b）

（c）

（d）

图 4-15　常用旋钮的形状编码

2. 大小编码　也称为尺寸编码，通过操纵器大小的差异来互相区别。

由于操纵器的大小需与手脚尺寸相适应，变动范围有限。且两级控制器的尺寸差异要大于 20%才能较快被感知，所以大小编码的档级有限，例如旋钮等操纵器只能分大、中、小 3 个档级。

3. 色彩编码　只在较好的照明下才有效，一般不单独使用，而是同形状编码、大小编码结合起来，增强分辨识别功能。一般只用红、黄、蓝、绿及黑、白等有限几种色彩。

操纵器色彩编码还需遵循广泛认可的色彩表义习惯。例如停止、关断操纵器用红色；起动、接通用绿色、白色、灰色或黑色；起、停两用操纵器用黑色、白色或灰色；复位操纵器蓝色、黑色或白色。

4. 位置编码　操纵器之间应拉开足够的距离，以避免混淆或连带触动。最好不用眼看就能正确操作而不错位。例如拖拉机、汽车上的离合器、制动器和加速踏板因位置不同，不用眼看就能操作。

5. 操作方法编码　用不同的操作方法（按压、旋转、扳动、推拉等）、操作方向和阻力大小等因素的差异进行编码，通过手感、脚感加以识别。

6. 字符编码　以文字、符号在操纵器的近旁做出简明标示的编码方法，其优点是编码量可以很大，为其他编码方法无法比拟，如键盘上的键、电话机的按键等。但字符编码要求较高的照明条件，也不适用于紧迫的操作。

以上几种编码方式结合起来，可以达到很大的编码量。

编码方法使用不当即不能发挥作用，举一个实例：曾有一种叫"家庭蒸汽浴罩"的产品［图4-16（a）］，产品上有六七个操纵器，集中安置在底座的一侧，有电源指示灯、温度钮（调节水温）、功率钮（调节蒸汽），还有淋浴键、蒸汽键和加热键。设计者对操作键采用了色彩编码，三个键三种颜色。但是请看图4-16（b），使用蒸汽浴罩的时候，使用者很难侧头向下观看底座一侧的操作键，几个键的颜色虽不同，却根本起不到作用。这种情况下应该采用形状编码、大小编码和位置编码，让使用者凭触觉分辨键的功能。电源指示灯亮不亮，使用者也看不见，应改用蜂鸣器提供声音显示。

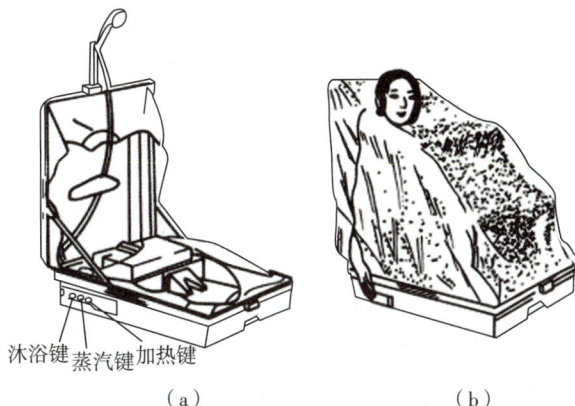

沐浴键　蒸汽键　加热键
（a）　　　　　　　　（b）

图 4-16　家庭蒸汽浴罩上操纵器编码的问题

（a）操纵器安置在底座的一侧；（b）使用时无法观看操纵器

第四节　操纵器的布置和控制台

一、操纵器的布置

（一）布置在手脚操作灵便自如的位置

操纵器应优先布置在手脚活动便捷、肢力较大的位置。

（1）手动操作的手柄、按键、旋钮、扳钮等操纵器，应按重要性和使用频度进行分区布置，见表4-19。

（2）双手操作的操纵器应布置在正中矢状面附近，单手操作的布置在操作手一侧。

（3）脚动操纵器的脚踏板、脚踏钮布置。

（二）按功能分区布置，按操作顺序排列

1. 按功能分区布置　以挖掘机、汽车吊之类的工程机械为例，行驶中操作的和现场作业时操作的是两组操纵器，应分区布置，用明显界限加以区分。

表 4-19　手动操纵器按重要性和使用频度的分区布置

操纵器的类型	躯体和手臂活动特征	布置的区域
使用频繁	躯体不动，上臂微动 主要由前臂活动操作	以上臂自然下垂状态的肘部附近为中心，活动前臂时手的操作区域
重要、较常用	躯体不动，上臂小动 主要由前臂活动操作	在上臂小幅度活动的条件下，活动前臂时手的操作区域
一般	躯体不动，由上臂和前臂活动操作	以躯干不动的肩部为中心，活动上臂和前臂时手的操作区域
不重要、不常用	需要躯干活动	躯干活动中手能达到的存在区域

2. 按操作顺序排列　有固定操作顺序的多个操纵器，横向按从左到右、竖向按从上到下、环状按顺时针的顺序排列。

（三）避免误操作与操作干扰

1. 各操纵器间保持足够距离   为避免互相干扰和连带误触动，相邻操纵器间应保持足够距离，见图 4 – 17 和表 4 – 18。

脚动操纵器如车辆制动与加速踏板，应有 100 ~ 150mm 的间距。

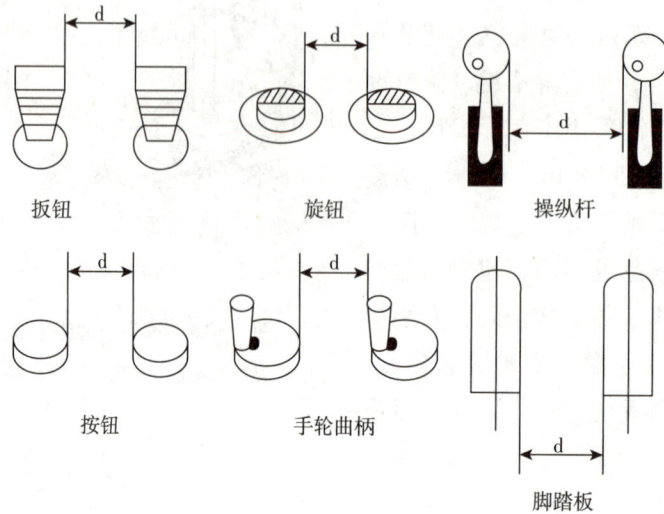

扳钮   旋钮   操纵杆

按钮   手轮曲柄   脚踏板

图 4 – 17   几种操纵器布置时间的内侧间距

2. 操纵器不安置在胸腹高度的近身水平面上   胸腹高度水平面上的按钮、旋钮等操纵器，容易被肘部误触动（图 4 – 18a）。改进方法是：将安置平面倾斜一定角度，如图 4 – 18b 中标示"4""5"的平面。

表 4 – 20   几种操纵器布置时内侧间距的要求（单位：mm）

操纵器形式	操纵方式	间隔距离（d）	
		最小	推荐
扳钮开关	单（食）指操作	20	50
	单指依次连续操作	12	25
	各个手指都操作	15	20
按钮	单（食）指操作	12	50
	单指依次连续操作	6	25
	各个手指都用	12	12
旋钮	单手操作	25	50
	双手同时操作	75	125
手轮/曲柄操纵杆	双手同时操作	75	125
	单手随意操作	50	100
踏板	单脚随意操作	100	150
	单脚依次连续操作	50	100

3. 特殊开关应特殊处置   总电源开关、紧急制动、报警等特殊操纵器应与普通操纵器分开，标志明显醒目，尺寸应较大，并安置在无障碍区域，能很快触及。

4. 不妨碍和干扰视觉   操纵器及对应的显示器虽宜相邻安置，但需避免操作时手或手臂遮挡了观察显示器的视线。

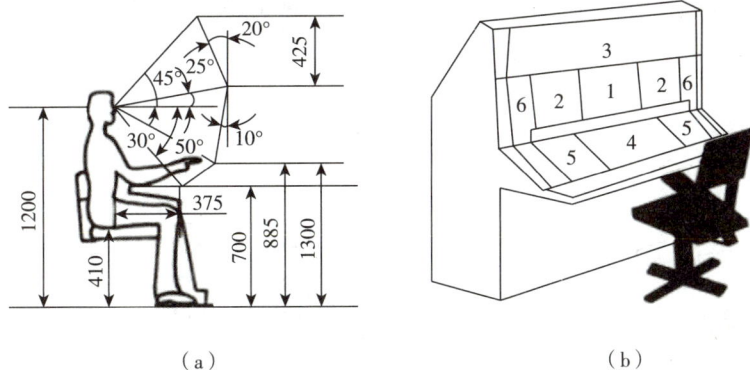

图 4 - 18　肘部误触操纵器及其防止

（四）操纵器与相应显示器布置的互动协调关系

操纵器与相应显示器的互动协调关系是重要问题，详见本章第六节。

专门行业或大的产品门类，有操纵器布置的技术标准，必要时可查阅参考，如 GB/T 13053—2008《客车车内尺寸》、GB/T 6235—2004《农业拖拉机驾驶员座位装置尺寸》、JB/T 3683 - 2001《工程机械操纵的舒适区域与可及范围》等。

二、控制台

显示装置和操纵装置组合成的作业单元称为控制台，或操纵台。控制台设计的基本要求：①尺度宜人，能提供舒适的操作姿势和适宜的身体支承；②显示器布置合理，适合人的视觉特性；③操纵器布置合理，方便操作。

1. 控制台的水平作业区域　以女性小百分位数的动态人体尺寸为依据，可得到控制台的水平作业区域（图 4 - 19）。图中画阴影的是操作者手眼能协调配合的区域，适合安置常用的操纵器。

2. 平直型控制台和弯折型控制台　显示器和操纵器不多，可采用图 4 - 18（b）所示的平直型（也称为"一字型""直柜型"）控制台。图 4 - 18（b）中，"1"为常用与重要的显示器安置区，"2"为一般显示器的安置区，"6"为不常用的操纵器安置区；"1""2""6"的平面对于铅垂面后倾 10°~20°。"4"为常用的操纵器安置区，"5"为一般的操纵器安置区；"4""5"的平面对于水平面上抬 10°左右。"3"为总开关及不常用的显示器安置区，"3"的平面对于铅垂面前倾 10°~20°。

平直型控制台的宽度不宜超过 1m，否则会降低认读边缘显示器及操作边缘操纵器的速度。显示器和操纵器数量多，宜将控制台做成弯折型（图 4 - 20）。

3. 坐姿与坐立两用控制台的参考尺寸　图 4 - 21（a）所示为坐姿控制台，适于中等身材的操作者、显示器和操纵器数量少的情况。显示器和操纵器数量多时采用图 4 - 21（b）所示的式样，主要显示器安置在后倾 10°的面板上，它的下方以较大倾角的面板安置操纵器。

立姿操作的控制台，只需把工作台面加高，其他尺寸和式样与坐姿控制台相同。加高量是"立姿眼高与坐姿眼高差"。为减少疲劳，应避免过长时间的立姿操作，让操作者交替采用立姿与坐姿进行操作。坐姿

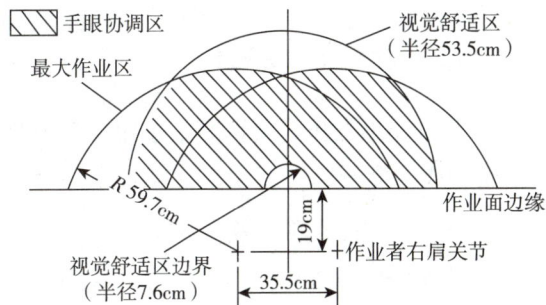

图 4 - 19　控制台的水平作业区域

立姿两用控制台［图4-22（a）］基本按立姿要求设计，配以高度可调的高座椅，操纵台下部设置搁脚的小踏台［图4-22（b）］。

图4-20 弯折型控制台

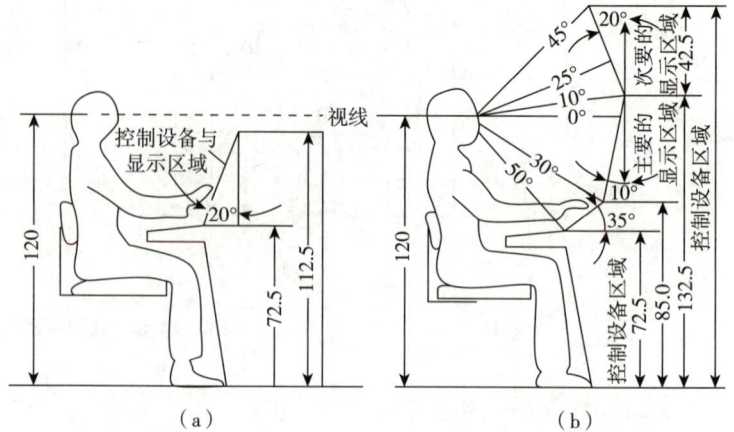

图4-21 坐姿操作的控制台（单位：cm）

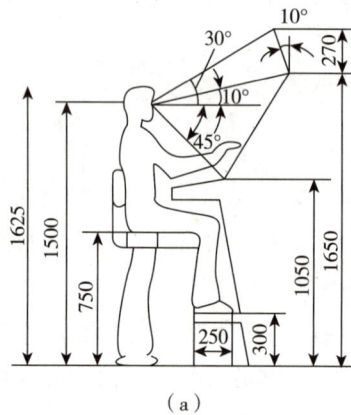

（a）

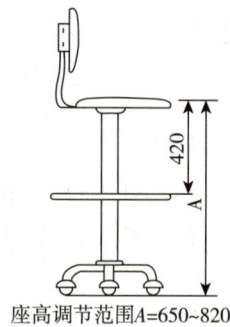

座高调节范围A=650~820

（b）

图4-22 立姿坐姿两用控制台及可调高座椅

第五节 常用操纵器的人机学要素

操纵器的人机学参量，包括形状、尺寸、操纵力、操作体位和方向等。

一、按压式操纵器

常见的小型按压式操纵器是按钮，多个排列在一起的按钮称为按键。按钮只有两种工作状态，如"接通"或"断开"，"起动"或"停车"等。

（一）按钮按键的人机学参量

按钮按键的截面形状，通常为圆形或矩形。圆截面的直径心或矩形截面的两边长 a×b，应与人手或手指的尺寸相适应。表4-21为按钮按键基本尺寸、操纵力（按压力）和工作行程3项人机学参量的国标。

（二）设计注意事项举例

除表4-21所列参量以外，按钮按键还有其他一些人机学因素，举例如下。

1. 按钮的颜色 "停止""断电"用红色;"起动""通电"优先用绿色,也可用白、灰或黑色;反复变换功能状态的按钮,忌用红色和绿色,可用黑、白或灰色。

表 4-21 按钮按键 3 项人机学参量(摘自 GB/T 14775—1993)

操纵器及操作方式	基本尺寸/mm		操纵力/N	工作行程/mm
	直径 d(圆形)	边长 axb(矩形)		
按钮用食指按压	3~5	10×5	1~8	<2
	10	12×7		2~3
	12	18×8		3~5
	15	20×12		4~6
按钮用拇指按压	18~30		8~35	3~8
按钮用手掌按压	50		10~50	5~10

注:戴手套用食指操作的按钮最小直径为 18mm。

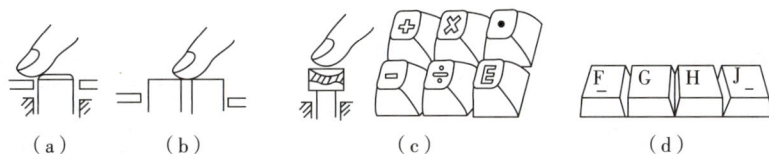
图 4-23 按键造型的一些要求

2. 用作两种工作状态转换的按钮 应附加显示当前状态的信号灯;按钮处在较暗的环境下,提供指示按钮位置的光源。

3. 按钮上手指接触的表面 多为微凸的球面,操作手感好。

按键与按钮的造型特点不同。如计算机键盘需适应"盲打"要求,可凭触觉而不限于依赖视觉操作,若上表面凸起高度不够,[图 4-23(a)],影响触觉感受,盲打即成问题;若相邻按键的间距太小,盲打中容易把两个按键同时按下去,也不好[图 4-23(b)];另外,为了盲打手指的稳定定位,按键表面应成微凹形状[图 4-23(c)]。计算机键盘上"F""J"两键上还各有一个形凸起标记,供盲打者左右手区分定位[图 4-23(d)]。

4. 产品上按钮的安置 还应分析操作手型。例如图 4-24 所示产品上用拇指操作的按钮,因安置位置和按压方向不同,操作宜人性的差别很大。

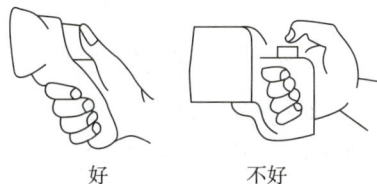
图 4-24 产品上按钮的安置是否得当

(三)计算机键盘

多年研究改进的结果,现行计算机键盘按键的尺寸、形状等已经较为完善,但仍然存在一些问题。

1. 字符的排布 现行的计算机键盘,字母第一行自左向右依次是"Q,W,E,R,T,Y…",称为"柯蒂(Qwerty)"键盘。这是谢尔斯(C. L. Sheles)1874 年设计的[图 4-25(a)]。这种排列适应当时机械打字机结构上的要求,无可非议。但后来发现,这种字母排列存在以下三方面的操作宜人性缺陷。

(1)打英文各类读物,左右手负担的比例为 57:43,左手工作量比右手大,对占多数的"右撇子"不利。

(2)"A""S""I""O"等使用频度高的字母由不灵活的小指、无名指来敲击,不合理。

(3)顶行中常用字母多,如"E""U""I""O"等,敲击时要移动手和前臂,费时且不便。

早在 1932 年就有 Dvorak 的改进型键盘问世,见图 4-25(b)。用 Dvorak 键盘打英文读物时左右手负担为 44:56,适合右利者。手指击打中间基准行字母的比例明显提高,食指、中指与小指、无名指间

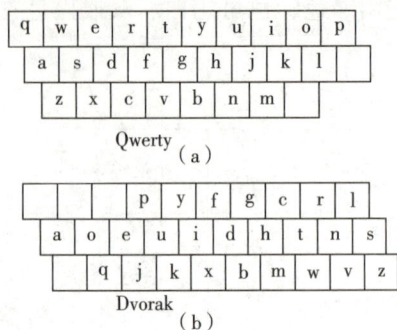

图 4 - 25　**Qwerty 键盘和 Dvorak 键盘**

的分配也更合理。但现今普遍应用的还是 Qwerty 键盘。这是人们的"惯性"使然，不属于人机学问题了。

2. 操作尺侧偏与手腕伤害　传统键盘上字符呈"一"字形横向排列，操作时两手均向小手指一侧偏转，形成尺侧偏状态（图 4 - 26a）。尺侧偏使手腕关节紧张受压，腕管易受伤害，甚至引起疾患。这一问题早已被发现。克罗沫（K. Kroemer）1972 年即提出了"K 键"设计：把整个键盘分为斜向两边的两部分，略似中文的"八"字形。操作 K 键盘时两手腕保持顺直，自然舒适［图 4 - 26（b）］。近年 K 键盘和"腕托"一起，作为"人体工程键盘"已经"闪亮登场"。后续更"前卫"的设计构思也层出不穷。使用计算机的人数急剧攀升，操作时间又越来越长，"计算机操作综合紧张征"呈蔓延之势，"计算机人机学"问题确需设计界倾心关注。

二、转动式操纵器

常用的手动转动式操纵器有旋钮、手轮、带柄手轮等。

（一）旋钮

1. 式样与形态

（1）多样的造型方案　除图 4 - 15 中常用旋钮的不同形态外，图 4 - 27 给出了定向指示旋钮的另一些造型方案，它们便于转动操作，也易于互相区别。

（2）有利于施加操纵力　矩旋钮应能施加足够的转动力矩。这对捏握处有台阶的、多边形或有凸棱的旋钮，都不成问题。唯圆柱形的旋钮，表面不可太光滑，应做出齿纹、刻痕（图 4 - 28）。

（3）有利于捏握转动操作　经过操作手型的研究知：图 4 - 29（a）所示尺寸的同心三层旋钮，在操作某一层时不会带动另一层。若各层的尺寸关系不当，操作时将可能产生各层间的干扰，几种干扰的情况如图 4 - 29（b）所示。

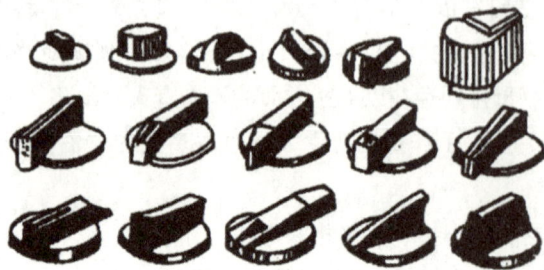

图 4 - 26　**计算机键盘**
(a) 传统键盘操作，手腕尺侧偏；(b) K 键盘，手腕能保持顺直

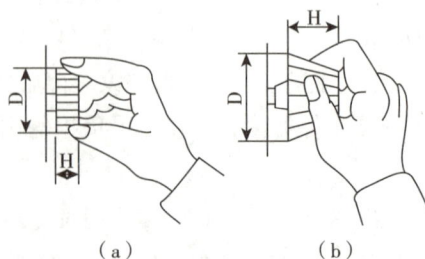

图 4 - 27　**定向指示用旋钮的造型方案**

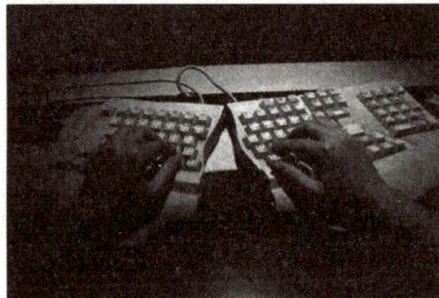

图 4 - 28　**两种常见的旋钮**
(a) 捏握连续调节旋钮；(b) 指握断续调节旋钮

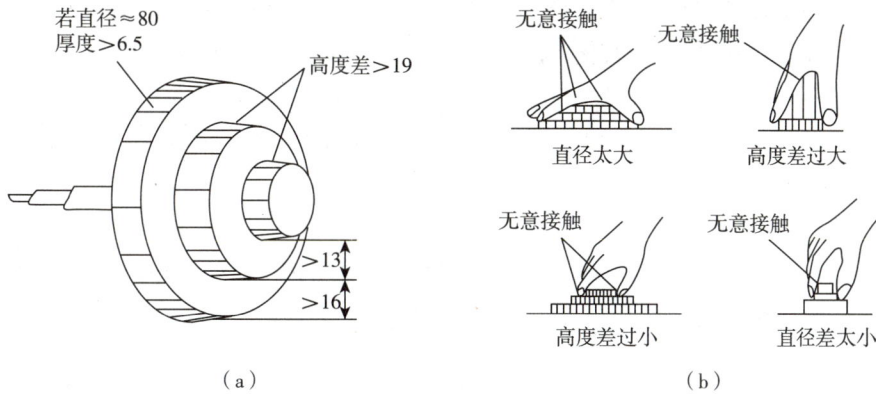

图4-29 三层旋钮的尺寸关系和操作干扰（单位：mm）
（a）避免操作干扰的尺寸关系；（b）产生操作干扰的几种情况

2. 尺寸与操作力矩 图4-28所示两种常见的旋钮，GB/T 14775—1993《操纵器一般人类工效学要求》给出了它们的尺寸和操纵力矩数值，摘录在表4-22中供参考。

表4-22 两种常见旋钮的尺寸和操纵力矩（摘自GB/T 14775—1993）

操纵方式	直径 D/mm	厚度 H/mm	操纵力矩/N·m
捏握和连续调节	10~100	12~25	0.02~0.5
指握和断续调节	34~75	N15	0.2~0.7

（二）手轮与带柄手轮

与汽车转向盘类似的操纵器，在其他产品上称为手轮。还有带柄手轮，也称为摇把，在各种机床上常见。

1. 式样与操作姿势

（1）造型式样 手轮和带柄手轮的造型很丰富，设计因素有尺寸大小、操作力矩、操作速度、操作体位与姿势等。带柄手轮由于手柄使质量中心偏离旋转轴线，转动时会产生离心力，造型时需考虑质量平衡。图4-30所示为一些手轮造型方案。

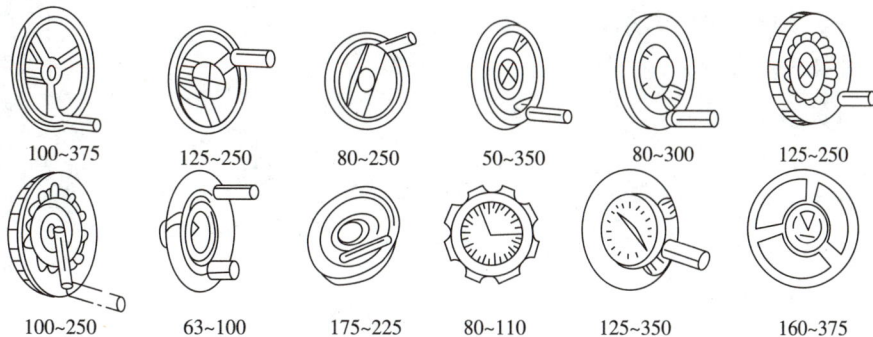

图4-30 手轮的造型方案（图下方的数字为该形式手轮适合的直径，单位：mm）

（2）操作姿势与体位操作 手轮、带柄手轮的宜人性与很多因素有关，如手轮位置的高低、中心轴在空间的方向、操作者的姿势和体位等。图4-31所示为立姿下的操作手轮：离地面1000~1100mm，有利于施加较大的转矩［图4-31（a）］，在肩部高度推拉手柄的力量最大［图4-31（b）］。图4-32所示为操纵汽车转向盘的情况：图4-32（a）所示为驾驶小型车辆，转向盘的转矩小，用前臂操作，可采取舒适的后仰坐姿，转向盘对水平面60°~90°；图4-32b所示为驾驶中型车辆，转矩略大，需要用肩和上臂的力量操作，坐姿可略有后仰倚靠，转向盘平面与水平面在30°左右。图4-32c所示为驾驶大型车辆，转矩大，除肩及上臂外，还要用腰部的力量，不能采取后仰坐姿，转向盘应接近水平，位置应较低。

（3）手柄形状　图4-33中画出了a、b、c、d、e、f等6种手柄的形状。

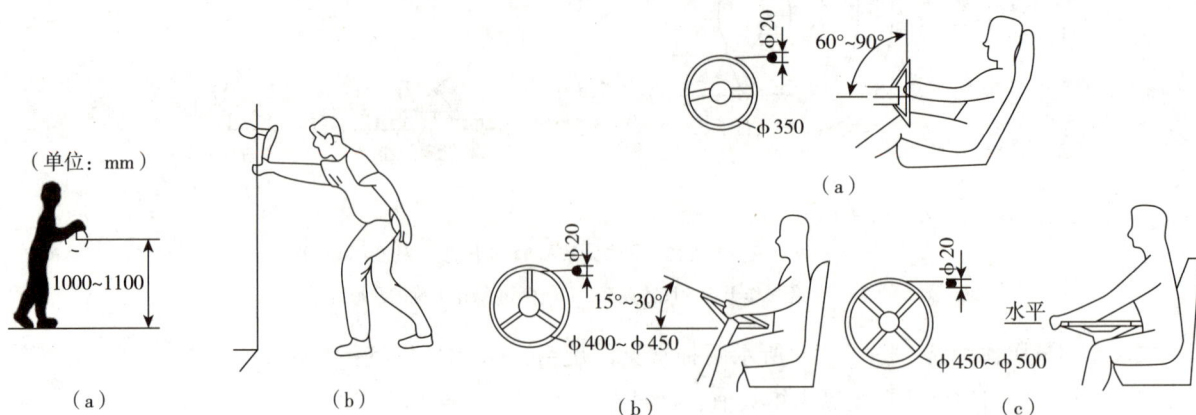

图4-31　操作手轮的有利体位

图4-32　转向盘的空间位置与操作姿势
（a）小型车辆；（b）一般车辆；（c）大型车辆

课堂讨论

同学们对手柄不陌生，金工实习中操作过机床的就更熟悉了，那么，请发表意见：图4-33所示的6种手柄形状中，哪种最好？简述你的理由。

会有同学认为图4-33d所示的形状最好，理由是"与手掌的形状吻合，又圆润，握着舒适（曲线也优美）"。但这个回答是错的。正确的回答是图4-33a、b所示的形状好，图4-33d、e、f所示的形状都不好。为什么？手掌的肌肉分布见图4-33g：肌肉最厚的是大、小鱼际肌，其次是指骨间肌和指球肌。丰富的肌肉是"天赐减振器"，此处受挤压或击打，对于手及手臂不易造成伤害。反之，掌心肌肉最薄，神经、血管离掌面最浅，对挤压或击打敏感，容易造成损伤。人类手掌掌心处下凹成一个小窝，是进化的结果，作用是避免掌心受压。可见使手柄与手掌"吻合"的设计，是"聪明反被聪明误"了。另外，握着手柄每转动手轮一圈，手掌必与手柄

图4-33　手柄的形状及其解剖学分析

摩擦一圈，手掌与手柄"吻合"使摩擦面积加大，操作不灵活。而握着图4-33a、b所示的手柄，掌心空着，操作才灵便。若把手柄做成轴套式，手握的手柄套可绕手柄轴转动，可彻底消除手掌与手柄间的摩擦。

（4）多功能手轮　操纵复杂的手轮，应设计成多功能手轮，以提高操纵效能。图4-34所示现代汽车转向盘，就是多个操纵器的综合体。

2. 尺寸与操纵力　操作力矩大、中、小的三种汽车转向盘的参考尺寸，在图 4-32 中已做了标注。手轮尺寸与操纵力数据可参看 GB/T 14775—1993（略）。

（三）操纵杆

操纵杆不宜用作连续控制或精细调节，常用于几个工作位置的转换操纵，如汽车速度的换挡等。其优点是可取得较大的杠杆比，用于克服大阻力的操纵。

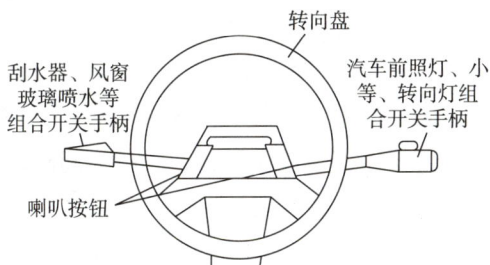

图 4-34　汽车转向盘——多个操纵器的综合

1. 形态和尺寸　操作阻力大时用长操纵杆，操作频率高则用短操纵杆。例如操纵杆长度分别为100mm、250mm、580mm 时，每分钟的最高操作次数分别只能达到 26 次、18 次和 14 次。操纵杆端头为球形、梨形、锭子形、圆柱形等。

2. 行程和扳动角度　操作操纵杆的人机学原则：操作时只用手臂而不移动身躯。以图 4-35 中的短操纵杆为例：设在座椅扶手前边，前臂放在扶手上靠转动手腕操作，比较轻松。手腕在两个方向上的易达转动角度见图 4-36，500～600mm 长操纵杆的行程一般为 300～350mm，转动角度 30°～60°为宜。

3. 操纵力　用前臂和手操作的操纵杆，如汽车变速杆，适宜的操纵力为 20～60N。若操作频率高，每个班次中操作达 1000 次，则操纵力应不超过 15N。

4. 操纵杆的安置位置　立姿在肩部高度操作最有力，坐姿在腰肘部高度操作最有力［图 4-37（a）］；当操纵力较小时，上臂自然下垂位置的斜向操作更为轻松［图 4-37（b）］。

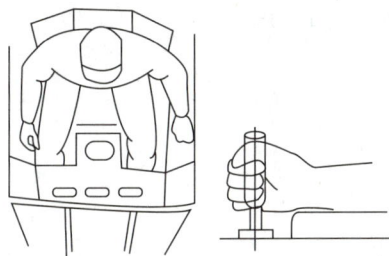

图 4-35　坐姿下的短操纵杆操作

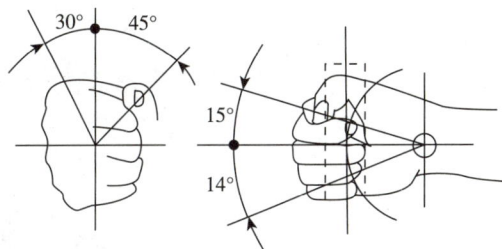

图 4-36　手腕易达的转动角度

5. 多功能操纵杆　操纵对象复杂时，可用多功能操纵杆提高操纵效能。图 4-38a 所示为飞机上的复合操纵杆：可用拇指、食指操作端头上的多个按钮进行多功能操作。图 4-38b 所示为机床多功能复合手柄，操纵杆在十字槽内前后、左右推移时，机床的溜板箱做对应的慢速移动，当拇指按压着顶端的"快速按钮"进行同样操作时，溜板箱改为同方向的快速移动。

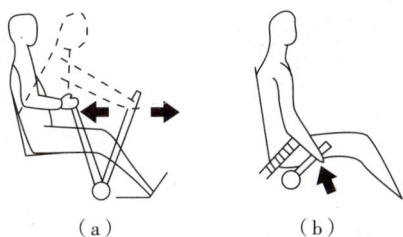

（a）　　　　　　（b）

图 4-37　操纵杆的操作位置

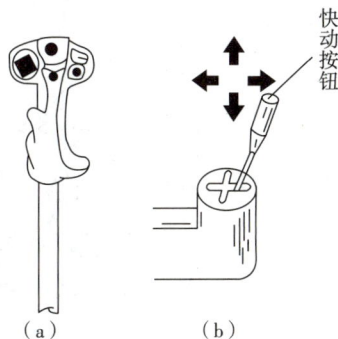

图 4-38　两种多功能操纵杆
（a）飞机复合型操纵杆；（b）机床上的多功能复合手柄

三、脚动操纵器

脚动操纵器用在下列两种情况下：①操纵工作量大，只用手动操作难以完成；②操纵力大，如操纵力超过 50N 且需连续操作，或虽为间歇操作但操纵力更大。脚动操作不能完成精确操作。

常见脚动操纵器有脚踏板和脚踏钮。

1. 脚踏板 分调节踏板和踏板开关两类。前者如汽车上的制动踏板、加速踏板；后者如冲压机、剪床或汽车上的踏板开关。

（1）调节踏板 操作力小的调节踏板以脚后跟为支点，转动踝关节下踩，使踏板绕轴转动，如汽车加速踏板［图 4 - 39（a）］。未踩踏时，脚与小腿约成 90°角，操作脚的转角不应大于 20°，否则踝关节易感疲劳。踏板的安置在正中矢状面 100 ~ 180mm 的范围内，对应大小腿偏离矢状面 10° ~ 15°［图 4 - 39（b）］。

操纵力大的调节踏板是悬空踩踏操作的，例如汽车的制动踏板，依操纵力的大小分为三种类型（图 4 - 40）。

（2）踏板开关 踏板开关面积大，不用眼看操作，冲压机、剪床之类需要集中精神双手工作的条件下更适用。图 4 - 41 中给出了踏板开关的工作情况与参考形状和尺寸。

脚踏钮脚踏钮的形式与手动按钮类似，但尺寸、行程、操纵力均大于手动按钮，如图 4 - 42 中的标注所示。为避免踩踏时的滑脱，脚踏钮的表面宜加垫防滑材料，或在表面做出防滑齿纹。

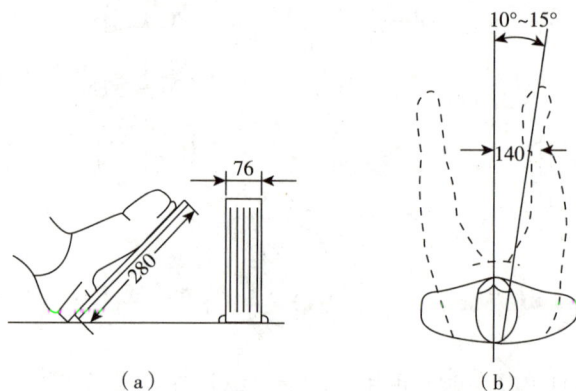

（a）　　　　　　　　　　　（b）

图 4 - 39　后跟支承踩踏的脚踏板及其操作位置（单位：mm）

（a）以后跟为支点操作的脚踏板；（b）适宜的操作位置

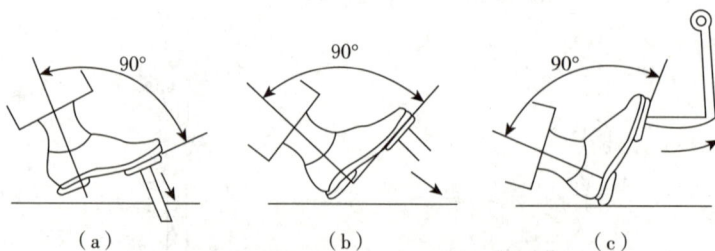

（a）　　　　　　　（b）　　　　　　　（c）

图 4 - 40　悬空踩踏的踏板的高度与操纵力

（a）操纵力 <90N；（b）操纵力 90 ~ 180N；（c）操纵力 >180N

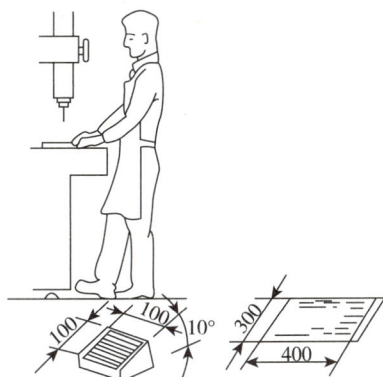

图 4-41 踏板开关的参考形状和尺寸（单位：mm）

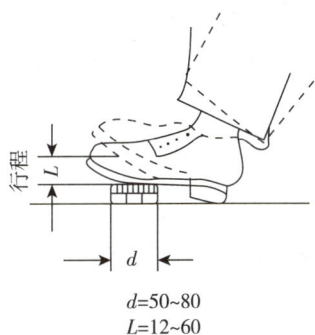

$d=50\sim80$
$L=12\sim60$

图 4-42 脚踏钮及其参数

2. 脚动操纵器的操纵力 为避免不经意的误碰触发，脚动操纵器的操纵力不得太小，停歇时脚可能搁放在上面的操纵器尤其如此，见表 4-23。

表 4-23 脚动操纵器的操纵力（摘自 GB/T 14775—1993）（单位：N）

操纵方式	作用力	
	最小	最大
停歇时脚搁放在操纵器上	45	90
停歇时脚不搁放在操纵器上	45	90
仅踝关节运动		45
整个腿部运动	45	750

第六节　操纵与被操纵对象的互动协调关系

一、操控主从协调关系的重要性

操纵器的操纵对象可能是整个机器（产品），如整辆汽车；也可能是机器上的一部分，如冲压机的冲头，机床的刀架；操纵对象还可能是液体、气体、电压、电流、温度、湿度、速度、方向、亮度、音量等。当操控对象的状态通过显示器显示，则显示器也是一种被操纵对象。

操纵与被操纵对象的互动协调关系，简称"操控主从协调关系"，是操纵设计中的重要问题。

人机学的创始者之一英国人默雷尔（K. F. H. Murrrll）在 1971 年给出过一个水压机操作事故的经典案例。该水压机的操作方法为：下压操纵杆压头升起，抬起操纵杆压头下压，和操作支点在中间的杠杆相同。经过培训的操作者能在平稳、安定中正常地操作，但在突发情况要紧急停止压头下压时，操作者却慌忙地上抬操纵杆，使压头更重地向下压去，酿成惨重事故。这是操控主从协调关系不当的典型案例。人们本能的、下意识的反应方式，即人的自然行为倾向是：想要操纵对象向什么方向运动，手脚就向该方向操作。培训虽可以使人改变行为方式，但自然行为倾向或者说本能的反应，是更强势的因素。上述水压机事故的原因就是：为了使压头停止下压立即回升，人的本能反应是立即向上提起操纵杆。作为对比，汽车转向盘的操控主从关系则是正确的：转向盘与汽车的转向一致，符合人的自然行为倾向，学习容易，行驶得心应手，紧急情况下能自然地避免差错。

日常生活中也常遇到这类问题，如调手表、挂钟、闹钟的时间，应该往哪个方向转动旋钮？便后冲水，该下压扳柄还是上扳扳柄？这个问题在"闭环人机系统"中更加突出，如飞机降落过程就是典型的例子：飞行员要根据仪表显示的飞行状态，不断调整航向偏差和高程要求，调整的时间很紧迫，操纵与显示的互动协调至关紧要。

下面再举一些操控主从互动关系的实例，以引起思考。

——图 4 - 38（b）所示的机床多功能手柄，操控主从关系符合人的自然行为倾向：往哪个方向操作，被控物刀架就向哪个方向运动，设计合理。那么计算机 3D（带滚轮）鼠标，操作时食指向前推、向后钩与"桌面"运动之间，怎样才是协调的互动关系，从而能让多数人自然地适应呢？水龙头及水管、气管的阀门开关，要把水流、气流接通，把柄与管道应该垂直还是方向一致？现在我国的水龙头，上述两种接通方式并存，同学们有何感受与评价？

——教室天花板上顶灯、吊扇开关安置，也属于操控主从协调关系问题。这种问题在控制台、化工、交通指挥等控制室里更重要。

——随身听、收音机的音量调节方向，电灯的亮度调节方向，用钥匙开关门锁、柜锁、抽屉锁、车锁的旋转方向……生活中类似的例子很多，请读者思考补充。

二、操控主从协调的一般原则

（一）操控主从运动方向一致

（1）操控主从运动方向一致的基本形式。操控主从双方在同一平面、平行（或接近平行）平面上，操控主从协调的原则是双方运动方向一致。

图 4 - 43 中的操纵器和显示器处在接近平行的两个平面上，正确的设计是：顺时针转动操纵器，显示器也顺时针转动，如图中旋钮 1 和仪表 1 处的箭头所表示；或两者均为逆时针转动，如图中旋钮 3 和仪表 3 处的虚线箭头所表示。

（2）操纵器和显示器都是旋转运动，且两者离得很近，如图 4 - 44 所示，"两者运动方向一致"体现为两者临近（相切）那个点向同一方向运动。

图 4 - 44 左图上，操纵器和显示器临近（相切）那个点的运动方向一致，都是向上运动，操控主从关系协调。但此情况下两者转向不同。同样，图 4 - 44 右图情况类似。

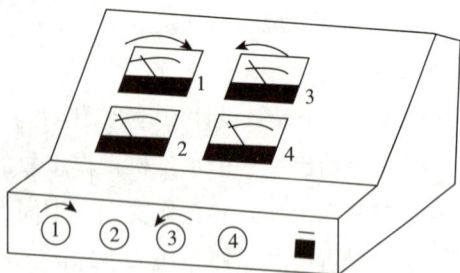

图 4 - 43　操控主从运动方向一致——同为
顺时针转动或同为逆时针转动

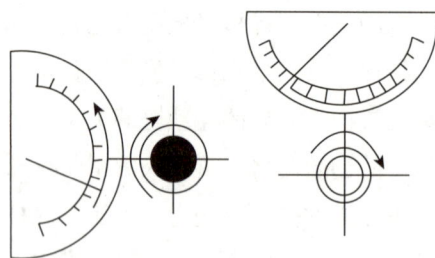

图 4 - 44　操控主从运动方向一致——两者
相切的那点向同一方向运动

（3）以旋转运动操纵直线运动时，应使操纵器上靠近操纵对象那个点与操纵运动方向一致。

图 4 - 45 所示的左、中、右三种情况，都是转动旋钮操纵显示器直线运动，现以右侧的小图为例进行说明：图中旋钮上靠近显示器的点在最上面，顺时针转旋钮时该点向右运动，若显示器指针也向右移

动，操控主从关系是协调的，如一对实线箭头所示。反之，旋钮逆时针转动使显示器指针向左移动，如一对虚线箭头所示。图4-45的左侧、居中两小图与此类似。

图4-45　操纵器上靠近被操纵对象那个点与操纵对象的运动方向一致

（二）操控主从在不同平面时的互动协调

图4-46表示操控主从在不同平面时的互动协调关系，图中操纵器、显示器旁所画的箭头是互动协调的。

（三）操纵方向与功能要求的协调关系

操纵的功能要求有开通和关闭、增多和减少、提高和降低、起动和制动等。表4-24和图4-47给出了一些操纵方向与这些功能要求的协调关系。

图4-46　操控主从在不同平面时互动协调的一些研究结果

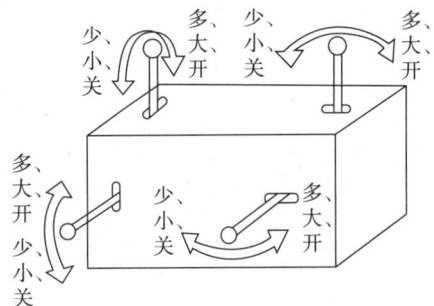

图4-47　操纵方向与功能要求的协调关系

表4-24　操纵方向与功能要求的协调关系（参照GB/T 14777—1993《几何定向及运动方向》）

操纵器的运动方向	受控对象物的变化状况		
	位置	状态	动作
向右、向上、离开操作者、顺时针旋转	向右、向右转、向上、顶部、向前	明、暖、噪、快、增、加速、效果增强（如亮度、速度、动力、压力、温度、电压、电流、频率、照度等）	合闸、接通、起动、开始、捆紧、开灯、点火、充入、推
向左、向下、接近操作者、逆时针旋转	向左、向左转、向下、底部、向后	暗、冷、静、慢、减、减速、效果减弱（如亮度、速度、动力、压力、温度、电压、电流、频率、照度等）	拉闸、切断、停止、终止、松开、关灯、熄火、排出、拉

（四）操控主从在空间的相似对应或顺序对应原则

若存在多个操纵器和多个操纵对象，空间布置时使两者具有相似且一一对应的关系，主从协调关系为最佳。如果做不到，则提高两者的顺序对应性。如果还做不到，则用图形符号、文字或指引线等进行标识。

图4-48（a）中下面8个操纵器和上面8个被操纵对象在空间布置是相似且一一对应的，主从协调关系好。图4-48（b）、（c）中主从双方在空间没有相似关系，但还都遵从从左到右的顺序排列。其中图4-48（b）操纵器少，不太容易出错；图4-48（c）操纵器多，出错概率比较大。

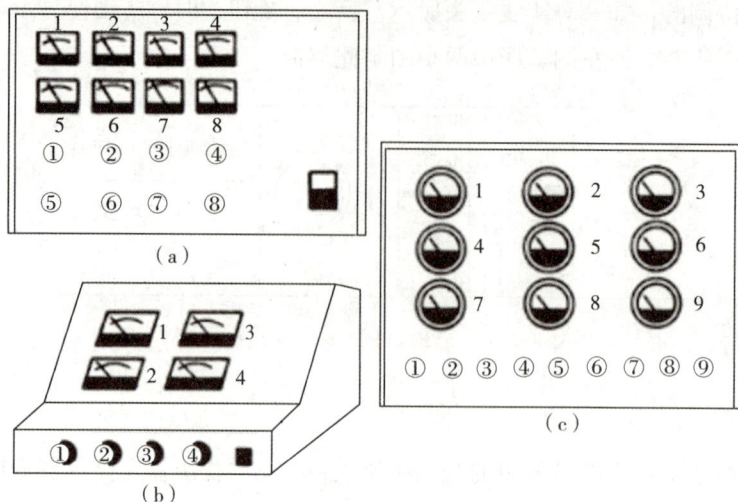

图4-48 操控主从在空间的相似对应或顺序对应

人机学的创始人之一恰帕尼斯（Chapanis）做过一项研究：以煤气灶的四个旋钮开关操纵灶眼的通气打火，变换四个灶眼的位置和四个旋钮的顺序，形成四种主从对应关系（图4-49）。各进行1200次打火操作，四种配置下的出错率依次为0%、6%、10%和11%，已分别标注在图上。很明显，顺序对应关系好的，出错率低。进一步的测试还表明，在顺序对应不太好的情况下，采用图文、引线等方法指示对应关系，如把图4-49（b）中对应的旋钮与灶眼用指引线连接起来（图4-50），也有利于降低出错率。

图4-49 煤气灶开关与灶眼的对应关系

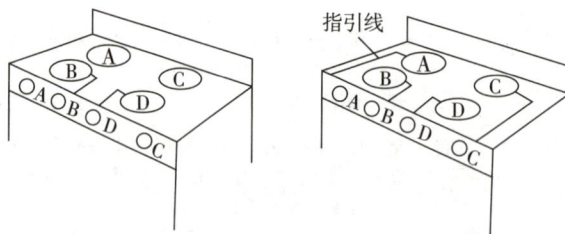

图4-50 用指引线改善对主从对应的识别

（五）遵循右旋螺纹运动的规则

广泛应用右旋螺纹已有二三百年历史。在空间任意方向，右旋运动对应"向前"，逐渐从人们的习惯定式向强势的潜意识转化。因此，符合右旋运动规则的操控主从关系是协调的。

把顺时针转动操作与开启、接通、增加、上升（向上）、增强效果等功能协调配对，在一般情况下是正确的，例如调节音响的音量、灯具的亮度、电器的开关等。但有不少例外。例如液化气管道闸门、螺旋式水龙头、螺旋式瓶盖、钢笔笔帽等，用顺时针转动使之关闭却符合人们的潜意识。但这些"例外"符合"右旋操作——向前"这个更简单的对应关系。

三、操控主从协调与行为科学简述

人机工程与行为科学有密切的关系。像人的差错分析、事故分析与防止、激励机制、行为培育与改变等，均与行为科学有关，是劳动学、管理学等领域里的人机学课题。产品设计中的操控主从协调关系也与行为科学有关。

上述操控主从协调的一般原则，多来自人们的习惯，来自人的自然行为倾向，但这是没有完全探索清楚的问题。拿"习惯"来说，形成、影响因素很多，具有国家、民族、地域、时代的差异性和不稳定性。明显的例子是电灯开关，英国人习惯向下拨为"ON（接通）"，而美国人却相反，习惯向上拨为"ON"。人的自然行为倾向的成因，也没有公认的准则。譬如"对于来自正前方的突然袭击，多数人向左偏侧躲避""听到背后呼叫姓名时，多数人向右转头后望""情侣接吻，多数头向右偏侧"等，都被认为是人的自然行为倾向，但例外的比例有多大？成因是什么？并没有权威的回答。人们拧干毛巾的时候，多数人是右旋拧还是左旋拧？与优势手有没有关系？"点头表示肯定、摇头表示否定"，主要是先天的本能还是后天的"从众"所致？同学们到大教室来上课，大多数喜欢坐基本固定的座位，这种行为倾向的驱动原因是什么？因此，关于"人的自然行为倾向与设计"，作为一个研究课题，具有深入探索的价值。

🔗 知识链接

环境因素与操纵装置设计

1. 光照条件与操纵装置

（1）操纵装置的显示屏和标识应在不同光照条件下清晰可见。例如，在强光下，显示屏应具有足够的亮度和对比度；在弱光下，应提供适当的背光或照明。

（2）避免反光和眩光对视觉的干扰，确保用户能够准确地读取信息和进行操作。

2. 温度和湿度与操纵装置

（1）操纵装置应能在不同的温度和湿度条件下正常工作。例如，在高温环境下，电子元件可能会过热，影响操纵装置的性能；在潮湿环境下，操纵装置可能会受到腐蚀。

（2）考虑人体对温度和湿度的感受，设计舒适的操作环境。例如，在寒冷的环境中，操纵装置的表面材质应不冰冷，以免影响用户的操作体验。

3. 噪声与操纵装置

（1）高噪声环境会影响用户对操纵装置的听觉反馈的感知。因此，操纵装置应提供清晰的视觉反馈，或采用其他方式来确保用户能够接收到操作反馈。

（2）设计操纵装置时应考虑降低噪声的影响，例如采用隔音材料或优化操作机构，减少操作时产生的噪声。

目标检测

答案解析

一、选择题

1. 脚蹬操纵力的大小与施力点位置、施力方向有关，与铅垂线约成（　　）是最适宜的脚蹬方向

A. 20°　　　　　　　　B. 50°　　　　　　　　C. 70°　　　　　　　　D. 90°

2. 当顺时针旋转收音机的开关旋钮时，其音量增大，反时针旋转，音量减小，这种旋钮和音量之间的关系符合（　　）

A. 运动相合性 　　　　　　　　　　　　　 B. 空间相合性

C. 时间相合性 　　　　　　　　　　　　　 D. 功能相合性

3. 图示两排控制装置中，（　　）排较优

A. 上 　　　　　　　　　　　　　　　　　 B. 下

(a) 　　　 (b) 　　　 (c) 　　　 (d) 　　　 (e)

4. 下图中旋钮与仪表的位置对应关系中，对应关系较好的是（　　）

A. （a）图 　　　　　　　　　　　　　　　 B. （b）图

(a) 　　　　　　　　　　　　　　　 (b)

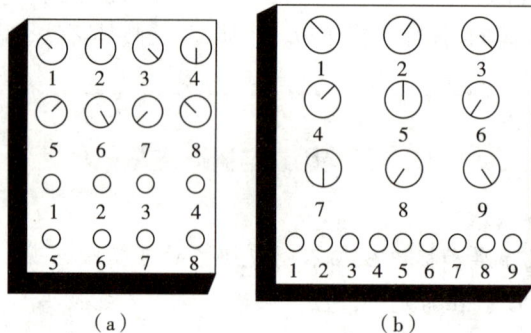

5. 以下最适合用于紧急停止操作的按钮形状是（　　）

A. 圆形 　　　　　 B. 三角形 　　　　　 C. 方形 　　　　　 D. 椭圆形

6. 对于需要频繁操作的旋钮，为了方便人手操作，其直径一般应该（　　）

A. 小于 10mm 　　　 B. 10~30mm 　　　 C. 30~50mm 　　　 D. 大于 50mm

二、简答题

1. 操纵装置在产品设计中起到什么作用？

2. 产品操纵装置分哪几种类型？

3. 旋转式操纵设计的特点、分类以及用力特征是什么？

4. 操纵器选用原则是什么？

书网融合……

本章小结

第五章　人的运动系统与设计

学习目标

1. **掌握**　人体运动系统组成。
2. **熟悉**　人的运动特征以及人的操作动作分析。
3. **了解**　操作动作特点。
4. 能运用人机工程学原理设计优化各类操纵工具。

⇒ **案例分析** --

实例　一款专为游戏玩家设计的游戏手柄，外形符合人体手部握持的自然曲线，能够使玩家的手掌和手指自然贴合手柄，减少手部肌肉的紧张程度；按键布局合理，操作手感舒适，避免手指过度伸展或弯曲。手柄的重量适中，长时间使用也不会感到手部疲劳。

问题　游戏手柄的按键反馈力度是否合适？如何进一步提高手柄的握持舒适度，以适应不同手型的玩家？

运动系统是人体完成各种动作和从事生产劳动的器官系统，由骨、关节和肌肉三部分组成。骨以不同形式联结在一起，构成骨骼，形成人体的基本形态，并为肌肉提供附着。在神经支配下，肌肉收缩，牵拉其所附着的骨，以可动的关节为枢纽，产生各种运动。

运动系统的首要功能是运动，包括简单的移位和高级活动如语言、书写等，都是由骨、关节和肌肉实现的。运动系统的第二个功能是支持，包括人体体形、支撑体重和内部器官以及维持体姿。运动系统的第三个功能是保护，骨、关节和肌肉形成多个体腔，如颅腔、胸腔、腹腔和盆腔，保护脏器。从运动角度看，骨是被动部分，肌肉是动力部分，关节是运动的枢纽。

第一节　人体运动系统组成

骨、关节和肌肉组成人的运动系统，它们在人的运动系统中发挥着不同的作用，骨是运动的杠杆，关节是运动的枢纽，肌肉是运动的动力。

一、骨

1. 骨的功能　骨是体内坚硬而有生命的器官，主要由骨组织构成。每块骨都有一定的形态、结构、功能、位置及其本身的神经和血管。人体共有 206 块骨，占人体体重的 $1/10 \sim 1/5$。骨按其所在的部位可以分为颅骨、躯干骨和四肢骨。骨与骨之间借助人体纤维组织和软骨等连接，形成骨连接。骨连接有的是以支持保护人体为主，有的是以运动为主。

骨所承担的主要功能有如下几个方面。

（1）骨与骨通过关节连接成骨骼，构成人体支架，支持人体的软组织（如肌肉、内脏器官等）和支承全身的重量，它与肌肉共同维持人体的外形。

（2）骨构成体腔的壁，如颅腔、胸腔、腹腔和盆腔等，以保护脑、心、肺、肠等人体重要内脏器官，并协助内脏器官进行活动，如呼吸、排泄等。

（3）在骨的髓腔和松质的腔隙中充填着骨髓，这是一种柔软而富有血液的组织，其中红骨髓有造血功能；黄骨髓有储藏脂肪的作用。骨盐中的钙和磷，参与体内钙、磷代谢而处于不断变化状态。所以，骨还是体内钙和磷的储备仓库，提供人体需要。

（4）附着于骨的肌肉收缩时，牵动着骨绕关节运动，使人体形成各种活动姿势和操作动作。因此，骨是人体运动的杠杆。人机工程学中的动作分析都与这一功能密切相关。

2. 骨杠杆　人体运动中，骨在肌肉拉力下绕关节转动，它的原理、结构和功能与机械杠杆相似，叫作骨杠杆（图5-1、图5-2）。人体骨杠杆的原理和参数与机械杠杆完全一样。在骨杠杆中，关节是支点，肌肉是动力源，肌肉和骨的附着点称为力点，而作用于骨上的阻力（如自重、操纵力等）的作用点称为重力点（阻力点）。骨杠杆一般可以分为三类：平衡杠杆、省力杠杆和速度杠杆（图5-3）。平衡杠杆的支点在力点和重力点之间，常见于头部。省力杠杆的重力点在支点和力点之间，这样的杠杆省力，但运动距离不大。速度杠杆的力点在重力点和支点之间，这样的杠杆虽然费力，但运动速度和范围都很大，在人体运动中，这类杠杆居多。

图5-1　曲臂简化杠杆图

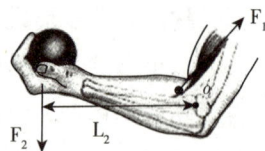

图5-2　手臂受力简化杠杆图

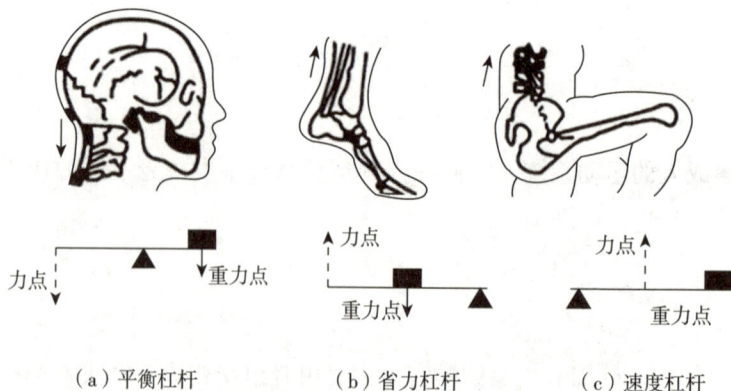

（a）平衡杠杆　　　　（b）省力杠杆　　　　（c）速度杠杆

图5-3　骨杠杆分类

由机械学中的等功原理可知，利用杠杆省力不省功，得之于力则失之于速度（或幅度），即产生的运动力量大而范围就小；反之，得之于速度（或幅度）则失之于力，即产生的运动力量小，但是运动范围大。因此，最大的力量和最大的运动范围两者是相矛盾的，在设计操纵动作时，必须考虑这一原理。

二、关节

全身骨与骨之间借一定的结构相连接，称为骨连接。骨连接分为直接连接和间接连接两类，直接连接为骨与骨之间借结缔组织、软骨或骨相互连接，其间不具腔隙，活动范围很小或完全不能活动，故又称不动关节。间接连接的特点是两骨之间借膜性囊互相连接，其间具有腔隙，有较大的活动性，这种骨连接称为关节，多见于四肢。

关节由关节囊、关节面和关节腔构成。关节囊包围在关节外面，关节内的光滑面被称为关节面，关节内的空腔部分为关节腔。正常时，关节腔内有少量液体，以减少关节运动时的摩擦。关节有病时，可使关节腔内液体增多，形成关节积液和肿大。关节周围有许多肌肉附着，当肌肉收缩时，可做伸、屈、外展、内收以及环转等运动。

骨与骨之间除了由关节相连外，还由肌肉和韧带连接在一起。因韧带除了有连接两骨、增加关节的稳固性的作用以外，还有限制关节运动的作用。所以，人体各关节的活动有一定的限度，超过限度，将会造成损伤。另外，人体处于各种舒适姿势时，关节必然处在一定的舒适调节范围内。表5-1为人体重要活动范围和身体各部分舒适姿势调节范围，该表中的身体部位及关节名称可参考相应的示意图（图5-4）。

表5-1 人体重要活动范围和身体各部分舒适姿势调节范围①

身体部位	关节	活动	最大角度/（°）	最大范围/（°）	舒适调节范围/（°）
头至躯干	颈关节	低头，仰头 左歪，右歪 左转，右转	+40，-35① +55，-55① +55，-55①	75①④ 110 110	+12~25 0 0
躯干	胸关节 腰关节	前弯，后弯 左弯，右弯 左转，右转	+100，-50① +50，-50① +50，-50①	150 100 100	0 0 0
大腿至髋关节	髋关节	前弯，后弯 外拐，内拐	+120，-15 +30，-15	135 45	0（+85~+100）② 0
小腿至大腿	膝关节	前摆，后摆	+0，-135	135	0（-95~-120）②
脚至小腿	脚关节	上摆，下摆	+110，+55	55	+85~+95
脚至躯干	髋关节 小腿关节 脚关节	外转，内转	+110，-70①	180	+0~+15
上臂至躯干	肩关节（锁骨）	外摆，内摆 上摆，下摆 前摆，后摆	+180，-30① +180，-45① +140，-40①	210 225 180	0 （+15~+35）③ +40~+90
下臂至上臂	肘关节	弯曲，伸展	+145，0	145	+85~+110
手至下臂	腕关节	外摆，内摆 弯曲，伸展	+30，-20 +75，-60	50 135	0③ 0
手至躯干	肩关节，下臂	左转，右转	+130，-120①④	250	-30~-60

注：给出的最大角度适于一般情况。年纪较大的人大多低于此值。此外，在穿厚衣服时角度要小一些。有多个关节的一串骨骼中若干角度相叠加产生更大的总活动范围（例如低头、弯腰）。①得自给出关节活动的叠加值；②括号内为坐姿值；③括号内为在身体前方的操作；④开始的姿势为手与躯干侧面平行。

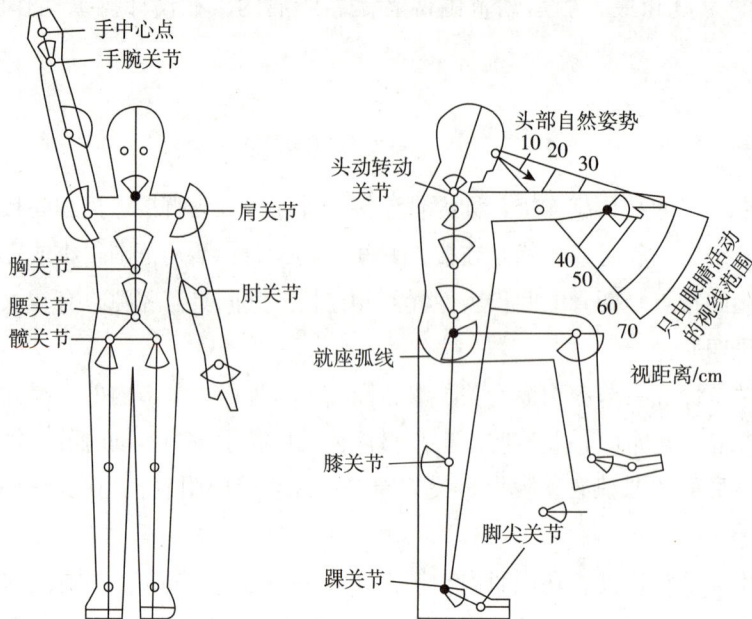

图 5-4 人体各部位活动范围示意图

✏️ **知识链接**

关 节

1. 运动功能 关节是连接骨骼的部位，使人体能够进行各种运动。不同的关节具有不同的运动方式和运动范围，如肩关节可以进行旋转、屈伸和外展等运动，膝关节可以进行屈伸运动等。在人机工程设计中，需要考虑人体关节的运动特点，以确保产品的操作方式和使用姿势符合人体的运动习惯，减少关节的疲劳和损伤。例如，工具的手柄设计需要考虑手部关节的运动范围和握力，以提供舒适的握持感和操作效率；办公桌椅的高度和角度调节设计需要考虑人体关节的运动需求，以提供舒适的工作姿势。

2. 灵活性和稳定性 关节的灵活性和稳定性对人体的运动和姿势控制起着重要的作用。在人机工程设计中，需要考虑产品的稳定性和灵活性，以确保产品在使用过程中不会对人体关节造成过度的压力或不稳定的支撑。例如，梯子的设计需要考虑稳定性和安全性，避免在使用过程中发生倾倒或滑倒；运动鞋的设计需要考虑关节的灵活性和稳定性，以提供良好的支撑和运动效果。

三、肌肉

运动系统的运动都需要通过肌肉收缩而牵动骨绕关节运动。显然，肌肉是人体运动能量的提供者，人的活动能力由肌肉决定。

1. 肌肉的生理特征

（1）肌肉结构 人体骨骼肌共有 600 余块，分布广，约占身体总重量的 40%，分布在身体的各个部位。

（2）肌肉收缩 肌肉最重要的活动行为就是肌肉收缩。肌肉收缩产生肌力，肌力的大小受很多因素的影响，比如肌肉长度。运动距离越长，做功越多。肌肉长，收缩时运动距离大，做功多，产生的肌力就大。为了达到增加肌肉长度的目的，运动员常常要做专门的拉伸活动。再如，肌肉横截面积的大小。每条肌纤维都有一定的收缩力，肌力的大小为许多肌纤维收缩力之和。如果肌肉横截面积大，那么参与运动的肌纤维数量就多，产生的肌力就大。在同样的训练条件下，由于女性肌肉横截面积小，肌力大约比男性要小30%。

2. 肌肉施力

（1）动态肌肉施力和静态肌肉施力　肌肉收缩产生肌力，而肌力可以作用于骨，然后通过人体结构再作用于其他物体上，这个过程称为肌肉施力。肌肉施力有两种方式：动态肌肉施力和静态肌肉施力。动态肌肉施力就是肌肉运动时收缩和舒张交替改变 ［图5–5（b）］。静态肌肉施力则是持续保持收缩状态的肌肉运动形式 ［图5–5（c）］。

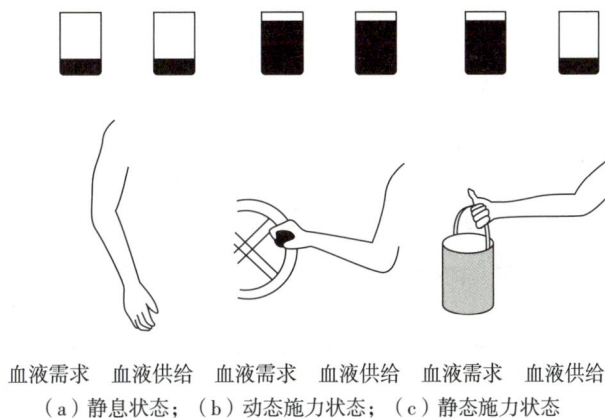

血液需求　血液供给　血液需求　血液供给　血液需求　血液供给
（a）静息状态；（b）动态施力状态；（c）静态施力状态

图5–5　动态施力和静态施力

在日常生活中，有很多静态施力的例子。比如人站立的时候，从腿部、臀部、腰部到颈部，就有许多块肌肉在长时间静态施力或受力。事实上，无论人的身体姿势如何，都有部分肌肉静态受力，只是程度不同而已。同样地，几乎所有的职业劳动都包括不同程度的静态施力，如抱起重物、向前弯腰等，图5–6（a）就是两个静态施力的例子。需要说明的是，通常某项作业既有静态施力，也有动态施力，很难划分彼此的界限，但是，由于静态施力的作业方式比较"费力"，因此，应该首先处理好静态施力的问题，例见图5–6（b）、（c）。

图5–6　生活中静肌施力场景图
（a）静态施力；（b）电动螺丝刀的重量平衡；（c）印刷版的制作

（2）静态施力的生理效应　在静态作业的情况下，人体会产生一些生理变化，与动态施力相比，静态施力会造成能量消耗加大、肌肉酸痛、心率加快和恢复期延长等现象。造成这些现象的主要原因首先是供氧不足，糖的代谢无法释放足够的能量以合成高能磷酸化合物；其次是肌肉内积累了大量的乳酸，氧债是静态施力的必然效应。Mzlhtra等人研究发现，中学生单手提书包比背书包要多消耗一倍多的能量，这主要是由于手臂、肩和躯干部分静态施力引起的（图5–7）。

Hettinger 在研究手工播种土豆中发现，手提篮子播种 30 分钟后心率增加量比挎着篮子播种 30 分钟后心率增加量要多（图 5 - 8）。可见，心脏负荷的增加是手提篮子造成的静态施力的结果。

长时间静态施力，就会发生永久性疼痛的病症，如关节炎或椎间盘突出等病症。这样的病症分为两类，一类是劳累性疼痛，一般位于肌肉和腱，痛的时间短，位置容易确定，比较容易恢复。另一类的疼痛部位扩散到关节，即使停止工作也疼痛不止，而且这些疼痛总和某个特定的动作或身体姿势有密切的联系。这类疼痛的原因是身体内的某些炎症和组织的病变，可能会产生严重的后果。表 5 - 2 说明了静态施力可能引起的疼痛的情况。

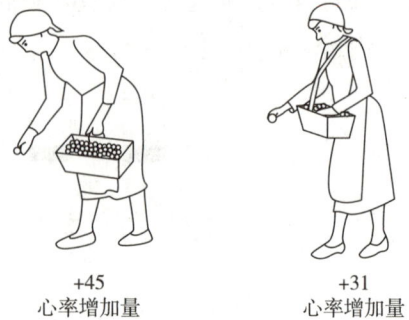

| 100% | 182% | 241% | +45 心率增加量 | +31 心率增加量 |

图 5 - 7　三种携带书包的方式下静态施力产生的氧消耗量　　图 5 - 8　手臂静态施力对播种者心率的影响

表 5 - 2　静态作业与人体症状

作业姿势	可能疼痛的部位	作业姿势	可能疼痛的部位
站立于一个位置	腿和脚，静脉曲张	坐或站时，弯背	腰；椎间盘症状
座椅无靠背	背部的伸肌	水平或向上伸手	肩和手臂；肩周关节炎
座椅太高	膝关节；小腿；脚	过分低头和仰头	颈；椎间盘症状
座椅太低	肩和颈	不自然地抓握工具	前臂腱部炎症

飞利浦公司曾经对 50 名去医院检查身体活动不适的工人进行了研究，发现其中 39 人的症状明显与工作时不良的姿势有关。图 5 - 9 表明了机床操作中不良的操作姿势。图 5 - 9（a）中操作铤床的工人易腰疼，图 5 - 9（b）中操作钻床的工人肩和手臂易出现酸痛。

（3）静态施力极限　研究发现，静态施力时，肌肉供血受阻的大小与肌肉产生的力成正比。当用力大小达到最大肌力（某种方式用力的最大值）的 60% 时，血液输送几乎会完全中断。而用力只有个体最大肌力的 15% ~ 20% 时，血液循环基本保持正常。在这样的情况下，即使是静态施力，也可以持续一定时间。图 5 - 10 说明了肌肉收缩最长延续时间与肌肉施力大小的关系。从图中可以看出，肌肉施力若超过最大肌力的 50% 时，肌肉收缩的时间最长只能维持 1 分钟；但当肌肉施力只有最大肌力的 20% 时，肌肉收缩的时间可以比较长。因此，在设计作业动作的时候，首先应该尽量减少静态施力的产生，肌肉施力大小应该低于肌肉最大肌力的 15% 。

四、合理施力的设计思路

1. 避免静态肌肉施力　提高人体作业的效率，一方面要合理使用肌力，降低肌肉的实际负荷；另一方面要避免静态肌肉施力。无论是设计机器设备、仪器、工具，还是进行作业设计和工作空间设计，都应遵循避免静态肌肉施力这一人机工程学的基本设计原则。例如，应避免使操作者在控制机器时长时间地抓握物体。当静态施力无法避免时，肌肉施力的大小应低于该肌肉最大肌力的 15% 。在动态作业中，如果作业动作是简单的重复性动作，则肌肉施力的大小也不得超过该肌肉最大肌力的 30% 。

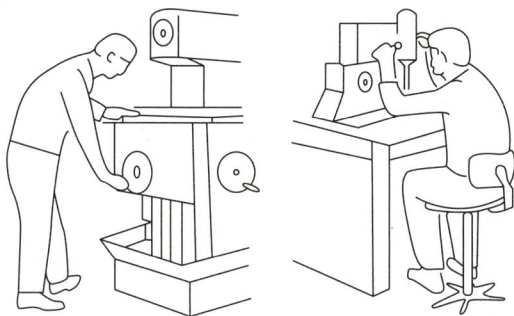

图 5-9 不良的操作姿势

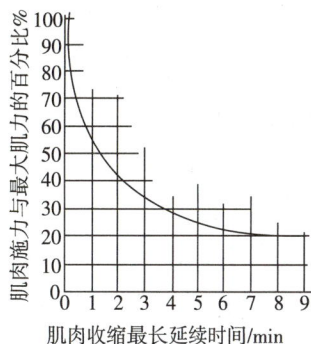

图 5-10 肌肉施力与肌肉收缩时间的关系曲线

避免静态肌肉施力的几个设计要点如下。

（1）避免弯腰或其他不自然的身体姿势［图 5-11（a）］。当身体和头向两侧弯曲造成多块肌肉静态受力时，其危害性大于身体和头向前弯曲所造成的危害性。

（2）避免长时间地抬手作业，抬手过高不仅引起疲劳，而且降低操作精度，影响人的技能发挥，在图 5-11b 中，操作者的右手和右肩的肌肉静态受力，容易疲劳，操作精度降低，工作效率受到影响。只有重新设计，使作业面降到肘关节以下，才能提高作业效率，保证操作者的健康。传统的直杆式的烙铁，当在工作台上操作时，如果被焊物体平放于台面，则手臂必须抬起才能施焊［图 5-12（a）］。改进的设计将烙铁抓握部分做成弯把式，这样操作过程中手臂就能处于较自然的水平状态，减少了抬臂产生的静肌负荷［图 5-12（b）］。

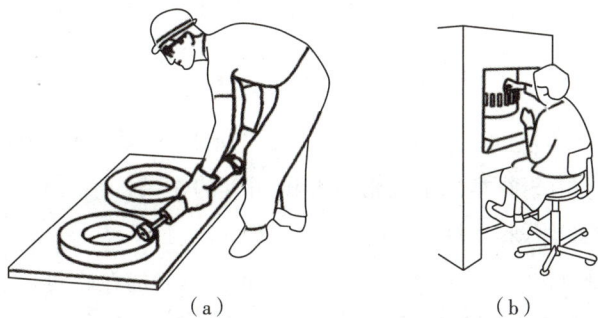

（a） （b）

图 5-11 不良的作业姿势

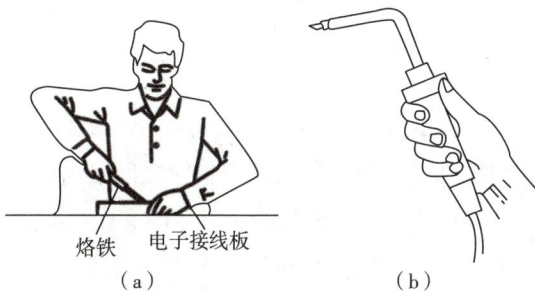

烙铁 电子接线板 （a） （b）

图 5-12 烙铁把手的设计

（3）坐着工作比站着工作省力。工作椅的座面高度应调到使操作者能十分容易地改变立和坐的姿势高度，这就可以减少立起和坐下时造成的疲劳，尤其对于需要频繁走动的工作，更应如此设计工作椅。

（4）双手同时操作时，手的运动方向应相反或者对称运动，单手作业本身就造成背部肌肉静态施力。另外，双手作对称运动有利于神经控制。

（5）作业位置（座台的台面或作业的空间）高度应按工作者的眼睛观察时所需的距离来设计。观察时所需要的距离越近，作业位置应越高。由图 5-13 可见，作业位置的高度应保证工作者的姿势自然，身体稍微前倾，眼睛正好处在观察时要求的距离。图中还采用了

图 5-13 适应视觉的姿势

手臂支撑，以避免手臂肌肉静态施力。

（6）常用工具，如钳子、手柄、工具和其他零部件、材料等，都应按其使用的频率或操作频率安放在人的附近。最频繁的操作动作应该在肘关节弯曲的情况下就可以完成。为了保证手的用力和发挥技能，操作时手最好距眼睛 25~30cm，肘关节成直角，手臂自然放下。

（7）当手不得不在较高位置作业时，应使用支撑物来托住肘关节、前臂或者手。支撑物的表面应为毛布或其他较柔软而且不凉的材料。支撑物应可调，以适合不同体格的人。脚的支撑物不仅应能托住脚的重量，而且应允许脚做适当的移动。

（8）利用重力作用。当一个重物被举起时，肌肉必须举起手和臂本身的重量。所以，应当尽量在水平方向上移动重物，并考虑利用重力作用。有时身体重量能够用于增加杠杆或脚踏器的力量。在有些工作中，如油漆和焊接，重力起着比较明显的作用。在顶棚上旋螺钉要比地板上旋螺钉难得多，这也是重力作用的原因。

当要从高到低改变物体的位置时，可以采用自由下落的方法。如是易碎物品，可采用软垫。也可以使用滑道，把物体的势能改变为动能，同时在垂直和水平两个方向上改变物体的位置，以代替人工搬移（图 5 – 14）。

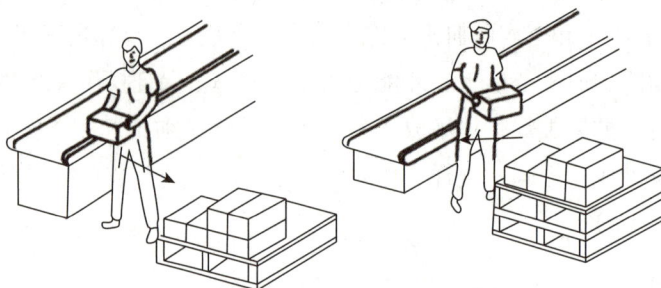

图 5 – 14　保持从高到低的方向装卸货物

2. 避免弯腰提起重物　人的脊柱为"S"形曲线，12 块胸椎骨组成稍向后凹的曲线，5 块腰椎骨连接成向前凸的曲线，每两块脊椎骨之间是一块椎间盘。由于脊柱的曲线形态和椎间盘的作用，整个脊柱富有一定的弹性，人体跳跃、奔跑时完全依靠这种曲线结构来吸收受到的冲击能量。

脊柱承受的重量负荷由上至下逐渐增加，第 5 块腰椎处负荷最大。人体本身就有负荷加在腰椎上，在作业时，尤其在提起重物时，加在腰椎上的负荷与人体本身负荷共同作用，使腰椎承受了极大的负担，因此人们的腰椎发病率极高。

用不同的方法提起重物，对腰部负荷的影响不同。如图 5 – 15（a）所示，直腰弯膝提起重物时椎间盘内压力较小，而弯腰直膝提起重物会导致椎间盘内压力突然增大，尤其是椎间盘的纤维环受力极大。如椎间盘已有退化现象，则这种压力急剧增加最易引起突发性腰部剧痛。所以，在提起重物时必须掌握正确方法。

因为弯腰改变了腰脊柱的自然曲线形态，不仅加大了椎间盘的负荷，而且改变了压力分布，使椎间盘受压不均，前缘压力大，向后缘方向压力逐渐减小［图 5 – 15（b）］，这就进一步恶化了纤维环的受力情况，成为损伤椎间盘的主要原因之一。另外，椎间盘内的黏液被挤压到压力小的一端，液体可能渗漏到脊神经束上去。总之，提起重物时必

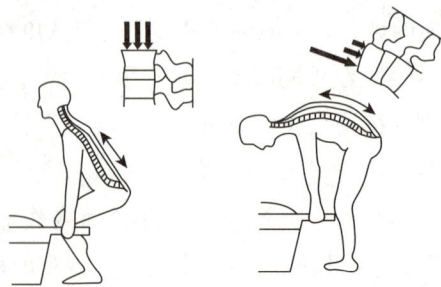

图 5 – 15　弯腰与直腰提起重物示意图

（a）直腰弯膝；（b）弯腰直膝

须保持直腰姿势。人们经过长期的劳动实践和科学研究总结了一套正确的提重方法，即直腰弯膝。

3. 设计合理的工作台　搬运放在地上或比较接近地面的大型货物的危害性最大，因为工人在搬运这些货物时，躯体必须向前弯曲，这样会明显增大腰部椎间盘的压力。所以，大型货物的高度不应低于工人大腿中部，图5-16举例说明了采用可升降的工作台帮助工人搬运大型货物。升降平台不仅可以减少工人举起货物过程中的竖直距离，而且可以减少水平距离的影响。

设计者在设计时应尽量减少躯体扭转的角度。图5-17表明，一个非常简单但又是经过精心修改的工作台设计，可以消除工人在操作过程中不必要的躯体扭转，从而可以明显减少工人的不适和受伤的可能性。为减少躯体扭转角度，在设计举重物任务时应该使工人可以在正前方充分使用双手并且双手用力平衡。

图5-16　采用可升降的工作台可避免抬起重物时的弯腰动作
（a）可升降并倾斜的工作台；（b）可升降的托台

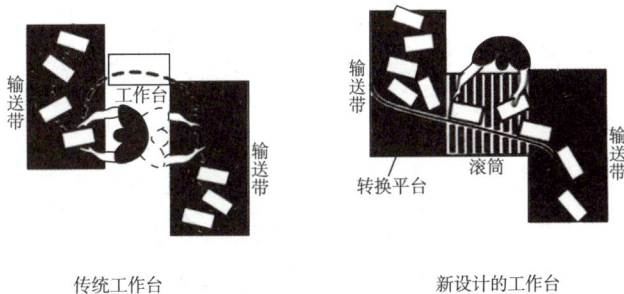

图5-17　工作场所设计

第二节　人的运动特征

人通过骨骼、肌肉和神经系统，能够进行各种各样的运动。人不仅能够进行简单的运动（比如抛球、穿针等），也可以进行一些复杂的运动，比如体操、跳水等。

一、人体运动的范围

人体运动的范围通常受两个因素的影响：人的尺寸和关节活动的范围。人的尺寸问题在前面章节中已经进行说明，这里主要介绍关节活动的范围。关节活动的范围通常用关节运动的角度来表现（图5-18）。关节活动的范围受关节的结构、关节附近肌肉组织的情况、关节附近肌肉、韧带的弹性等因素的影响。比如，随着手臂上面两端肌肉变大，肘部弯曲的角度就受到限制。

通常，关节活动的范围可以通过拉伸肌肉和相连的组织得到提高。缺乏灵活性的肌肉和组织会给运动带来限制，造成疲劳，从而影响工作的持久性，甚至对人造成伤害。当然，过分增加关节的灵活性，会降低关节的稳定性，这也可能会给人体造成伤害，特别是在足球、棒球等体育运动中。

二、肢体的出力范围

肢体的力量来自肌肉收缩，肌肉收缩时所产生的力称为肌力。在操作活动中，肢体所能发挥的力量大小除了取决于人体肌肉的生理特征外，还与施力姿势、施力部位、施力方式和施力方向有密切关系。只有在这些综合条件下的肌肉出力的能力和限度才是操纵力设计的依据。

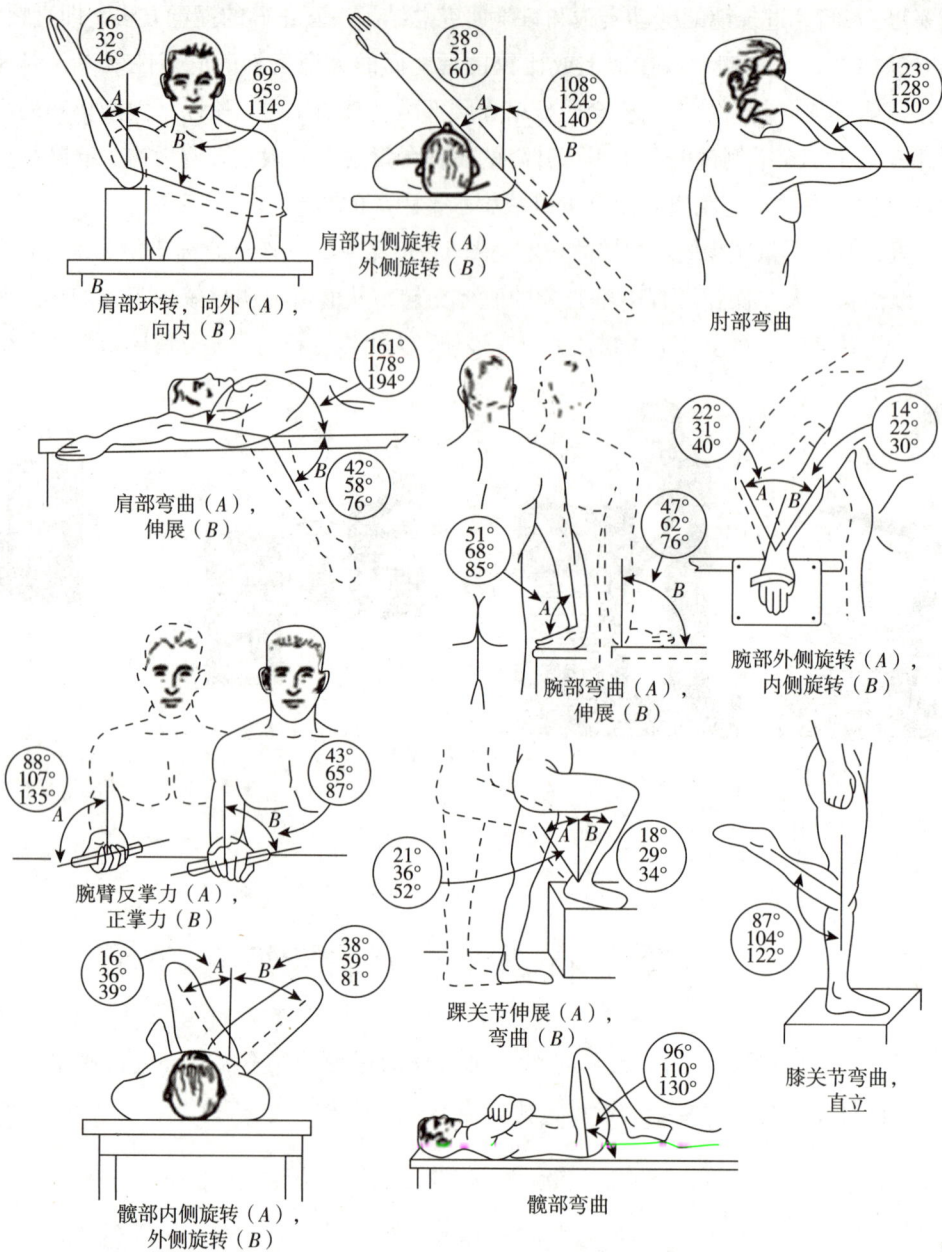

图 5-18   关节运动的角度范围

在直立姿势下弯臂时，不同角度时的力量分布大约在 70°处可达最大值，即产生相当于体重的力量。这正是许多操纵机构（例如方形盘）置于人体正前上方的原因所在。

在直立姿势下臂伸直时，不同角度位置上拉力和推力的分布是不同的。最大拉力产生在 180°位置上，而最大推力产生在 0°位置上。

第三节   人的操作动作分析

一、手的操作分析

1. 手的生理特点   手是人类最重要的运动器官之一，它由骨、动脉、神经、韧带和肌腱等构成。

手指由小臂的腕骨伸肌和屈肌控制，这些肌肉由跨过腕道的腱连到手指，而腕道由手背骨和相对的横向腕韧带形成，通过腕道的还有各种动脉和神经。腕骨与小臂上的桡骨及尺骨相连，桡骨连向拇指一侧，而尺骨连向小指一侧。腕关节的构造与定位使其只能在两个面动作，这两个面各成90°。一面产生掌屈与背屈，另一个面产生尺偏和桡偏。

人手具有极大的灵活性，能做复杂而灵巧的捏、握、抓、夹、提等动作，有极其精细的感觉。从抓握动作来看，可分为着力抓握和精确抓握。着力抓握时，抓握轴线和小臂几乎垂直，稍屈的手指和手掌形成夹握，拇指施力。根据力的作用线不同，可分为力与小臂平行（如锯），与小臂形成夹角（如锤击）及扭力（如使用螺丝起子）。精确抓握时，工具由手指和拇指的屈肌夹住。精确抓握一般用于控制作业（如铅笔、筷子）。操作工具时，动作不应同时具有着力与控制两种性质，因为在着力状态让肌肉也起控制作用会加速疲劳，降低效率。

使用设计不当的手握式产品会导致多种上肢职业病甚至全身性伤害，这些病症如腱鞘炎、腕管综合征、腱炎、滑囊炎、滑膜炎、痛性腱鞘炎、狭窄性腱鞘炎和网球肘等，一般统称为重复性积累损伤病症。

2. 手握式产品设计的一般原则

（1）必须有效地实现预定的功能　实现预定功能，是手握式产品设计的重要原则。功能设计得合理，产品就能在相应条件下有效实现预定功能，从而优化操作者的手部操作，提高工作效率，提升劳动质量，同时也能保证操作者的身心健康，避免身体超负荷工作和职业疾病。比如注射辅助器设计，不仅引导注射作业的正确姿势和正确位置，同时舒适的指捏设计使精细操作变得简单。

它帮助操作者很好地实现了注射功能，避免了由于不准的拿捏方式而多次扎针给患者带来的生理痛苦和心理恐惧。

（2）必须与操作者身体成适当比例，使操作者发挥最大功效　手握式产品或设备的形状与尺寸等应当与人体比例相匹配，不然，用户在使用时就很难有效并安全地操作。长久手握设计不良的产品或设备进行操作，将造成人们身体的不适、损伤与疾患。这不仅会降低作业效率，还会增加人们的生理和心理痛苦。因此，手握式产品的设计必须考虑与操作者成适当比例。比如扫地机、扫把和簸箕，根据人们的身体比例来进行设计，主要是针对成年女性，应当避免在使用过程中由于扫把过长或过短而带来不便甚至伤害。

（3）必须符合操作者的力度和作业能力　作业者的力度和作业能力也是手握产品设计需考虑的重要方面。因为人们持握操作器具的力度和作业能力是不一样的，所以要适当地考虑到训练程度和身体素质等方面的差异。比如，老年人和儿童的操作力度和能力都比一般人弱，所以，针对他们的设计就应当考虑到这点，尽可能设计得简单、方便。

（4）设计要求的作业姿势不能引起过度疲劳　手持器具进行操作时，有时需要相当大的力。如果作业姿势不当，往往会给手部造成很大压力，降低血液流动效率，导致手部麻木及疲劳。有时不良操作会使掌心受压受振，长期使用可能会引起难以治愈的痉挛，至少易引起疲劳和操作不准确。因此，对手握器具所要求的作业姿势应该满足舒适方便且不应当引起过度疲劳。

3. 手握式产品设计的解剖学相关原则　手握式产品要考虑的因素很多，从手的生物力学角度来进行分析，主要包括以下几点。

（1）保持手腕处于顺直状态　手腕顺直操作时，腕关节处于正中的放松状态，但当手腕处于掌屈、尺偏等别扭的状态时，就会产生酸痛、握力减小，如长时间这样操作，会引起腕管综合征、腱鞘炎等症状。图5-19是钢丝钳传统设计与改良设计的比较，传统设计的钢丝钳造成掌侧偏，改良设计使握把弯曲，操作时可以维持手腕的顺直状态，而不必采用尺偏的姿势。图 5 – 20 为使用这两种钳操作后，患腱鞘炎人数的比较。可见，在传统钳用后第 10 ~ 12 周内，患者人数显著增加，而改进钳使用者中没有此现象。

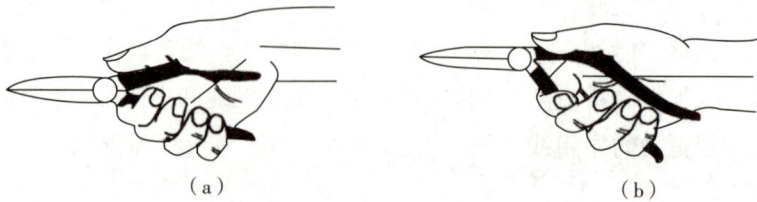

图 5 – 19   使用传统和改良的钢丝钳操作时的比较

（a）传统钳把，操作时手腕尺侧偏；（b）改进设计，操作时手腕顺直

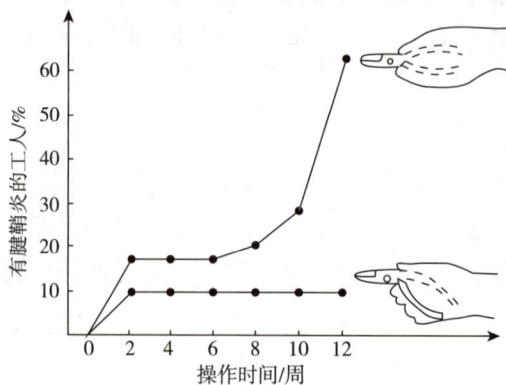

图 5 – 20   使用不同的钢丝钳后患腱鞘炎病人数比较

一般认为，将产品的把手与工作部分弯曲 10°左右，效果最好。弯曲式把手可以降低疲劳，较易操作，对于腕部有损伤者特别有利。

WOW Technology 公司开发的 WOW – PEN Joy 鼠标，它使用垂直轨道和水平结构来实现工具与操作者之间的合理比例，使用户通过自然舒适的姿势进行握持，让设计师、游戏玩家和办公室职员等在长时间使用鼠标时手腕能够有很好的舒适性，并有效防止腕管综合征。WOW – PEN Joy 鼠标在 2008 年红点设计奖中脱颖而出，获得极大的成功。

ART Zero 鼠标也是根据人机工程学设计的使手腕保持自然顺直姿态的竖直型鼠标。当人的手腕呈 0° ~ 5°背屈状态时，最为舒适。对于手掌而言，最自然的状态就是半握拳状态。该鼠标外壳与拇指肌群、小指肌群及掌弓贴紧而又不互相压迫，5 个手指都不悬空，且处于 150°左右的自然伸展状态。这是使用鼠标时，人手最适宜的姿势。

类似操作时令手腕保持顺直的鼠标产品设计还有不少，包括人机鼠标、运动无线鼠标、人体工程学垂直防滑鼠标等。

除了鼠标之外，键盘也是比较容易造成用户手腕出问题的设计。所以有不少公司在努力改变其键盘设计，以便用户操作时手臂尽可能保持顺直。比如微软人体工学键盘 4000。它有两个主键区键盘，从侧面看，其按键的高度是不一样的，中间略高而两侧略低，人手处于一个曲率半径较大的弧线上进行操作，非常接近自然状态。人们在使用键盘时，手腕自然地放置在桌面或是腕托上，长时间使用也不会有疲劳感。

（2）避免掌部组织受压力   操作手握式产品时，有时常要用手施相当的力。如果设计不当，会在掌部和手指处造成很大的压力，妨碍血液在尺动脉的循环，引起局部缺血，导致麻木、刺痛感等。好的把手设计应该具有较大的接触面，使压力能分布于较大的手掌面积上，减少应力；或者使压力作用于不太敏感的区域，如拇指和食指之间的虎口位。有时，把手上设有指槽，但如没有特殊的作用，最好不留指槽，因为人体尺寸不同，对一些使用者适配的指槽，对另一些使用者却是难以使用的，它会造成某些操作者手指局部的应力集中。另外，针对把手的适配性，可考虑将对手表面做凸起的形体处理，再对手末端做限位形体处理，这样改进适配性，增大摩擦力，并防止手从把手上滑脱。

（3）避免手指重复动作　如果反复用食指操作类似扳机的控制器，就会导致扳机指（狭窄性腱鞘炎），扳机指症状一般在使用电气工具后经常出现。作为一条基本的定理，应该避免食指的重复运动。而拇指是手指中唯一可以向各个方向弯曲的手指，因为有力且较短的肌肉分布在拇指周围。通常人们习惯用拇指来代替食指进行操作，但设计这样的操作要十分小心，不能让拇指的操作过于频繁，如图 5-21（a）所示，这样的操作可能给拇指带来疼痛。更为有效地避免手指重复动作的方法是采用指压板，图 5-21（b）所示。这样的设计可以让各个手指分担负担并解放拇指。

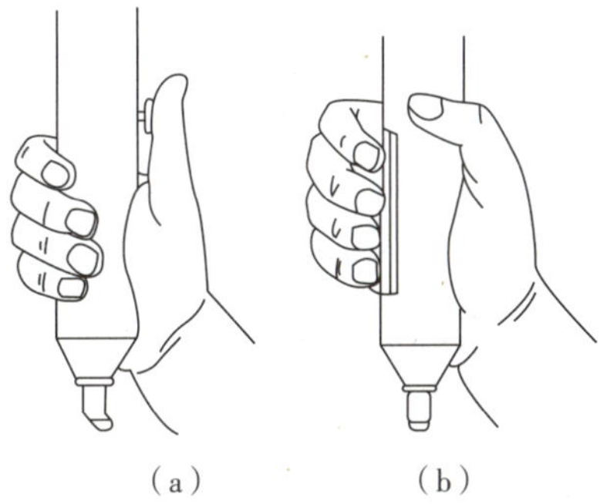

图 5-21　避免单手指（如食指）反复操作的设计
（a）拇指操作；（b）指压板操作

此外，对于手握式设计，除了以上几个相关方面，性别因素和用手习惯也是要考虑的。因为，在所有手工具使用的人群中，女性大约占 50%，而其中左手使用者占 8%～10%。但是，很多手工具在设计时并没有考虑这超过总人数一半的人群。研究表明，女性手指的平均长度比男性大约短 2cm。另外，女性的抓握力大约是男性的 2/3。这些差异显然是设计中需要考虑的。现在，不少手工具的设计只考虑了右手操作，这样对全球几亿的左手操作者十分不利。许多鼠标的设计也没有考虑左手使用者的问题，给他们带来很多不便。

二、脚的操作分析

脚动操纵控制器常用于以下情况：需要连续进行操作，而用手又不方便的场合；无论是连续性控制还是间歇式控制，其操纵力超过 50～150N 的情况；手的控制工作量太大，不足以完成控制任务的场合。

脚动操纵控制器主要有脚踏板和脚踏钮两种形式。当操纵力超过 49～147N，或操纵力小于 49N 但需连续操纵时，宜选用脚踏板。对于操纵力较小，且不需要连续控制时，宜选用脚踏钮或脚踏开关。一般情况下，脚踏板只能由一个方向控制，而脚踏钮可由多个方向控制（图 5-22）。

（a）　　　　　　　　　　　　　　（b）

图 5-22　脚动操纵控制器
（a）脚踏板；（b）脚踏钮

1. 脚踏板　一般设计成矩形，其宽度与脚掌等宽为佳，一般大于 2.5cm；脚踏时间较短时最小长度为 6~7.5cm，脚踏时间较长时为 28~30cm；踏下行程应为 6~17.5cm；踏板表面宜有防滑齿纹。

脚踏式垃圾桶，由外筒、内筒、筒盖、支架、连杆、踏杆等部分组成。人们通过踩踏方式将垃圾桶盖打开，方便快捷。脚踏控制设于桶体底部并位于桶体外，采用杠杆原理结构将筒盖掀开。对于脚踏式垃圾桶，操作时小腿应与地面成接近 90° 的较大角度，且应注意悬空踩踏控制的高度与操纵力。

踩踏式冲厕器，使用时，人们运用脚部的踩踏而非手部的操作来完成冲厕过程。脚踏部件设于产品的外部，引导人们通过脚部来完成操作，同时踏板表面设置了凹凸的防滑处理，方便人们进行操作，尤其在寒冷的冬天和卫生条件差的公共厕所，特别适用。

在相同条件下，不同结构形式的脚踏板，其操纵效率是不同的。研究表明，表 5-3 中 1 号踏板所需时间最少。

表 5-3　不同结构形式脚踏板操纵效率的比较

编号	1	2	3	4	5
脚踏板类型					
每分钟脚踏次数	187	178	176	140	171
效率比较	每踏一次用时最短	每次比 1 号多用 5% 的时间	每次比 1 号多用 6% 的时间	每次比 1 号多用 34% 的时间	每次比 1 号多用 9% 的时间

脚踏板的布置形式也与操纵效率相关。根据研究，踏板布置在座椅前 7.62~8.89cm、离椅面 5~17.8cm、偏离人体正中面 7.5~12.5cm，操作方便，出力最大，有利于提高工作效率。

踏板角度的大小也是影响脚施力的重要因素。研究表明，当踏板与垂直面成 15°~35° 时，不论腿处于自然位置还是伸直位置，脚均可使出最大的动力。

2. 脚踏钮　与手控钮的功能基本相同，在特定情况下可取代手控钮。脚踏钮用脚尖或脚掌操纵，可以快速操作。其直径为 5~8cm，踏下行程为 1.2~6cm。踏压表面应有纹理，应能提供操作反馈信息，脚不需停在踏钮上时，阻力应大于 9.8N；脚需要停在踏钮上时，阻力应大于 44N。正常操作时，脚踏钮的阻力不应大于 88N。

我国大学生设计的用脚掌踩踏控制的"脚底板"鼠标。它包含左键和右键，前脚掌踩踏相当于左键单击，后脚跟踩踏相当于右键单击，通过脚底的摩擦滑动，可以滚动进行控制。它适用于双手有残疾的人群，正常人使用它则可以腾出双手做其他工作。

目标检测

答案解析

一、选择题

1. 人体运动系统中，为身体活动提供动力的是（　　）

　　A. 骨　　　　　　　　B. 关节　　　　　　　　C. 肌肉　　　　　　　　D. 韧带

2. 为了保证安全作业，在机器设计中，应使操纵速度（　　）人的反应速度

　　A. 大致等于　　　　　B. 低于　　　　　　　　C. 大于　　　　　　　　D. 远大于

3. 操纵控制器的类型很多，按操纵方式划分可分为（　　）

    A. 手动控制器和脚动控制器　　　　B. 手动控制器和声动控制器

    C. 开关控制器和转换控制器　　　　D. 调整控制器和转换控制器

4. 正确地选择控制器的类型对于安全生产、提高功效极为重要，在其选择原则中错误的是（　　）

    A. 快速而精确度高的操作一般采用手控或指控装置，用力的操作则采用手臂及下肢控制

    B. 手控制器应安排在肘和肩高度以上的位置，并且易于看见

    C. 紧急制动的控制器要尽量与其他控制器有明显区分，避免混淆

    D. 控制器的类型及方式应尽可能适合人的操作特性，避免操作失误

5. 在设计需要长时间站立操作的工作台时，考虑人体运动系统，工作台的高度应该（　　）

    A. 高于人的肘部高度　　　　　　　B. 低于人的肘部高度

    C. 与人的肘部高度相同　　　　　　D. 与人体站立时手掌高度相同

6. 从人体运动系统角度考虑，以下可以减轻长时间伏案工作者疲劳的措施有（　　）

    A. 使用可调节高度的办公桌，使电脑屏幕中心与眼睛平视高度一致

    B. 配备带有腰部支撑的座椅，支撑腰椎前凸

    C. 设计带有腕部支撑的键盘，保持手腕自然伸展

    D. 采用可以倾斜的显示器，方便用户调整视角

二、简答题

1. 简述在设计手动工具时，如何考虑人的运动系统。

2. 阐述在室内楼梯设计中，如何从人的运动系统角度进行优化。

3. 从人的运动系统角度，说明办公座椅设计应考虑哪些因素。

4. 设计合理的操纵手把主要应考虑哪几方面因素？

书网融合……

本章小结

第六章　产品显示装置设计

学习目标

　　1. 掌握　人机界面是人与机器或产品相互传递信息的媒介。

　　2. 熟悉　显示界面和控制界面的区别以及它们的设计要点。

　　3. 了解　从视觉和听觉方面的显示界面设计的人机工程学原则；从视觉、触觉和听觉角度的控制界面设计的人机工程学原则。

　　4. 能够从形态、色彩、材质、光与影、视觉与空间和听觉等角度对产品进行人性化设计。

⇒ 案例分析

　　实例　智能手机屏幕具有高分辨率、色彩鲜艳、触摸灵敏等特点。字体大小可调节，以适应不同用户的需求。同时，屏幕会根据环境光线自动调节亮度。

　　问题　在设计智能手机屏幕显示时，如何平衡高分辨率和电池续航之间的关系？怎样更好地适应不同用户的视力差异？

　　产品显示装置是人机系统中，将机器的性能参数、工作状态、指示命令等信息传递给使用者的一种重要装置。人们根据显示的信息了解和掌握机器运行情况，进而正确控制机器。因此，信息传递的质量直接影响人机系统的工作效率。在具体设计中，设计者应考虑到人的生理和心理特征，合理设计其结构形式，使人与显示装置之间达到充分协调的状态，使人能准确、迅速地读取信息，并减轻精神紧张和身体疲劳状态，科学安全地实现人机操作过程，本章将对产品设计中的显示装置的种类、作用、特点以及设计原则进行全面讲解。

第一节　图形符号设计

一、图形符号的特征

　　在现代信息显示中，各种类型的图形和符号被广泛应用，这是由于人在感知图形符号信息时，辨认的信号和辨认的客体之间存在着形象上的直接联系，这使人更容易接收信息并提高接收速度。由于图形和符号具有形、意、色等多种刺激因素，因而传递的信息量大，抗干扰力强，易于被接受，所以它也是最经济的信息传递形式。

　　信息显示中所采用的图形和符号是经过对显示内容的高度概括和抽象处理而形成的，使得图形和符号与显示标志客体间具有相似的特征。它们简洁清晰，具有特定的形象，使人便于识别和辨认。

　　实验表明，图形符号的辨认速度和准确性，主要与图形和符号的特征数量相关，并不是图形和符号越简单越容易辨认。实验应用有3类图形符号：第一类为简单的，它们只有必需的特征，只按形状（三角形、六角形等）辨认；第二类为中等的，除主要特征外还有辅助特征（外部的和内部的细节）；第三类为复杂的，它们有若干个彼此混淆的辅助特征（一般为 2 个）。实验结果证明，辨认简单符号和复杂符号一样，比辨认中等符号需要的时间更长，准确性更低。因此在设计图形与符号时，要注意充分反映其显示特征，而不能将图形和符号变成简单的图案，要最简练地表达出客体的基本的特征，做到简明、概括、形象，才能使操作者快速精确地辨认。图 6-1 所示为国际通用图形符号，图 6-2 所示为常见图形符号。

（a）国际残疾人通道符号；（b）国际聋哑人电体通信设备符号；（c）国际聋哑人通道符号

图 6-1　国际通用图形符号

图 6-2　常见图形符号

在信息显示中所采用的图形符号，大多用于操纵控制系统或操作部位的操作内容和位置的指示。形象化的图形和符号显示也有自己的局限性，要求更精确地显示时，图形和符号就不能单独胜任，还需用其他显示元素加以补充，例如可以配以灯光色彩等辅助设计，达到信息传达的全面性。

二、图形符号的应用

图形和符号广泛应用于工业、农业、商业、交通运输、物资管理、环境保护等方面。它已作为一种高度概括、简练、形象生动的通用信息载体来传递各种信息。

图形符号的优点在于形象生动、简洁概括，避免了文字的繁琐，例如交通运输和大型机器作业，具有运动速度快、作业精度要求高的特点，因此要求操作者的注意力要时刻集中在观察目标上，以便快速准确地接受并完成各种信息提示的操作。在这种情况下，采用大量形象、醒目的图形和符号，便于操作者迅速感知所显示的信息。图 6-3 至图 6-5 所示为图形符号的具体应用情况。

图 6-3　图形符号在交通中的应用

图 6-4 汽车内图形符号的应用

图 6-5 公共场所内图形符号的应用

第二节 仪表显示设计

实际生产和工作中常用的显示装置有视觉显示器、听觉显示器及触觉显示器。其中以视觉显示器所占比例最大，仪表又是视觉显示装置的重点，下面对仪表装置进行讲解。

一、仪表显示的种类及特征

仪表是信息显示器中极为重要的一种视觉显示器，在产品设计中应用广泛，一般可按其显示形式和显示功能分类。

1. 按显示形式分类 仪表按显示形式可分为数字式显示器和模拟式显示器两大类。

（1）数字式显示器 是直接用数码显示信息的仪表，如各种数码显示屏、电子数字计数器等。这类显示的特点是显示简单、直观准确，可显示各种参数和状态的具体数值，对于需要计数和读取数值的作业来说，这类显示器具有认读速度快、精度高，且不易产生视觉疲劳等特点，电子表、电子计时器、电子测量仪等产品均采用数字显示器。

（2）模拟式显示器 是用标定在刻度盘上的指针来显示信息，显示信息形象化、全面化、直观化。如常见的机械手表、电流表、电压表、转速表等。这类显示器的特点是能连续、动态地反映信息的变化趋势，使人对数字进程一目了然，其还能给出偏差量和偏差方向，监控的效果好，从而有利于使用者做出对数值的判断与操作，如图 6-6 所示。

图 6-6 模拟式显示器的应用

2. 按显示功能分类 按仪表的显示功能可分为读数用仪表、检测用仪表、警戒用仪表、追踪用仪表和调节用仪表。

（1）读数用仪表 是用具体数值显示机器的有关参数以及相应状态的仪表。凡要求提供准确的测量值、计量值和变化值时，宜采用此类型仪表，图 6-7 所示的是汽车上的时速表。

（2）检测用仪表 用以显示系统状态参数偏离正常值的情况。一般无须读出确切数值。这类仪表

图 6-7 读数式仪表显示装置设计

宜采用指针运动的表盘式显示器，如图 6-8 所示。

（3）警戒用仪表 用以显示机器是处于正常区、警戒区还是危险区。在显示器上可用不同颜色或不同图形符号将警戒区、危险区与正常区区别开来，如用绿、黄、红 3 种颜色分别表示正常区、警戒区、危险区。为避免照明条件对分辨颜色的影响，分区标志可采用图形符号，如图 6-9 所示。

图 6-8 检测用仪表

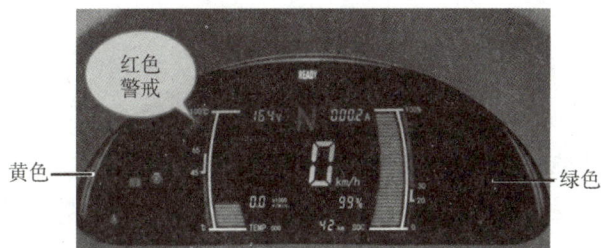

图 6-9 警戒仪表显示装置设计

（4）追踪用仪表 追踪操纵是动态控制系统中最常见的操纵方式之一，追踪用仪表根据显示器所提供的信息进行追踪操纵，以便使机器按照所要求的动态过程工作。因此，这类显示器必须显示实际状态与需要达到的状态之间的差距及其变化趋势，宜选择直线形仪表或指针运动的圆形仪表。

（5）调节用仪表 只用于显示操纵器调节的数值，而不显示机器系统运行的动态过程。一般采用指针运动式或刻度盘运动式，最好采用可由操纵者直接控制指针的结构形式，例如一些家用电器的数值调节装置。

二、仪表显示装置选择

仪表显示装置的作用是让操作人员观察、接受、理解、处理和反馈来自生产过程中的信息，对产品使用过程进行监控，进而正确操纵生产过程以达到预定的目的。以常用的视觉显示装置为例，最重要的是要使操作者能在短时间内准确地观察到数据信息。因此，选择视觉显示装置应注意以下原则。

1. 数字识读仪表的选择 这类仪表以数字直观读取为主，多利用电子管显示数据，数量识读应选择数字显示装置，它具有精度高和识读性好的优点。此外，面对儿童与老年人，宜多选用数字显示，以方便读取。具体应用有数字电压表、电阻器，电控装置上采用数码管显示的计时器，机械装置上采用的机械数字显示器、电子手表等，如图 6-10 所示。

2. 状态识读仪表的选择 状态识读仪表只需向操作者显示被测对象的参数变化状态：指示该参量

在哪一范围是正常状态，哪一范围是不正常状态；被测对象的参数是增加了还是减少了，偏离给定值的哪一侧等。因此，状态识读通常选用指针式仪表，如汽车的仪表盘、飞机和列车的操纵盘等。图6-11所示为操纵车间内的仪表装置设计。

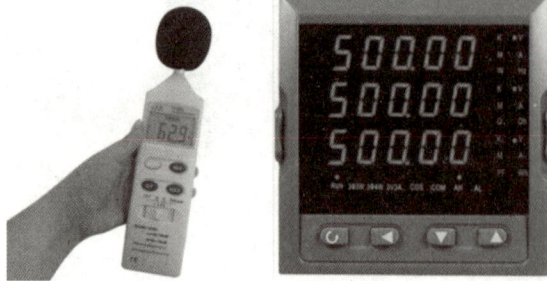

图 6-10　数字显示仪表的应用

图 6-11　操纵车间内的仪表装置设计

三、模拟式显示仪表盘设计

采用模拟式显示器，更有利于操作者迅速而准确地接受信息。对飞机驾驶员对仪表的错误反应分析表明，真正由仪表故障引起的错误反应不到10%。不少错误反应是由仪表设计不当所引起的，例如，使用多针式指示仪表，看似减少了仪表个数，实际上由于指针不止一个，增加了误读的可能性，其错误反应超过10%。因此，设计模拟式显示器应考虑的人机工程学问题是：仪表的大小与观察距离是否比例适当；仪表盘的形状大小是否合理；刻度盘的刻度划分，数字和字母的形状、大小以及刻度盘色彩对比是否便于监控人员迅速而准确地识读；根据监控者所处的位置，仪表是否布置在最佳视区范围等。

1. 仪表表盘尺寸要求　仪表表盘设计的内容包括刻度盘的形状和大小，仪表表盘的大小取决于刻度盘上标记的数量以及观察距离，这两者都会影响认读的速度和准确性。以圆形表盘为例，当表盘上的标记数量过多时，为了提高清晰度，需相应增大表盘尺寸。表盘的最佳直径与监控者的视角有关，当表盘的尺寸增大时，其刻度、刻度线、指针和字符等均增大，这样可以提高清晰度，但表盘尺寸不是越大越好，因为当尺寸过大时，眼睛的扫描路线过长，反而影响认读速度和准确性。当然，表盘尺寸也不能过小，过小会使刻度标记密集而不清晰，不利于认读，效果同样不好。

在试验中发现，当表盘直径从25mm开始增大时，认读的速度和准确性相应提高，误读率下降；当直径增加到80mm以后，认读速度和准确度开始下降，误读率上升；直径为30~70mm的刻度盘在认读的准确度上没有什么差别。因此，由最佳直径和最佳视角便可确定最佳视距，或已知视距和最佳视角便可推算出仪表表盘的最佳直径。实验结果表明，圆形表盘的最优直径是44mm。表6-1所示为圆形刻度盘直径的大小与认读速度、准确率的关系，图6-12所示为合理尺寸的表盘设计。

表 6-1　圆形刻度盘直径的大小与认读速度、准确率的关系

仪表表盘的直径/mm	眼球注视的平均数	观测刻度盘的平均时间/s	观测刻度盘的总时间/s	平均反应时间/s	读错率/%
25	2.8	0.29	0.82	0.76	6
44	2.6	0.26	0.72	0.72	4
70	2.9	0.26	0.75	0.73	12

2. 仪表表盘形状设计　表盘的形状主要取决于仪表的功能和人的视觉运动规律。以数量识读仪表为例，其指示值必须能使读者精确、迅速地识读。实验研究表明，不同形式表盘的识读率亦不同，开窗式刻度盘优于其他形式，因为开窗式仪表显露的刻度少、识读范围小、视线集中，在识读时眼睛移动的路线也短，所以，误读率低。设计开窗式仪表时，要求刻度无论转至任何位置，都能在观察窗口内至少可以看到相邻的刻度线，否则会影响精确性。圆形或半圆形表盘的识读效果优于直线表盘，因为眼睛对圆形、半圆形的扫描路线短、视线也较为集

图 6－12　合理尺寸的表盘设计

确。水平直线形优于竖直直线形的原因，是由于水平直线形更符合眼睛的运动规律，即眼睛水平运动比垂直运动快，准确度也高。图 6－13 所示为合理尺寸的仪表设计，图 6－14 至图 6－18 所示为各种形状的表盘。

图 6－13　合理尺寸的仪表设计

图 6－14　圆形表盘

图 6－15　开窗式表盘

图 6－16　半圆形表盘

图 6 – 17　水平形式表盘

图 6 – 18　垂直形式表盘

四、模拟式显示仪表刻度设计

刻度盘上刻度线之间的距离为刻度，刻度的大小根据人眼的最小分辨能力来确定。通常在人眼直接观测时，刻度的最小值不应小于1mm，当刻度小于1mm时，误读率急剧增加，因此，一般在 1 ~ 2.5mm 选取，必要时也可取 4 ~ 8mm。采用放大镜读数时，刻度的大小一般取 $1/x$mm（ x 为放大镜放大倍数）。刻度的最小值还受所用材料的限制，钢和铝的最小刻度为1mm；黄铜和锌白铜为 0.5mm。

1. 刻度线设计　识读速度、识读准确性还与刻度的大小、刻度线的类型、刻度线的宽度和刻度线的长短有关。刻度线的类型一般有长刻度线、中刻度线和短刻度线，其比例一般为 2∶1.5∶1 或 1.7∶1.3∶1。刻度线的宽度取决于刻度的大小，当刻度线宽度为刻度的 10% 左右时，读数的误差最小，一般可取刻度间距的 5% ~15%，普通刻度线通常可取 0.1mm ± 0.02mm；远距离观察时可取 0.6 ~ 0.8mm，精密刻度可取 0.015 ~ 0.1mm。刻度线长度与观测距离的关系见表 6 – 2。

表 6 – 2　刻度线长度与观测距离的关系

长线/mm	观测距离刻度/m				
	<0.5	0.5 ~0.9	0.9 ~1.8	1.8 ~3.6	3.6 ~6
长刻度线	5.5	10	20	40	67
中刻度线	4.1	7.1	14	28	48
短刻度线	2.3	4.3	8.6	17	29

图 6 – 19　表盘刻度及刻度线设计

刻度方向是指刻度值的递增顺序方向，通常根据显示信息的特点及人的视觉习惯来确定。刻度方向必须遵循视觉规律，水平直线型应从左至右；竖直直线型应从下到上；圆形刻度应按顺时针方向安排数值。图 6 – 19 所示为表盘刻度及刻度线设计。

2. 刻度标数　仪表上的刻度必须标上相应的数字，才能使人更好地认读，并且数字在刻度盘上的位置应与观察者的视觉习惯相适应，尽量做到清晰、明了和方便认读。刻度单位是定量显示数值的表示方式，每一刻度值所代表的测量值应尽量取整数，避免采用小数或分数；必要的时候可以利用放大镜，以方便使用者读取数值，如图 6 – 20 和图 6 – 21 所示。

在刻度盘上标度数字应遵守下述原则：一般情况下最小刻度不

标数,最大刻度必须标数。指针运动盘面固定的仪表所标注的数字应直排;盘面运动指针固定的仪表标注的数字应辐射定向安排;指针在仪表面内侧时,如果仪表盘面空间足够大,则数字应在刻度的外侧,以避免被指针挡住;指针在仪表外侧时,数字应标在刻度的内侧;开窗式仪表的窗口应能显示出被指示的数字及相邻的两个数字,标数应顺时针辐射定向安排。为了不干扰对显示信息的识读,刻度盘上除了刻度线和必要的字符外,一般不加任何附加装饰。

图 6-20 表盘刻度与标数设计

图 6-21 表盘刻度与标数设计(带放大镜)

五、模拟式显示仪表指针设计

指针是仪表不可缺少的组成部分,其功能是用于指示所要显示的信息。为了使操作人员能准确而迅速地获得信息,指针的大小、宽窄、长短和色彩等必须符合操作人员的生理与心理特征。图 6-22 所示为常见指针形状。

1. 指针长度 在刻度指针式仪表中,指针可分为运动指针和固定指针。指针长度如过长,覆盖了刻度会不利于读数;当然也不宜过短,否则会使指示不准确。通常指针端点距刻度线为 1.6mm 左右,指针与刻度盘面的距离不宜过大,否则视线与刻度盘面不垂直时会产生视差和误读,影响认读准确性。

2. 指针形状 应以明确、简单为好,指针尖部宽度要与最细刻度线相对应,如图 6-23 所示。

图 6-22 常见指针形状

图 6-23 指针形状

六、模拟式显示仪表字符设计

仪表刻度盘上印刻的数字、字母、汉字和一些专用的符号统称为字符。由于刻度的功能通过字符来传达信息，字符形状、大小和位置又直接影响着识读效率，因此字符的设计应力求清晰地显示信息，给人以深刻的印象。

1. 字体设计 字体是数字式显示仪表设计中的主体内容，字体的形状、大小及与其他因素的相互关系都是影响认读的重要因素。字体的形状应尽量简明易认，使用拉丁或英文字母时，一般情况应用大写印刷体。使用汉字时，最好是仿宋字和黑体字的印刷体。因为这些字体都比较规整、清晰，容易辨认。

字体的大小也直接影响辨认效率，字体所占面积越大，所占视角也越大，单个字的辨认效率较优。但是面积太大，占用空间也就越大，许多字组合在一起时，辨认效率反而会下降，所以字体的大小应适当。

字体的高度与宽度之比一般可采用3∶2～5∶3的比例，这种比例的字形在正常照度下易辨认，若在暗光线下采用发光字体时，则用1∶1的方形字为好，并配以光线照明。

当字体的大小确定后，笔画的宽度可根据不同的照度条件、对比度、认知度及精确度的要求来确定。照明较强时，笔画可稍宽，反之则应细一些；黑底白字和发光字体的笔画可稍细。此外，进行字符形体设计时，为了使字符形体简明醒目，必须加强各字符的特有笔画，突出"形"的特征，避免字体的相似性。如图6-24所示，"3"字的设计，图（a）与图（c）的3与8很接近，易产生混淆；图（b）的3不易与8混淆，但不易确认；相比之下，图（d）中的数字既不易混淆，又便于确认。图6-25所示为数字字体设计，表6-3所示为通常字体与仪表字体的字体特征。

表6-3 字体的特征

字体名称	字体	白天平均误读率（相对）	照明条件下误读率（相对）
通常字体	正体数字	100%	163.3%
仪表字体	斜体数字	36.7%	117.5%

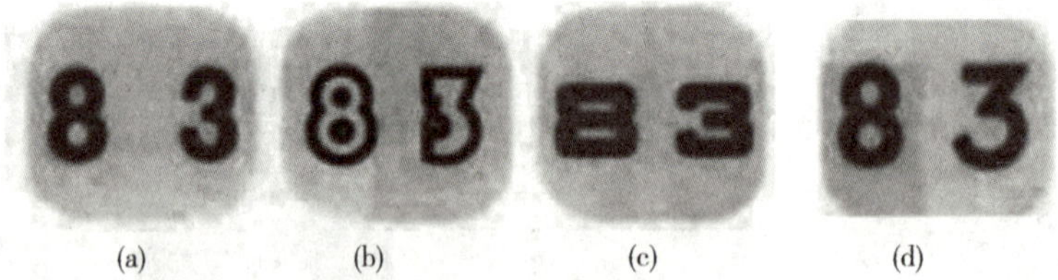

图6-24 表盘字符设计

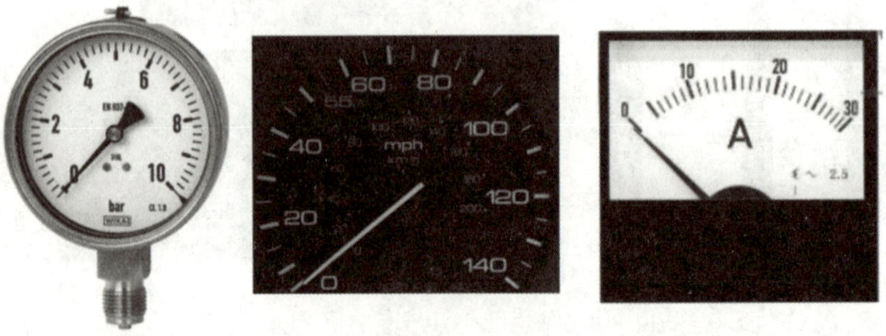

图6-25 数字字体设计

2. 字符的比例　要注意合理、舒适，使人能准确观察到字符信息。笔画宽与字高之比还受照明条件的影响，其比值的推荐值见表 6 – 4。表 6 – 5 所示为适用于仪表盘的字符大小参考值。

表 6 – 4　不同照明条件和对比度下字体的粗细

照明条件和对比度	字体	笔画宽与字高的比值
低照度	粗	1：5
字母与背景的明度对比较低	粗	1：5
明度对比值大于 1：12（白底黑字）	中粗至中	1：8 ~ 1：6
明度对比值大于 1：12（黑底白字）	中至细	1：10 ~ 1：8
黑色字体位于发光的背景上	粗	1：5
发光字体位于黑色的背景上	中至细	1：10 ~ 1：8
字母具有较高的明度	极细	1：20 ~ 1：12
视距较大，而字母较小	粗至中粗	1：6 ~ 1：5

表 6 – 5　适用于仪表盘的字符大小参考值

字符的性质	低照度下（最低 0.1cd/m^2）	高照度下（最低 3.4cd/m^2）
重要的（位置可变）	5.1 ~ 7.6	3 ~ 5.1
重要的（位置不变）	3.6 ~ 7.6	2.5 ~ 5.1
不重要的	0.2 ~ 5.1	0.2 ~ 5.1

七、仪表色彩匹配

刻度盘、指针、数字之间的色彩匹配关系要以提高人眼的视觉认知度为原则。配色要求醒目、条理性强，避免颜色过多而造成混乱，同时还要充分考虑仪表在使用过程中与环境之间配色协调，使总体效果舒适、明快。

为了精确地读取数值，指针、刻度线和字符的颜色应与刻度盘的颜色有鲜明的对比，即选择最清晰的配色，避免模糊的配色。墨绿色和淡黄色仪表盘面分别配上白色和黑色的刻度时，其误读率最小。而灰黄色仪表盘面配白色刻度线时，其误读率最大，不宜采用。此外、大刻度线和小刻度线的颜色不同时，则较容易读取。表 6 – 6 所示为颜色的搭配与清晰程度。

表 6 – 6　颜色的搭配与清晰程度

序号	清晰的配色									
	1	2	3	4	5	6	7	8	9	10
背景色	黑	黄	黑	紫	紫	蓝	绿	白	黑	黄
主体色	黄	黑	白	黄	白	白	白	黑	绿	蓝
背景色	黄	白	红	红	黑	紫	灰	红	绿	黑
主体色	白	黄	绿	蓝	紫	黑	绿	紫	红	蓝

八、产品仪表显示的总体设计原则

1. 仪表的总体布局

（1）仪表板面的认读范围　根据试验，人在距离仪表板面为 800mm 视距情况下，当眼球不动，水平视野 20° 范围内为最佳认读范围，其正确认读时间为 1 秒左右；当水平视野达到 24° 以后，正确认读时间急剧增加，因此 24° 以内为最佳认读范围。在认读范围超过 24° 时，需转动头部或眼球，正确认读时间达6秒左右。仪表的分区布置原则是，一般常用仪表应布置在20°～40°范围内；最重要的仪表应设置在视野中心3°范围内，40°～60°范围内允许设置次要仪表；80°范围以外不设置仪表。

（2）仪表板面的布局形式 为了使仪表显示的信息能最有效地传达给人并减轻疲劳，在仪表板面的总体布局上应使每个仪表都处在人视野观察的最佳位置上，并且尽量保持视距相等。因此在设计仪表板面布局的总体形式时，应当考虑使观察者尽量少运动头部或眼睛，更不必移动座位就可方便地认读全部仪表。当仪表数量较少时，可采用直线排列；当仪表数量较多时，可采用弧形排列或弯折形排列。

2. 仪表的总体排列原则 当多个仪表同时排列在同一板面时，应注意以下事项。布局图例如图6－26所示。

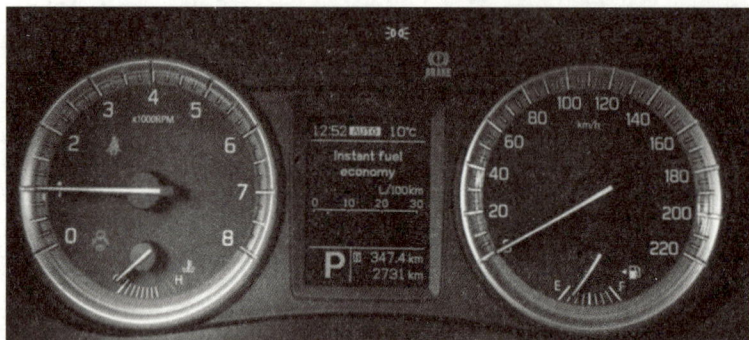

图6－26 仪表表盘总体布局图例

（1）仪表之间距离不宜过大，以便缩小搜索视野的范围。

（2）仪表的空间排列顺序应与它在实际操作的使用顺序一致，并与它们之间的逻辑关系相一致。

（3）较多仪表排列时，应根据不同的功能划分区域，以利于显示的信息明确、清楚、高效。

（4）仪表的排列规律应适应人的视觉运动特征，如水平运动比垂直运动幅度快，因此仪表水平排列范围可宽于垂直排列范围。

（5）仪表零点位置要一致，即同一板面仪表群体在无信号或正常状态下，其指针的方位应统一，这样当其中一个仪表显示信号时，有利于操作者及时发现。

（6）仪表的排列还应与操纵和控制它们的开关和旋钮等保持相互对应的关系，以利于操纵与显示的相合。

第三节 信号显示设计

一、信号显示特征及作用

视觉信号是指由信号灯产生的视觉信息，其特点是面积小、视距远、视觉效果强烈、引人注目。但信息内容有一定限制，操作者要能够理解其含义，因此当信号过多时会引起视觉信息杂乱和视线干扰。

信号显示有两个作用。

1. 指示作用 即引起操作者的注意，提示操作，具有传递信息的作用。

2. 显示工作状态 即反映机器设备操作指令、某种操作模式或某种运行过程的执行情况。在大多数情况下，一种信号只用来指示一种状态或情况，例如，进行设备信号设计时，警示信号灯用来指示操作者注意某种不安全因素；故障信号灯则指示某一机器或部件出了故障等。要利用灯光信号来很好地显示信息，就应按人机工程学的要求和规范来设计信号灯。图 6 - 27 所示为信号指示灯设计。

图 6 - 27 信号指示灯设计

二、信号显示色彩设计

信号可以通过不同的颜色达到显示各种状态的目的。这些颜色的使用是一种习惯的形象化，并逐渐形成了一定的规范。

红色表示危险、警戒、禁止、停顿或指示不安全情况，要求立即处理的状态。

黄色表示提醒、警告，表明条件、参数、状态发生变化或变得危险及临界状态。

绿色表示安全、正常工作状态或停止状态，还可表示机器的预置状态和准备状态。

蓝色表示某些参数的特殊作用，而这些参数在上述的颜色中没有表达出来，蓝色也常与其他颜色配合使用。

白色一般不专门表明任何一种特殊功能和作用。

除可用颜色表明各种状态外，还可配以必要的图形和文字加以综合说明，如配以表示"禁止""前进""后退""通行""暂停"等的图形或文字，如图 6 - 28 和图 6 - 29 所示。

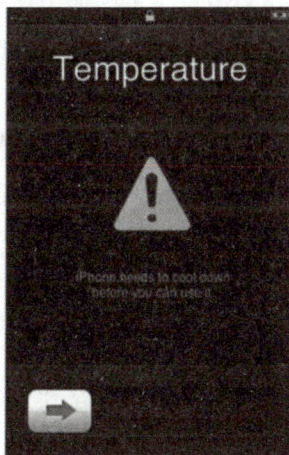

图 6 - 28 电子产品信号灯设计

图 6 - 29 操作信号灯设计

三、信号灯的位置

信号灯应布置在良好的视野范围内，便于观察者发现信号，避免必须转头或转身才能发现的情况。当显示装置的板面上有多个仪表和信号显示时，应按功能的重要程度合理区分，并避免仪表与信号灯之间的互相干扰。如强亮度的信号灯应离弱照明的仪表远些，以免影响对仪表的认读。当必须靠近时，信号灯的亮度与仪表照明的亮度相差不应过大。当有多个信号灯同时使用时，应尽量对主要信号和次要信号加以区分。

四、闪光信号

闪光信号较之固定光信号更能引起注意。闪光信号通常应用在以下 4 个方面：指示操作者紧急采取行动；反映不符合指令要求的信息；用闪光的快慢表示机器运行速度；用以指示警戒或危险情况等。

🔗 知识链接

视觉特性与显示设计

人的视觉具有一定的特性，如视敏度、视野范围、颜色感知等。在产品显示装置设计中，需要考虑这些特性。

1. 视敏度　选择合适的字体大小、线条粗细和图形清晰度，确保用户能够轻松看清显示内容。例如，在老年人使用的产品中，应采用较大的字体和高对比度的显示。

2. 视野范围　将重要信息放置在用户的中央视野范围内，以便快速获取。同时，避免在视野边缘放置关键信息，以免被忽略。

3. 颜色感知　利用颜色来区分不同类型的信息，但要注意避免使用过于相似或难以区分的颜色组合。例如，红色通常用于表示警告，绿色用于表示正常状态。

第四节　产品显示装置设计的基本原则

1. 准确性原则　设计显示装置的目的是使人能准确地获得需要的信息，正确地操作机器设备，保证安全，避免事故。因此要求显示装置的设计，尤其是数量认读的显示装置的设计应尽量做到读数精确。读数的准确性可通过类型、大小、形状、颜色匹配、刻度、标记等要素合理科学地搭配来实现。

2. 简洁性原则　简洁是数据认读的重要因素，为了读数迅速、准确，显示装置应尽量以简单明了的方式显示所传达的信息，传递信息的形式应尽量直接表达信息的内容，以减少在认读过程中出现错误，这就要求产品的界面大方简洁，不要用无用的装饰干扰操作者视线。

3. 一致性原则　要使指示过程符合人的习惯，一般选用顺时针方向，显示器的指针运动方向与机器本身或其控制器的运动方向一致，可恰当配以符号、色彩、图形等元素。例如，显示器上的数值增加，就表示机器作用力增加或设备压力增大；显示器的指针旋转方向应与机器控制器的旋转方向一致。此外，应尽量使信息显示符合更多国家、地区或行业部门的标准和习惯。

4. 排列性原则　显示器的装配位置或几种显示器的排列位置也需认真考虑，应遵循以下原则。

（1）最常用的和最主要的显示器尽可能安排在视野中心，在此范围之内，人的视觉效率最优，最能引起人的注意，也最符合人的视觉习惯。

（2）当显示器很多时，应该具有主次效应，要按照它们的功能分区排列，区域之间应有明显的界线。

（3）不同的显示区域应尽量靠近，以缩小整体视野范围，使重点区域集中紧凑。

（4）显示器的排列应当适合人的视觉特征。例如，人眼的水平运动比垂直运动快，因此显示器的水平排列范围应比垂直方向大，可以形成一个椭圆形的大型仪表盘，使各仪表都能面向操作人员，提高读数的准确程度。此外，要达到好的视觉效果，在光线暗的地方，必须安装合适的照明设备。

目标检测

答案解析

一、选择题

1. 刻度盘指针式显示属于（　）

    A. 屏幕式显示　　　　　　　　　　　　B. 直接显示

    C. 模拟显示　　　　　　　　　　　　　D. 数字显示

2. 温度计、速度计均属于（　）

    A. 屏幕式显示　　　　　　　　　　　　B. 定量显示

    C. 定性显示　　　　　　　　　　　　　D. 警告性显示

3. 下列不属于显示器设计原则的是（　）

    A. 可见度高对观察距离、观察角度、显示符号的大小，给以最佳的处理

    B. 明显度高使之醒目，消除背景干扰，提高区别能力

    C. 忽略少部分视力缺陷者（如视弱、色弱者）

    D. 阐明力强在所处环境中显示的意义明确，推断准确可靠，掌握容易

4. 作为定量显示，在静态显示的条件下（　）误读率较低，而且认读需占用的时间也较短

    A. 刻度盘显示　　　　　　　　　　　　B. 动态显示

    C. 指针式模拟显示　　　　　　　　　　D. 数字显示

5. 在设计语言传示装置时，一般不予考虑（　）

    A. 语言的清晰度　　　　　　　　　　　B. 语言的强度

    C. 噪声对语言传示的影响　　　　　　　D. 地域性口音

6. 对于远视距下，为保证在日光亮度和恶劣气候条件下清晰可辨，可选用的信号灯是（　）

    A. 红光　　　　　　　　　　　　　　　B. 白光

    C. 黄光　　　　　　　　　　　　　　　D. 彩色光

二、简答题

1. 举例说明图形符号的分类及作用，以及图形符号在产品设计中的应用。

2. 产品显示装置是如何进行分类的？每一类别的具体特点是什么？

3. 模拟仪表设计对表盘有哪些要求？

4. 产品信号显示的特征及作用是什么？

书网融合……

本章小结

第七章 工作台椅与家具设计

学习目标

1. **掌握** 人机工程学与家具设计。
2. **熟悉** 人机工程学与坐功能家具关系，与床具设计关系，与凭倚类家具关系，与储藏类家具关系。
3. **了解** 各种家具的基本尺寸，功能尺寸。
4. 在设计各类家具时，能熟练准确地运用人机工程学原理设计家具尺寸，选择合适的材料及设计合理的使用功能。

⇒ 案例分析

实例 人体工学办公椅的椅背采用了符合人体脊柱曲线的设计，能够为腰部和背部提供良好的支撑。座椅高度可调节，适应不同身高的使用者。扶手也可以根据需要进行高度和角度的调整，让手臂在工作时更加舒适。座椅材质选用透气的网布，减少长时间坐着带来的闷热感。

问题 如何进一步优化办公椅的腰部支撑力度，以适应不同体型的用户？怎样提高办公椅扶手的调节灵活性？

第一节 办公与工作台设计

办公家具是为日常生活工作和社会活动中为办公者或工作方便而配备的用具。设计中应注重自由、隐私、功能、简便、人机工学之间的平衡。

一、办公台的设计原则

办公家具设计是一种设计活动，因此它必须遵循一般的设计原则。"实用、经济、美观"是适合于所有设计的一般性准则。办公家具设计又是一种区别于其他家具类型（如餐桌、普通休息椅）的设计，因此办公家具设计的原则具有其特殊性。归结起来，主要有如下几点。

（1）按人体工效学的要求指导人机界面、尺度、舒适性、宜人性设计，避免设计不当带来的疲劳、紧张、忧患、事故，以及各种对人体的伤害。

（2）从设计学理论出发，遵循一定的设计理念、设计思想进行设计，体现设计的社会性和文化性。

（3）办公家具遵从力学、机械原理、材料学、工艺学的要求指导结构、运动、零部件形状与尺寸、零部件的加工等设计，为人们提供一个舒适可靠的办公环境。

（4）正确处理艺术、技术、功能、造型、材料、工艺、物理、心理、市场、环坡、价浪、效益等诸多问题。

（5）设计满足市场需求的多样性、人的需求层次和活方式的变化、消费观念的改变等问题，分别开发适销对路的产品。

（6）办公家具没有最好的设计，只有最适合的设计。

办公家具设计虽然最终反映出来的结果是家具产品，但设计过程中所涉及的问题却是多方面的。因此，设计师必须以系统的、整体的观点来对待设计。

二、常见办公台面的种类

因工作岗位的不同，各领域中产生了多种工作台的组合形式，常见的有立式工作台、平板式工作台和组合式控工作台；按照操作形式的不同又分为控制台和办公台。控制台主要用来监控和生产，办公台则主要用来满足人们日常办公事务的处理和书写等工作。

1. 常见控制台类型　按照组合的类型可以分为桌式、直柜式和组合式控制台三种类型（图7-1）。桌式控制台的结构简单，台面较大，视野开阔，光线充足，操作方便，适用于显示、控制器件数量较少的控制；直柜式控制台控制简单，台面较大，视野效果较好，适用于显示、控制器件数量较多的控制，一般多用于无须长时间连续监控的控制系统；组合式控制台的组合方式变化较多，有台与台、台与箱、台与柜以及控制台与操作台等的组合方式，具体要视控制室功能要求和平面布局确定。

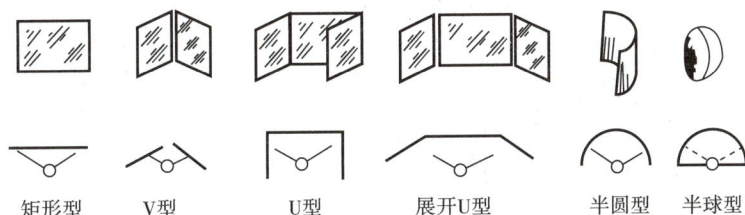

矩形型　　　V型　　　　U型　　　　展开U型　　　半圆型　　半球型

图7-1　显示面板的型式

2. 常见操控台类型

（1）控制类控制台　主要用于机器的运行控制，强调机器的正常运行和正确的状态显示，注重操纵与显示的相合性设计。例如驾驶室控制台的设计。

（2）监控类控制台　主要用于对远程空间或设备的远程观测和控制。这类控制侧重空间环境状态的记录和显示设计。例如空间站、监控室。

办公台主要用于一般办公人群的书写及文件等事务的处理工作。例如办公桌、绘图桌、电子化办工台。

三、控制台的设计

（一）控制台设计的步骤

1. 确定控制台的类型　依据控制台的功能形式来确定工作台面的类型。

2. 显示屏幕设计　控制台作业面尺寸的设计、显示屏形式的选择以及干涉点的高度设计。

3. 台面尺寸设计　台面的尺寸主要取决于功能的组合、人员数量、控件及显示数量等。主要台面尺寸包括工作面的高度和工作面的宽度及角度。

（二）控制台设计的要素

1. 作业面高度设计　桌面高度不一定等于工作面高度，因为工作物本身可能也有一定高度，如打字键盘。一般设为，手在身前工作时，肘部自然放下，手臂内收成直角时，作业速度最快。研究表明：

最佳工作面高度在人肘下 76mm（50～100mm）处。

（1）当站立作业时　站立作业最佳工作面在肘下 50～100mm 处，男女平均肘高为 1050mm、980mm，因此作业面高度男 900～950mm，女 850～950mm，取均值，第 50 半分位数通用值，即 900mm。同时作业面高度还受作业性质影响（精密及大体力工作）。

（2）当坐姿作业时　一般坐姿作业面高度应在坐姿肘高下 50～100mm 处，同样在精密作业时，作业面高度必须增加，这是由于此作业要求手、眼之间的精密配合。例如：打字机工作面最低高度＝膝盖高＋活动空隙＋工作面厚，其中活动空隙在 50～70mm。一般打字机工作面高度男性在 68cm，女性在 64cm；普通作业面高度一般为男性 74～78cm，女性在 70～74cm。图 7－2 为一般工作台面的高度设计。

（3）当坐、立交替作业时　这种作业符合生理学和矫形学，坐姿解除了站立时人的下肢肌肉负荷，而立姿可放松坐姿引起的肌肉紧张，所以坐立交替可解除部分肌肉的负荷，提高效率。

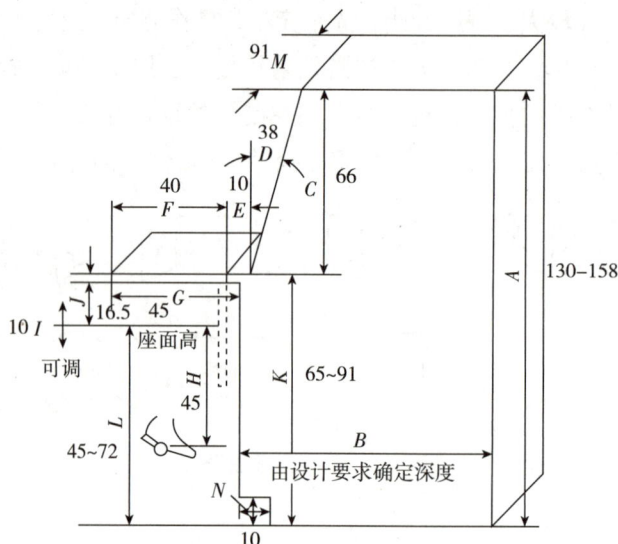

图 7－2　一般工作台面的高度设计（单位：cm）

2. 作业面设计　图 7－3 是较为方便舒适的显示控制作业面。该图是基于第 2.5 百分位的女性作业者人体测量学数据做出的。根据图中阴影区域的形状来设计控制台，可使得操作者具有良好的手－眼配合协调性。

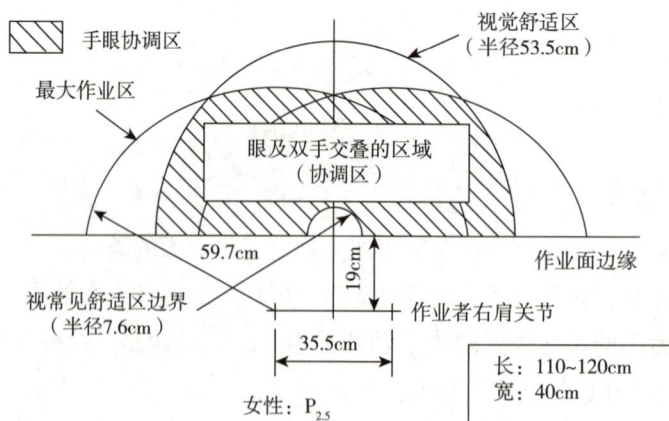

图 7－3　桌面手眼协调区

3. 作业面角度设计　人头的姿势要舒服，视线与水平线之间应有一定的夹角，站立时为 23°～34°，

坐姿时 $32° \sim 44°$。实际的头倾斜角度为坐姿 $17° \sim 29°$，站姿 $8° \sim 22°$。视线倾角的角度包括头的倾斜和眼球转动两个角度，但在实际生活中，由于设备的原因，头的姿势很难保持在这一角度，因此出现了作业面倾斜的设计（图 7-4）。特别是作业面过低时，由于人的头不可能出现 $30°$，人不得不增加躯体的弯曲度，所以倾斜桌面有利于保持躯干自然姿势，避免弯曲过渡。

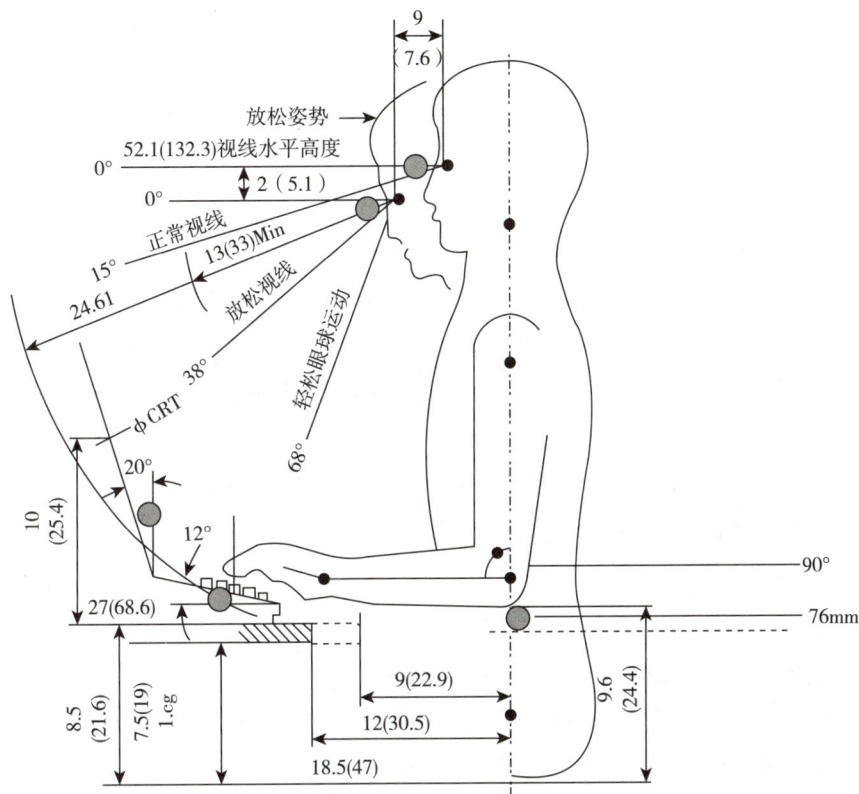

图 7-4　作业面高度

（1）相合性设计　显示与操控的相合性设计。

（2）可调节设计　作业面的可调、作业面的宽度可调、键盘的斜面可调。

四、办公台的设计

（一）办公台的类型确定

随着现代化办公电子设备的更新和完善，逐渐形成了以电子化办公为主的办公室。设计该类办公台需要首先确定各类电子设备的数量和种类，这些设备主要包括信息处理机、电子计算机、复印机、传真机、视频会议系统等电子化处理办公设备。

（二）办公台的尺寸设计

1. 桌面的高度　桌面过高使人难受，它还是引起青少年近视的原因之一。桌面过低，则工作时脊柱曲度过大，腹部受压，妨碍呼吸和有关部位的血液循环，颈椎弯曲尤其厉害。桌高的确定方法：桌高 = 坐高 + 桌椅高度差（桌高 $700 \sim 760\text{mm}$）。

例　所有中等身材男子、女子书写用桌的桌高如下：

$$书写用桌高 = 座高 + C = 座高 + （坐高/3） - 20\text{mm}$$

对于第 50 百分位数身高男子，座高$_{50男}$ = 422mm，坐高$_{50男}$ = 908mm；

对于第 50 百分位数身高女子，座高$_{50女}$ = 386mm，坐高$_{50女}$ = 852mm（请注意"座高"与"坐高"的区别）。

因此，书写用桌高$_{50男}$ = $[422 + (908/3) - 20]$mm = 705mm

$$书写用桌高_{50女} = [386 + (852/3) - 25]mm = 655mm$$

因办公桌与书写专用桌略有区别，也难以区分男用或女用。GB/T 3326—1982 规定桌高范围为 H = 700 ~ 760mm，极差 ΔS = 20mm。

2. 中屉深度设计　桌高降低到 700 ~ 760mm，使中间抽屉（简称中屉）高度减小（80 ~ 100mm）。

桌椅高度差的尺寸组成为：

$$a = b + x + c + d + e + f$$

式中，a 为桌椅高度差；b 为桌子面板的厚度；x 为中屉的高度；c 为中屉底板的厚度；d 为坐姿人体尺寸"表 2 - 3 中的坐姿大腿厚度"；e 为穿衣修正量；f 为中屉下面大腿的（小幅度）活动空间。

对于中等身材男子，应该有：$a = [(908/3) - 20]$mm = 283mm，d = 130mm，设取 b = 20mm，c = 10mm，$e = (2 * 6mm)$ = 12mm，f = 30mm，于是得到：

$$x = [283 - 20 - 10 - 12 - 130 - 30] = 81mm$$

可见新式办公桌的中屉高度仅 80mm 左右，相当浅。

3. 办公桌的宽度设计

（1）双柜写字台长　1200 ~ 1400mm，宽 600 ~ 750mm。

（2）单柜写字台长　900 ~ 1200mm，宽 500 ~ 600mm。

长度极差为 100mm，宽度极差为 50mm，一般批量生产的单件产品均按标准选定尺寸，但对组合框中的写字台和特殊用处的办公桌不受此限制。例如：餐桌、会议桌以人均占周边长为准进行设计，一般人均占 550 ~ 580mm，较舒适为 600 ~ 750mm（注：男最大肩宽 95 百分位为 469mm）。

4. 桌下净高的尺寸设计　桌下净高应高于双腿交叠起时的膝高，并留有一定的活动余量，如有抽屉，抽屉不可太厚，桌面到抽屉底距离不应超过桌椅高差的 1/2（一般抽屉厚 120 ~ 150mm）。桌下容膝空间净高大于 580mm，净宽大于 520mm（男膝高 95 百分位为 532mm）。

5. 立式用桌的尺寸设计　如收货柜台、讲台、服务台，立式用桌下面可以不设容膝空间，因此桌下可用于储藏柜用，但底部应设有容脚空间，以利于人紧靠桌台的需要，这个容足空间高为 80mm，深为 50 ~ 100mm。

（三）办公台的可调设计

由于实际上并不存在符合平均尺寸的人，即使身高和体重完全相同的人，其各部位的尺寸也有出入，因此，在办公台的设计中按照人体尺寸平均值设计的话，必须给予可调节的尺寸范围，如图 7 - 5 所示办公桌的几个可调节范围。

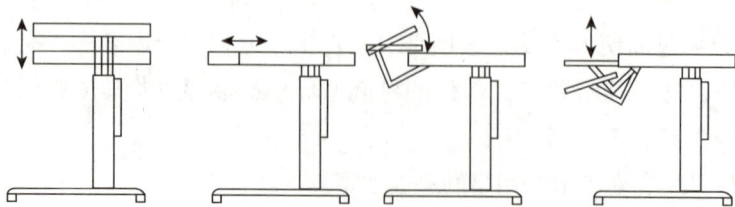

图 7 - 5　可调节办公台设计

(四) 办公台的组合设计

采用现代办公设备和办公家具，即意味着办公室内部的重新布置，因而要求办公室隔断、办公单元系列化、办公台易于拆卸、变动灵活等特点。为适应这些要求，电子化办公台大多设计成拆装灵活方便的组合式。图 7-6 所示为单位与多位的办公组合式设计示意图和布置图。

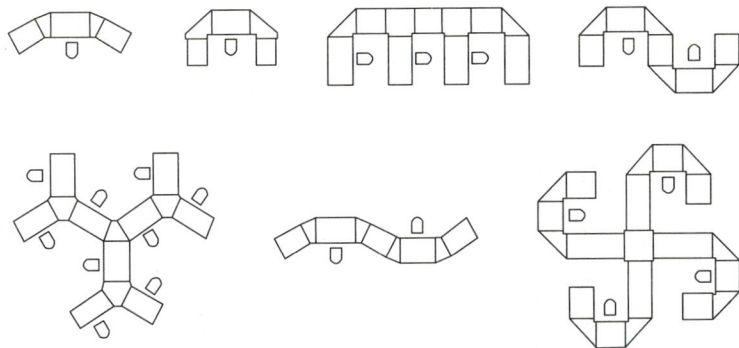

图 7-6　组合式办公台

第二节　工作座椅设计

目前，大多数办公室人员、脑力劳动者、部分体力劳动者都采用坐姿工作。随着技术的进步，愈来愈多的体力劳动者也将采取坐姿工作，因而工作座椅设计和相关的坐姿分析日益成为人机工程学工作者和设计师们关注的研究课题。坐姿时不仅可免除人体足踝、腰部、臀部和脊椎等关节部位受到静肌负荷，还可以减少体能消耗，消除疲劳，有利于血液循环和身体稳定。

一、工作座椅设计概述

工作座椅是供坐姿工作人员使用的一种由支架、腰靠、坐面等构件组成的坐具。可以分为一般工作场所坐姿操作人员使用的工作座椅（含计算机房、打字室、控制室、交换台等场所），以及用于办公室和家庭的办公用椅，不包括用于生产设备上的固定式工作座椅、驾驶员座椅和在狭小作业空间使用的工作座椅。

二、工作座椅设计要素

(一) 座椅的生理学设计

人类脊柱由 33 块椎骨、借韧带、关节及椎间盘连接而成。其中脊柱可分为为 5 个区段（图 7-7），包括颈椎 7 块，胸椎 12 块，腰椎 5 块，骶骨、尾骨共 9 块。脊柱上端承托颅骨，下联髋骨，中附肋骨，并作为胸廓、腹腔和盆腔的后壁。脊柱同时具有支持躯干、保护内脏、保护脊髓和运动的功能。

1. 与脊柱与椎间盘有关的设计　脊椎骨之间的软组织称为椎间盘，全部椎间盘的厚度约占脊柱总长度的 1/4，其中腰椎间盘最厚，所以腰椎活动度较大（图 7-8）。

2. 与坐姿脊柱形态有关的设计　人直立时，脊柱处于正常生理弯曲状态，应注意的形态特征是腰椎向前凸出的弧形，曲度较大。坐姿时，会引起整个脊柱形态的改变，腰椎变化最大，这时若座椅有靠背且有一定的后仰角度，使整个身体重量较多的由靠背分担，则脊柱变化对舒适度的影响减缓（图 7-9）。

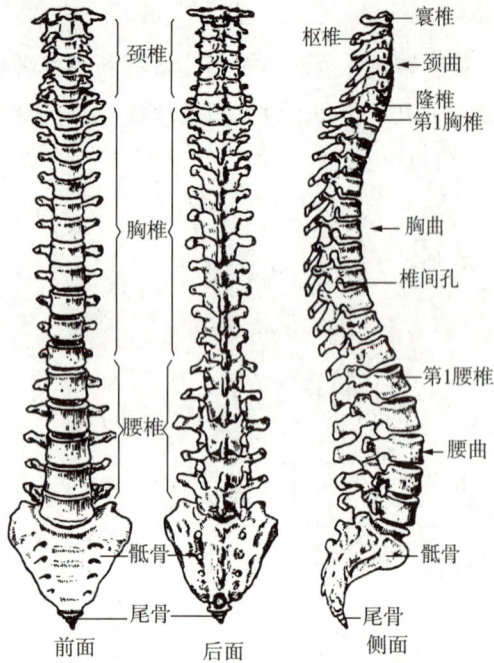

图7-7　脊柱的形状及组成

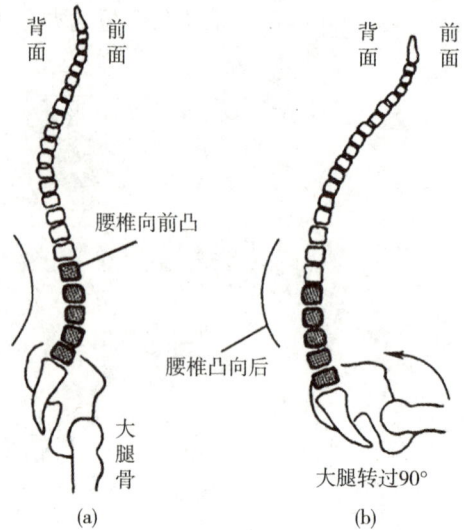

图7-8　人立姿和坐姿下的腰椎曲线

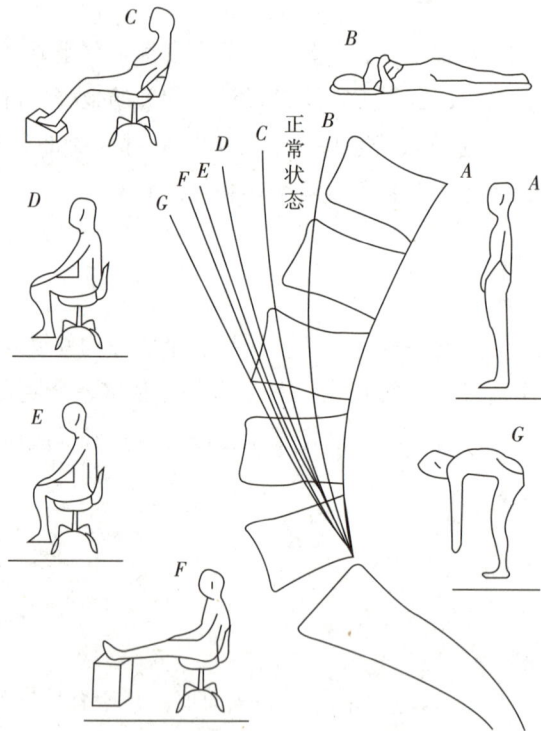

图7-9　各种不同姿势下所产生的腰椎曲度

设计时应注意以下问题。

（1）腰椎的过分后突或前突　正常的腰弧曲线是微微前凸。为使坐姿下的腰弧曲线变形最小，座椅应在腰椎部提供所谓两点支撑。由于第5、6胸椎高度相当于肩胛骨的高度，肩胛骨面积大，可承受较大压力，所以第一支撑应位于第5、6胸椎之间，称其为肩靠。第二支撑设置在第4、5腰椎之间的高度上，称其为腰靠，与肩靠一起组成凸形状。无腰靠或腰靠不明显将会使正常的腰椎呈图7-10中所示的后凸形状。而腰靠过分凸出将使腰椎呈图 7-11 中所示的前凸形状。腰椎后凸或过分前凸都是非正常状态，合理的腰靠应该是使腰弧曲线处于正常的生理曲线。

（2）肌肉活动度的增加　脊椎骨依靠其附近的肌肉和腱连接，椎骨的定位需借助肌腱的作用力完成，一旦脊椎偏离自然状态，肌腱组织就会受到相互压力（拉或压）的作用，使肌肉活动度（活动量）增加，招致疲劳酸痛。实验结果表明，在挺直坐姿下，腰椎部位肌肉活动度高，因为腰椎前向拉直使肌肉组织紧张受力。在提供靠背支承腰椎后，活动力则明显减小；当躯干前倾时，背上方和肩部肌肉活动度高，而以桌面作为前倾时手臂的支承并不能降低活动度。

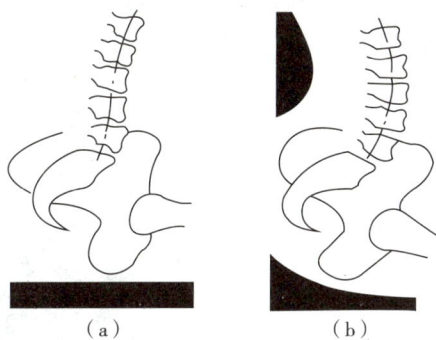

图 7-10　腰椎后凸和前凸

3. 与坐姿下体压分布有关的设计

（1）椅面上臀部与大腿的体压　坐姿时，由人体骨盆下两个粗大健壮的坐骨承受坐姿大部分体压比均匀分布更加合理。但当压力过于集中时，就会阻碍血流循环，局部神经末梢受压过重，导致腿部酸胀麻木。需设计改进的主要因素有椅面的软硬、高低、倾角及坐姿等（图 7-11）。

（2）与腘窝压力有关的设计　大腿至小腿的血管和神经都要从腘窝经过，并且离体表较近，因此腘窝是对体压敏感的部位，此处受压时小腿麻木，应避免。座面过高/过低都会造成压力（图 7-12）。

设计要点：增加座面前边缘的倾斜设计或弹性设计。

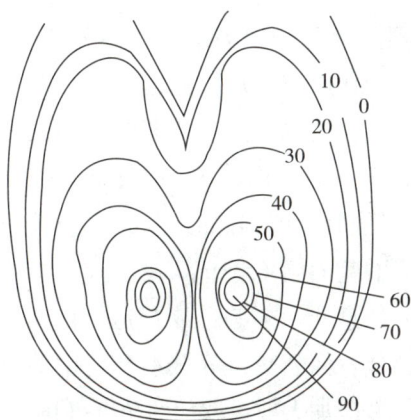

图 7-11　体压分布曲线（单位：10^2Pa）

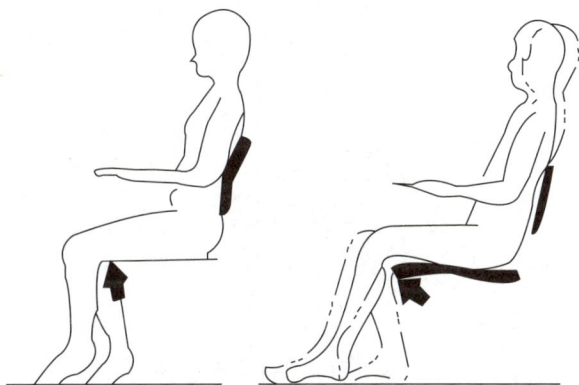

图 7-12　腘窝造成受压的原因

4. 与坐姿下股骨、背肌等有关的设计

（1）股骨与座面形状　椅面形状过于贴合下凹，会使股骨上移，髋部肌肉受压（图 7-13）。

（2）肩部与扶手高度　扶手过高或过低，会造成肩部耸起或够不到，导致肌肉紧张，引起酸痛（图 7-13）。

（3）小腿的支撑与背肌　当上身前倾时，小腿部位给予支撑，会有效缓解对大腿的压力和背肌紧张，且能轻松实现身体平衡。

5. 与座面有关的设计
主要是椅垫的生理学设计，包括椅垫的软硬性能和椅垫材质对于体肤的生理舒适性。其中在椅垫的软硬性能设计中，首先应注意硬椅面会使局部体压过大，软椅面会使体压过于平衡，不利于通过活动进行生理调节。其次是椅垫材质的生理舒适性，包括椅垫的皮肤触感和椅垫的微气候条件，如材料应透气良好，保持皮肤干燥，保温性适当，表面不过于光滑，触感好。

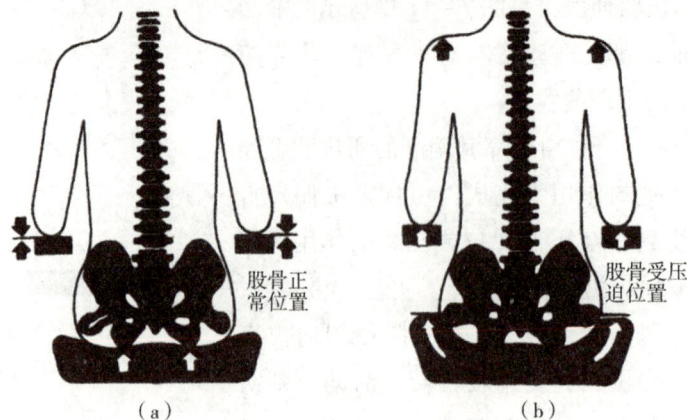

图7-13　座面对股骨的影响

（二）座椅的尺寸设计

1. 座面（前缘的）高度

（1）工作座椅　设计要点：大腿水平，小腿垂直；腘窝不受压力；臀部边缘至腘窝间应在椅面获得"弹性支撑"。符合上述要求的座椅高为：坐姿腘窝以下10～15mm。中国男女通用的工作座椅调节范围：346～457mm。一般工作座椅高400mm。

（2）其他座椅　依据舒适程度，从会议用椅、影剧院椅、候车室椅、公园休闲椅、沙发、安乐椅、躺椅，座高可依次降低。

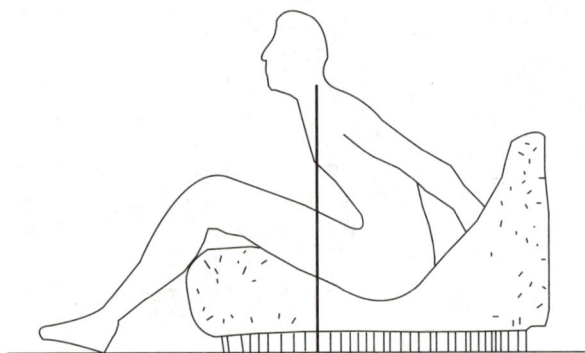

图7-14　休息椅的设计

2. 座面倾角

（1）工作座椅　后面翘起使体压分布更加合理。因此，合理的工作椅应具有：一般办公座椅前缘翘起0°～5°，推荐3°～4°；前倾工作，座面应设计成后翘，可加膝靠；新式办公椅应具备前倾及后靠的座面倾角调节。

（2）休息椅　多为前缘翘起，前倾角越大越放松。此外，像公交车等振动环境中的座椅为防止下滑，也应加大前缘翘起的角度（图7-14）。

3. 靠背的形式与倾角

（1）不同座椅的靠背功能

1）工作椅　不是为了支撑身体，而是为了维持脊柱的良好形态，特别是避免腰椎严重后凸。因此，其靠背主要是腰靠，即在第3、4节腰椎的位置上提供尺寸、形状、软硬适当的顶靠物。

2）休息椅　靠背是后仰的，靠背功能的要求转向支撑躯干的重量、放松背肌，宜在第8胸椎骨的位置提供依靠。

3）办公椅　介于前两者之间，可选用支撑躯干体重为主的靠背。

4. 座深

设计应适中，通常座位应小于坐姿时大腿的水平长度，使座面前沿离小腿有一定的距离（60mm），我国男子大腿水平长度457mm，女子433mm，所以座深为380～420mm（图7-15）。

5. 坐宽

根据人的坐姿和动作而定，往往呈前宽后窄的形状，座宽应使臀部得到全部支撑，并适当放宽，便于坐姿的变换和调整。一般中国男子95%的臀宽334mm，女子346mm。所以一般座宽应大于380mm。

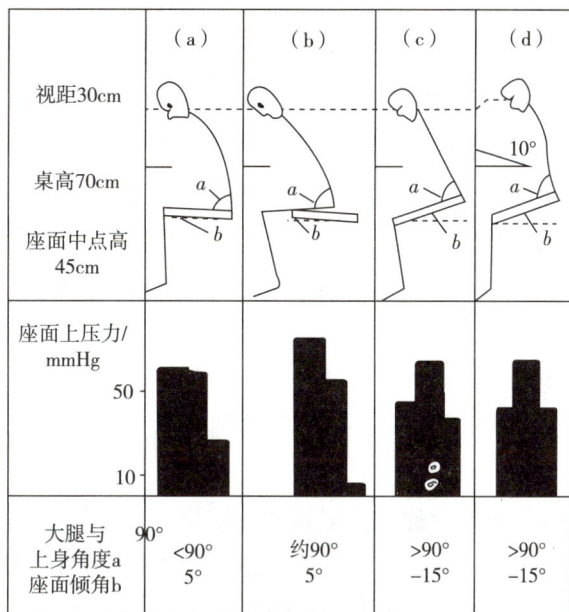

图 7-15　前倾工作时座面倾角与椅面体压的关系

6. 扶手　主要功能：用手臂支撑起坐，调节体位；支撑手臂重量，减轻肩部负担；对座位相邻者形成心理和身体上的隔离。一般扶手表面至座面高 200~250mm。

（三）座椅的功能设计

座椅的功能尺寸和形态应随就座的目的要求而异，座椅可分为工作座椅、休息椅、办公椅、会议室用椅。

1. 人体工学座椅　好的办公椅是好好工作的前提。在办公椅采购的时候，采购员应该注意到那些方面才选择出适合公司的办公椅。人体工学座椅利用人体工学原理设计，能在改善健康，提高工作的效率的同时，让人更舒适更享受（图 7-16）。办公椅舒适搁脚设计，可伸缩搁脚设计，在午休的时候，脚可以申直，放松全身，更加舒适。波浪网布，采用舒适透气波浪纹网布，非普通单层网布，更加透气，更具有韧性。

图 7-16　embody 人体工学椅

办公的椅子各式各样,四脚椅、转椅、有扶手的椅子、没有扶手的椅子、木质、铁质等,舒适的办公椅是至关重要的。一把好椅子应该是自由调节的,通过调整靠背、椅面和扶手来达到最大限度的舒适。市面上一些办公室员工椅子,办公椅椅身可自由旋转,灵活、方便,满足工作的日常工作生活的各种需求。椅子椅面采用优质棉麻,精选优质舒适透气棉麻,办公椅 SGS 认证气压杆安全性有保证,使用寿命更长久。椅子人体工学设计,包裹式的靠背设计,略带微弹的麻布,为腰脱提供承托,均匀受力。

2. 坐立交替式工作座椅　是一种新型办公座椅,能让用户在工作时自由切换坐立姿势,有效缓解久坐或久站带来的身体疲劳。以下从功能特点、优势、适用场景等方面进行介绍。

（1）功能特点

1）高度调节功能　通过电动或手动调节装置,精准调整座椅高度,适配不同身高用户及坐立姿势需求。如乐歌 mx1 雅白升降桌的附带椅子,可轻松实现高度调节,满足用户在坐姿与站姿之间的自由切换。

2）人体工学设计　依据人体工程学原理,对椅背、座垫、扶手等进行设计,如永艺 Act280 Pro 人体工学电脑椅,3D 悬臂头枕、双倍分区动态支撑座垫等,为身体提供良好支撑,减轻疲劳。

3）灵活移动性　底部通常安装有滚轮或脚轮,方便座椅在办公室或工作区域内自由移动,便于用户在不同位置开展工作,提高工作效率。

（2）产品优势

1）促进健康　避免长时间固定姿势带来的健康问题,减轻颈椎、腰椎压力,预防相关疾病,改善血液循环,增强心肺功能,提高身体代谢率。

2）提高工作效率　坐立姿势的交替可让身体保持活跃,提升注意力和能量,使用户在工作中更专注、更高效,减少因疲劳导致的工作失误和效率低下。

3）适应多种场景　既适用于传统办公室环境,也可用于家庭办公、小型工作室等场所,还能满足不同工作任务和活动需求。

（3）适用场景

1）办公室场景　适合长时间坐在办公桌前处理文件、使用电脑的上班族,让他们在工作间隙轻松切换到站立姿势,缓解久坐疲劳。

2）家庭办公场景　在家办公的人员使用坐立交替式工作座椅,可根据自身需求自由调整姿势,使工作空间更舒适、高效。

3）创意工作空间　如设计工作室、广告公司等,员工在创意构思、讨论交流等过程中,可随时改变姿势,激发灵感,提高工作的灵活性和创造性。

三、工作座椅设计一般原则

GB/T 14774—1993《工作座椅一般人类工效学要求》设计原则如下。

（1）使操作者在工作中保持身体舒适、稳定并能进行准确的控制和操作。

（2）座高（360～480mm）和腰靠高（165～210mm）必须是可调节的。

（3）椅坐面和腰靠结构应使其感到安全、舒适。

（4）腰靠结构应具有一定的弹性和足够的刚性,腰靠倾角不得超过 115°。

（5）工作座椅一般不设扶手,需设扶手的必须保证操作人员作业活动的安全。

（6）其结构材料应耐用、阻燃、无毒,坐垫、腰靠、扶手的覆盖层应使用柔软防滑、透气性好、吸汗的不导电材料制造。

一般工作座椅结构形式和参数如图 7-17 和图 7-18 所示。

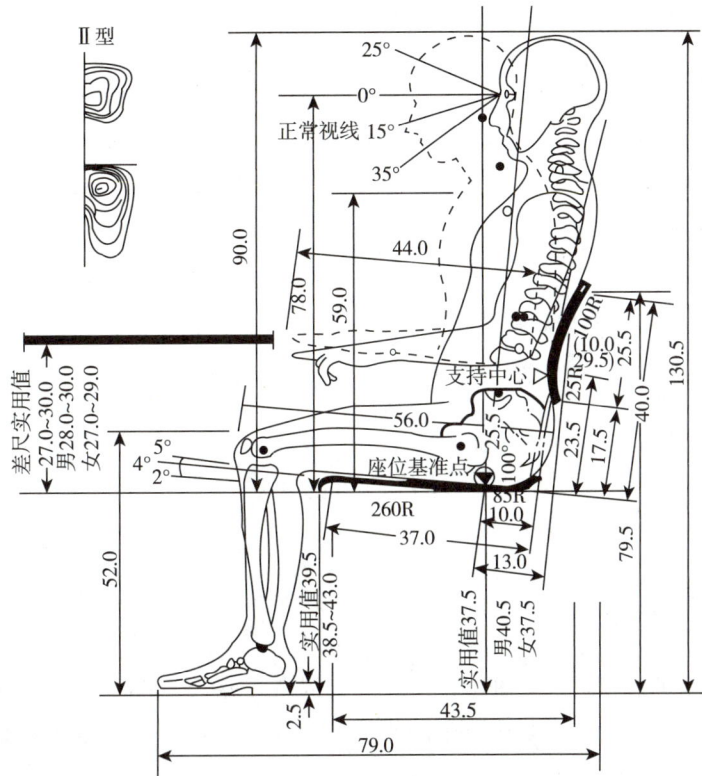

图 7-17 一般工作座椅结构形式

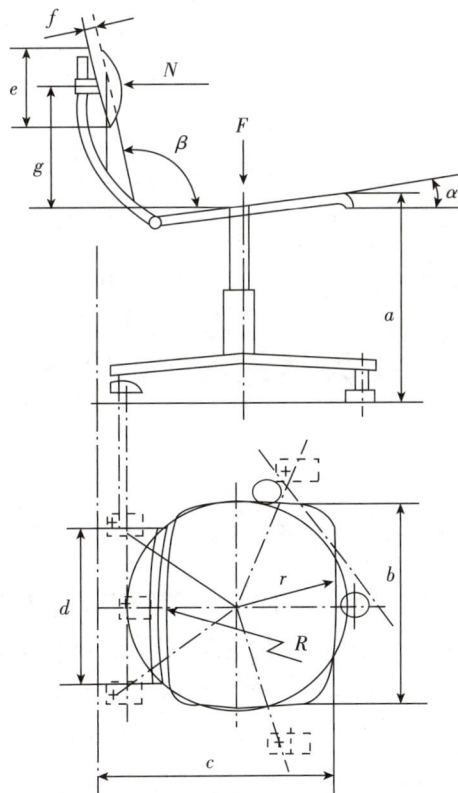

图 7-18 一般工作座椅的主要参数

知识链接

人体尺寸与桌椅设计

人体尺寸是工作台椅与家具设计的重要依据。不同人群的身高、体重、肢体长度等存在差异，因此设计时需要考虑人体测量学数据，以确保家具适合大多数人使用。举例如下。

1. 座椅高度 应与使用者的小腿长度相适应，使双脚能够自然平放在地面上，避免腿部悬空或过度弯曲造成疲劳。

2. 桌面高度 应根据使用者的坐姿肘部高度来确定，保证在工作时手臂自然下垂，手腕处于舒适的位置，减少手部和腕部的疲劳。

第三节 床具设计

一、睡眠的生理特点

睡眠是人类重要的生理过程。我们每个人的一天大约有三分之一的时间需要在睡眠中度过，因而与睡眠直接有关的床的设计非常重要。就像椅子的好坏可以影响人的工作生活质量和健康状况一样，床的好坏也同样会直接影响人的睡眠质量。

人在睡眠时并不是保持一个姿势不动，而是身体不断地调节和翻身，这是人体平衡调节理论在人睡眠中的体现。同时，睡眠的深度与身体活动的频率有直接的关系，变换频率越高，睡眠深度越浅；仰卧所占时间比例越大，睡眠越沉。日本人机工程学专家小原二郎采用每隔一段时间拍摄一幅照片的方法，记录一夜间仰卧所占时间的比例和翻身的次数，来进行床垫舒适性评价和睡眠质量的研究，如图 7－19 所示。

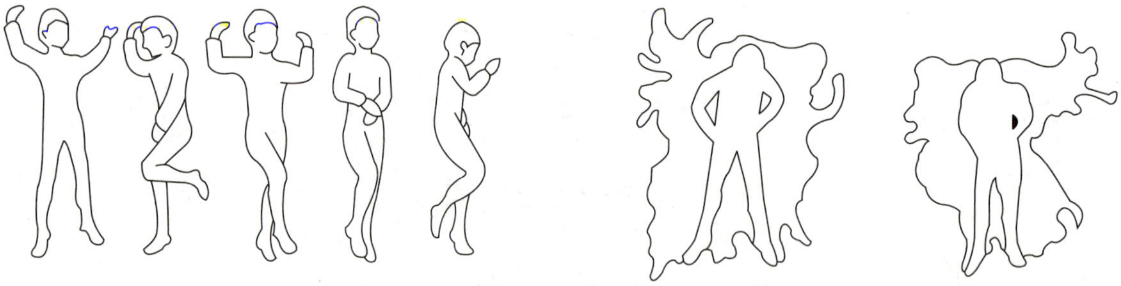

（a）睡眠中的姿势变化　　（b）姿势变换照片的重叠

图 7－19 用间隔摄影法记录睡眠姿势变化

同时，人体处于站姿和睡姿时的脊椎形态不同。处于站姿时，脊椎的形状是 S 形，后背及腰部的曲线也随着起伏，腰椎的弓背为 40～60mm。仰卧时，腰椎的弓背高从站立时自然状态的 40～60mm 减到 20～30mm，接近伸直状态，如图 7－20 所示。所以，即使仰卧与站立时的骨骼、脊椎状态相同，但由于各部分肌肉的受压情况不一样，仍然会使人感到不舒适而睡不着觉。舒适的仰卧姿势是顺应脊椎的自然形态，使腰部与臀部的压陷略有差异，差距以不大于 30mm 为宜。

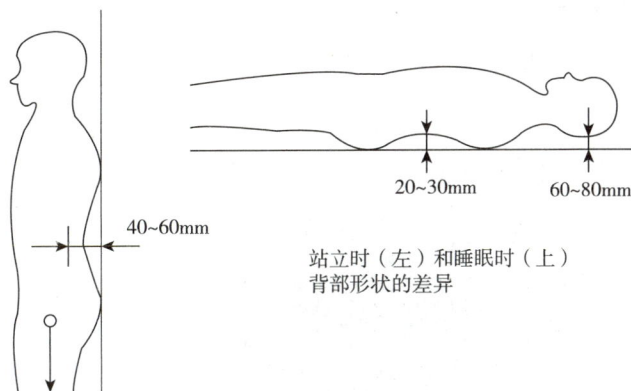

图 7-20 人体站立和仰卧时的背部曲线

二、床垫材料

我们知道，为了满足睡眠的舒适性，床垫的功能至关重要。床垫按材料划分，可分为弹簧床垫、棉胎垫、海绵垫、乳胶垫、棕榈垫、记忆海绵垫、充气床垫和水床垫等。按照特殊使用人群，可分为婴儿床垫、儿童床垫、老年人床垫等。床垫的功能分类及功能描述见表 7-1。

表 7-1 床垫的功能分类与功能描述

划分方式	分类	描述
按材料划分	弹簧床垫	弹簧床垫属现代常用的、性能较优的床垫，其垫芯由弹簧组成。该垫有弹性好、承托性较佳、透气性较强、耐用等优点。就结构而言，弹簧床垫大致可分为联结式、袋装独立筒、线状直立式、线状整体式及袋装线状整体式弹簧等
	棉胎垫	用棉花填充而成的棉花胎垫，其价格低廉，保暖性较好，但容易压扁变薄
	海绵垫	即软质聚氨酯泡沫，其特点是质轻、绝热、隔热，有足够的弹性和强度
	乳胶垫	散发淡淡的乳香味，更加亲近自然，柔软舒适，透气良好，但价格较高
	棕榈垫	由棕榈纤维编织而成，一般质地较硬，或硬中稍带软。其使用时有天然棕榈气味，耐用程度差，易塌陷变形，承托性能差，保养不好易虫蛀或发霉等
	记忆海绵垫	通过特有的感温记忆粒子感知人体体温，提供舒适的支撑硬度，同时能够感知、记忆人体曲线，依据人体起伏完美塑形，服帖保护颈、腰、臀、腿部的自然弯曲。可减少睡眠时不必要的翻身次数，减轻打鼾、肌肉酸痛等状况
	充气床垫	该床垫易于收藏、携带方便，适用于临时加床、旅游
	水床垫	利用浮力原理，有浮力睡眠、冬暖夏凉、热疗作用等特点，但透气性不足
按使用人群划分	婴儿床垫	指 1 岁以下儿童所使用的床垫，其主要作用是支撑其身体，防止婴儿脊椎变形，令宝宝四肢放松，促进血液循环，有利于婴儿健康发育
	儿童床垫	指专门根据少年儿童生长发育特点而研发的床垫，其可适应少年儿童骨骼生长的需求，从而有效预防驼背等少年儿童常见问题
	老年人床垫	指根据老年人身体特性而设计的床垫，通过卧床休息尤其是卧硬板床休息，可消除负重和体重对椎间盘的压力，使腰部疾病症状缓解

如果床垫过软，可使人体背部和臀部下沉，腰部突起，身体呈 W 形，形成骨骼结构的不自然状态。由于身体各软组织都受压，时间久了就会产生不舒适感和引起疲劳。如果床垫过硬，人体压力集中，人体受压面诸多落在具备承受压力条件的硬骨节点上，时间长了会全身酸痛。

以市场上应用最广的弹簧床垫为例,弹簧床垫基本可划分为三层结构,分别是面料复合层、填充物及垫层、弹簧床芯层。这三部分各尽其责,综合构成适合人体躺卧的睡眠环境平台,如图 7 - 21 所示。

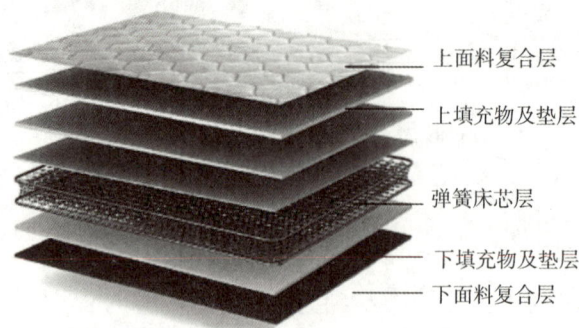

上面料复合层
上填充物及垫层
弹簧床芯层
下填充物及垫层
下面料复合层

图 7 - 21　弹簧床垫基本结构

分区弹簧床垫是目前市场上非常热门的床垫结构,其主要是从人机工程学角度把床垫划分为不同的区域,根据人卧姿时身体各部位特性选择合理的弹簧弹性,从而缓解身体的局部受压,使身体各个部位都能得到有力支撑而获得健康舒适的睡眠。目前随着对分区床垫研究的不断深入,分区弹簧床垫在结构上也越分越细,从三分区、五分区到七分区,甚至九分区床垫也进入市场,如图 7 - 22 所示。

（a）三分区床垫区域划分

（b）五分区床垫区域划分

（c）七分区床垫区域划分

（d）九分区床垫区域划分

图 7 - 22　分区弹簧床垫的分域方式

三、床架的基本尺寸

床架即床体框架,指支撑起床垫的功能部件,由床腿、侧边横杆和床板(排骨架)组成,它起到支撑整个床体重量、连接床屏、支撑床垫的重要作用。床架设计不仅要求具有一定的强度,还要具有良好的弹性,缓解由床垫传来的震动,同时应在稳定性、透气性等方面具有良好表现。床架性能主要包括床架材料及床架尺寸，床架材料的不同直接影响床具整体强度及稳定性，而床架尺寸大小可直接影响人体睡眠时的舒适性。床架的功能与类型见表7-2。

表7-2　床架的功能与类型

划分方式	分类	描述
按照材料划分	实木床	指床架主要部件由天然木材制成。其特点为造型丰富，材色漂亮，纹理清晰。目前连接方式不再是传统的榫卯结构，而是采用新型的五金件结合
	人造板床	指床架主要部件由人造板制成，常用的有胶合板、密度板和刨花板。其特点为人造板可提高木材利用率，幅面大，变形小，便于二次加工等。其缺点为握钉力差，不易弯曲造型，胶黏剂较不环保等
	金属床	指床架由各种钢板、型钢及有色金属制成。其特点为形体精致，造型多样，有较高的艺术观赏性，但因金属导热快，保温性差，所以金属床架冬冷夏热，较不透气
	软包床	指床架由木材或金属做框架，海绵包裹作为缓存层，外部包裹布艺或皮革。其特点为使用柔软舒适，但面料较难打理
	竹藤床	指床架由竹、藤为主要材料制成。其特点为竹藤具有良好的弯曲性能与较强的拉力、压力，故竹藤床富有弹性、透气性与环保性
按铺面宽度划分	单人床	指提供给单人休息使用的床，在单身人群及青少年中被广泛使用
	双人床	指床具宽度可供两个人共同使用
按铺面层数划分	单层床	指由单层铺面组成，目前居家中最为常用的方式
	双层床	为充分利用空间而设计，由上下两个床铺组成，一般用于集体宿舍、儿童房及交通工具（如飞机、火车、长途汽车等）
	多层床	指有三层或三层以上铺面的床具，如轮船、火车上的床具，可最大限度地利用空间
按使用功能划分	单用床	指只用于睡卧功能的床具
	两用床	指兼有坐、卧功能的床具
	多功能床	指能满足坐、卧、储物、摆放饰品等多种用途的床
按使用人群划分	婴儿床	指婴儿睡觉、休息的床具，保证婴儿睡眠的舒适和安全是设计重点
	夫妻床	指床具供夫妻二人使用，并且注重一人的动作对他人的影响
	子母床	指由两侧床体组成的床具，上层较窄，适合儿童使用；下层较宽，适合家长使用
	老人床（护理床）	指为老年人设计的床具，其高度角度最好可以方便调节，以适应不同季节寝具厚度应不同，以及因年龄增长或意外疾病等产生不同的需要
	学生公寓床	指集睡眠、储存、学习为一体的多功能床。一般铺面下设有衣柜、书架、计算机桌等

最常用的单人床有普通床板型和嵌入式床板型。图7-23所示为单层床尺寸示意图，图7-24所示为嵌垫式床面宽尺寸示意图。单层床的主要尺寸见表7-3。

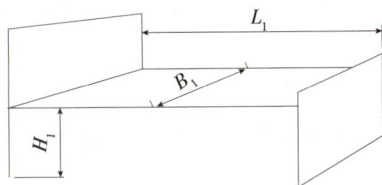

图7-23　单层床尺寸示意图

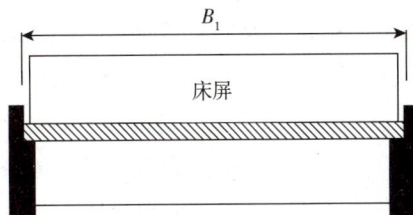

图7-24　嵌垫式床面宽尺寸示意图

表 7 – 3　单层床主要尺寸（单位：mm）

床面长 L_1		床面宽 B_1		床面高 H_1	
双床屏	单床屏			放置床垫	不放置床垫
1920	1900	单人床	720 800 900 1000 1100 1200	240 ~ 280	400 ~ 440
1970	1950				
2020	2000				
2120	2100	双人床	1350 1500 1800		

注：嵌垫式床的床面宽应在各档尺寸基础上增加20mm。

1. 床宽　床的宽窄直接影响人的睡眠深度和睡眠的翻身次数。实验表明，中心下的翻身次数少，当床宽为500mm 时，人睡眠翻身次数要减少30%。

$$床宽（W）=（2.5 ~ 3）×肩宽$$

提示：成年男子肩宽平均值为430mm，成年女子肩宽平均值为410mm。一般以成年男子为准。

市场上的床一般分为单人床和双人床，单人床宽度常用为1200mm 和1500mm，双人床宽度常用1800mm 或2000mm，当然也可以根据用户特殊要求订制不同的宽度。

2. 床长　是指两头床屏板或床架内的距离。

在长度上，考虑到人在躺下时的肢体的伸展，所以实际比站立的尺寸要长一些，再加上头顶和脚下要留出部分空余空间（图 7 – 25）。床长的计算公式如下：

$$床长（L）=身高×1.05+\alpha+\beta$$

式中，α 表示头前余量，尺寸一般大于100mm；β 表示脚下余量，尺寸一般大于50mm。

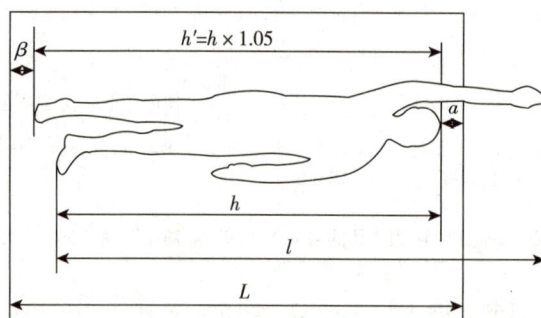

图 7 – 25　床面的长度尺寸

市场上的床长一般为2000mm，也可根据用户的要求定做。对于宾馆的公用床，一般脚部不设床架或床屏，便于特高人体的客人加接脚凳。

3. 床高　即床面距地面的高度。

床高应该与座椅的坐高取得一致，使床同时具有坐卧功能，另外还需要考虑到人的穿衣、穿鞋等一系列与床发生关系的动作，所以床高尺寸可以参照椅子坐高的尺度来确定。

一般床高在400 ~ 500mm。对于老年人使用的床，高度应更高些，以500 ~ 600mm 为宜，以方便腿脚不灵活的老年人起身。

对于双层床的间高，要考虑两层净高必须满足下铺使用者就寝和起床时有足够的动作空间，以及坐在床上能完成有关睡眠前床上动作的距离，但又不能过高，过高会造成上下的不便及上层空间的不足。按国家标准规定，双层床的底床铺面离地面高度不大于420mm，层间净高不小于950mm。双层相交叉的床，不但要考虑下层人的动作幅度，还必须要处理好上层的梯、扶手、栏板等的关系。这对防止由于离地面较高而产生恐惧的心理具有较好的作用（图7-26）。

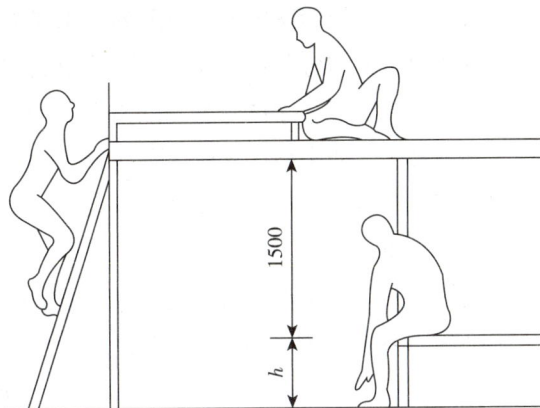

图 7-26　双层床面的高度

四、床上纺织用品

1. 床上纺织用品功能与类型　床上纺织用品主要是指供睡眠使用的物品，如被褥、被套、枕套、毯子等；还有将防污和装饰美化作为主要用途的床单、床罩等。

枕头是一种睡眠工具，一般认为，枕头就是人们为保证睡眠的舒适而采用的填充物。枕头的性能包括枕头高度、枕头宽度、枕头长度、枕芯材料和枕头形状。其性能的不同会导致人体睡眠时头部的支撑和脊椎形状的不同，影响整体睡眠的舒适性。

2. 枕头与人机工程学

（1）枕头的功能与类型　随着人们生活方式的改变和生活质量的提高，枕头的材料和形状也趋向多样化，目前市场上枕头的功能与类型见表7-4。

表 7-4　枕头的功能与类型

划分方式	分类	描述
按材料划分	化纤枕	由普通的人造纤维制成，易清洗，但透气性差，时间一长易变形结块，导致其缺乏弹性，呈现高低不平状态
	乳胶枕	由橡胶树的汁液做成，弹性好，支持力强，可防螨抑菌
	羽绒枕	由鹅、鸭绒毛填充而成，蓬松度较好，质轻、透气，但不易清洗
	记忆枕	由一种慢回弹材料制成，具有吸收冲击力和自动塑形的功能，可以固定头颅，避免落枕
	充气枕	采用高档复合PVC面料制成，内部可充气，携带方便
	珍珠棉枕	即聚乙烯发泡棉，通过工艺加工成球状棉，棉球内部为空心，保温性和透气性较好
	中药/茶叶枕	在枕中填充易挥发的中药或茶叶，通过芳香走窜性质，作用于头部后侧穴位，对人体有调和气血及祛病延年的功效
	竹炭枕	高温烧成的竹炭颗粒，有较大的内孔面积，可吸汗除臭和释放负离子
按形状划分	扁平枕	中间略高，两边略低，是生活中最为常见的一种枕头形状，起到垫起头部的基本作用
	立方形枕	以古代枕头为原型，呈长方体形状。其比其他形状枕头略高
	S形枕	枕头侧面呈S形曲线形状，中间低，两边高，其两边不同高度适合仰卧及侧卧等不同睡姿
	凹形枕	这是一种中间凹、四周高的枕头，其中间凹进部分适合人体头部承托
	凸形枕	其形状是中间凸、四周低

（2）枕头与睡姿关系　颈部是人体最狭窄的部分，也是人体最关键的通道之一。它上撑头颅，下连躯干，在最小的范围内，承上启下地集中通过了人体最重要的主干神经和血管。颈部内的颈椎共有7节，由于人类进化发展需要，形成一个圆滑的、朝向前方的"月牙形"生理弧度。根据人体构造理论，

人体皮肤脂肪层、肌肉层的厚薄有差异，承受人体自重的骨骼系统不平直。一般情况下，当人体处于自然放松状态时，人体背部位置比头部后脑位置靠后。

而当人体侧卧时，人体肩膀侧卧与头部的平行距离更大，因此当人们躺着休息、仰卧或侧卧时，为了排除颈部神经、肌肉高度紧张达到充分休息的目的，需要其他物体将头部适当垫高，这样就产生了枕头。因此，枕头的功用在于支撑、保护人体颈椎的正常生理曲线，促进人体睡眠，其设计合理与否直接影响着人体健康。

适当的枕头可使颈部保持正常的生理上的自然弯曲 [图 7 - 27 （a）]；过大或过高的枕头会使颈骨的生理上的自然弯曲消失而向前倾 [图 7 - 27 （b）]；若枕头过低时，颈部会向后弯曲 [图 7 - 27 （c）]。如果枕头不合适，长期使用会引发颈肌和韧带损伤，椎间盘退变，关节功能混乱，以及形成骨质增生等。这些病变使神经根系、骨髓、血管等遭受刺激或压迫，导致头、肩、颈和臂部疼痛。

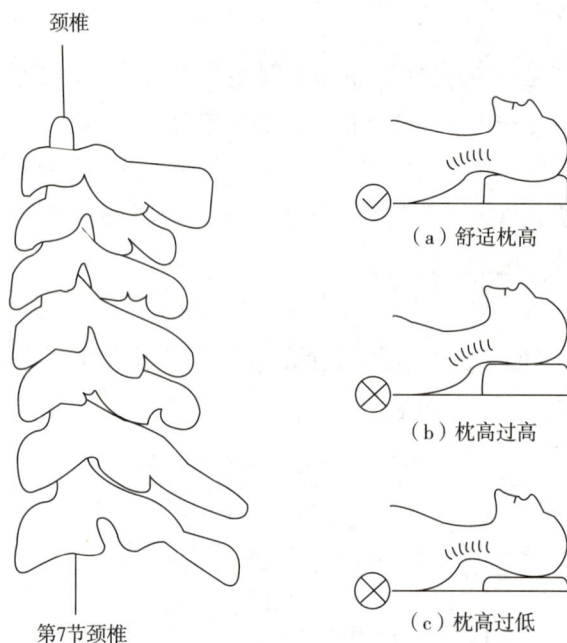

图 7 - 27   不同枕高时颈椎的形态

（3）人机工程学枕头指标

1）枕高   仰卧时适宜枕高压缩后为 60 ~ 70mm，侧卧时适宜枕高压缩后为 70 ~ 80mm，俯卧时适宜枕高压缩后为 50 ~ 60mm。侧卧高于仰卧及俯卧睡姿；不同受试者对枕高的需求也不同。

2）枕长   侧卧人群枕长应不小于 500mm，而仰卧及俯卧人群枕长应不小于 450mm。

3）枕宽   仰卧、侧卧及俯卧睡姿时枕宽需大于 250mm。

4）枕芯材料   记忆海绵具有弹性好、透气性好、压强较为均匀等特点，故在各睡姿中评价均较高；荞麦具有透气性好而较硬，使用时能保护颈椎，缓解颈椎疲劳等特点。

5）枕头形状   仰卧时，S 形枕评价最高，其次是凸形枕和扁平形枕；侧卧时，凸形枕和 S 形枕在使用时压力分布均匀，最大压强集中在臂部，颈部得到有力支撑，脊柱变形相对较小，整体舒适性较高；在不同睡姿下，凹形枕压力多集中在颈部，立方枕压力多集中在头部，压力较为集中，舒适度评价最低。

（4）人机枕头设计   以人机工程学为设计指导原则，枕头的各项尺寸、枕芯材料及枕头形状以枕头指标为参考数据，考虑人体常用的睡姿状态，设计一款人机工程学枕头，以最大限度地缓解由枕头所引起的睡眠疲劳（图 7 - 28，图 7 - 29）。

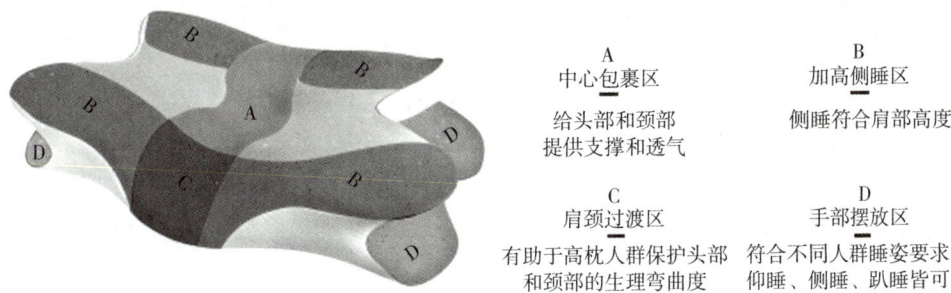

A 中心包裹区	B 加高侧睡区
给头部和颈部提供支撑和透气	侧睡符合肩部高度
C 肩颈过渡区	D 手部摆放区
有助于高枕人群保护头部和颈部的生理弯曲度	符合不同人群睡姿要求仰睡、侧睡、趴睡皆可

图 7 - 28 人机工程学枕头

1）枕头尺寸 该枕头有两个枕高，较低一侧高度为 60mm，较高一侧高度为 80mm。较低一侧适合长期仰卧及俯卧人群，较高一侧适合侧卧人群，并且在枕头内部有充气层，使用者可通过操作枕头内部的控制器来调节枕头高度，满足自己对枕高的使用需求。为满足三种睡姿，枕宽为 300mm，枕长为 500mm。

2）枕芯材料 枕头上层为偏软的记忆海绵，下层为偏硬的荞麦皮材料，使用者可根据自身需要选择。

3）枕头形状 为 S 形，整体呈两端高的元宝形，其凹下部分能有效支撑颈部，吻合颈椎的生理自然曲线。

4）枕头结构 该枕头包括上枕套层、记忆海绵

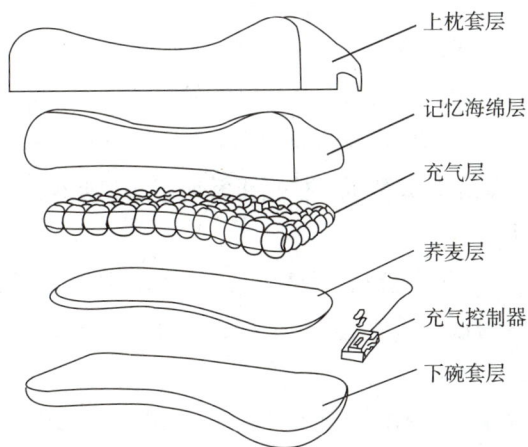

上枕套层
记忆海绵层
充气层
荞麦层
充气控制器
下碗套层

图 7 - 29 人机工程学枕头结构图

层、充气层、荞麦层、充气控制器和下枕套层等结构。其中，上枕套层和下枕套层包裹着记忆海绵层、充气层和中药茶叶层，并由拉链连接，起到保护枕头内部材料的作用，方便更换拆洗。上枕套层和下枕套层三面锁边，唯有控制器一侧由拉链连接。控制器露在上枕套层及下枕套层以外，方便使用者操作。

3. 床上纺织用品与人体工程学 床品的常规尺寸一般分三类：单人、双人普通规格、双人加大规格。

（1）单人规格 床单为 200cm×230cm，被套为 150cm×200cm 或 160cm×200cm，枕套为 74cm×48cm（内径）。

（2）双人普通规格 床单为 230cm×250cm、245cm×250cm 或 250cm×250cm，被套为 200cm×230cm，枕套为 75cm×48cm（内径）。

（3）双人加大规格 床单为 240×270cm，被套为 220cm×240cm，枕套为 74cm×48cm（内径）。

常用面料为高支高密的纯棉面料，具体分类如下：按原材料成分的不同分为纯棉、涤棉、真丝、丝光棉；按布料的织造工艺不同可分为平纹、斜纹、贡缎、提花布；按布料的印染工艺不同又分为印花布（涂料印花布、活性印花布）、色织布、色织提花布。

第四节 凭倚类家具设计

凭倚类家具是人们工作和生活所必需的桌、台等辅助性家具。人体坐姿使用的称为桌，如就餐用的

餐桌、看书写字用的写字桌、学生上课用的课桌及制图桌等。站立时使用的家具称为台，如售货柜台、账台、橱柜台和各种操作台等。这类家具的基本功能是适应在坐、立状态下，在进行各种活动时提供相应的辅助条件，并兼作放置或贮存物品之用，因此这类家具与人体动作产生直接的尺寸（人体动态尺寸）关系。

图 7 - 30　坐式用桌的基本尺寸

一、坐式用桌的基本尺度与要求

桌子的尺寸包括桌面高度（H）、桌面宽度（T）、桌面长度（B）、桌面下净空尺寸（H_2）、桌面角度，如图 7 - 30 所示。另外，桌子还有桌面材料和色泽的要求。

1. 桌面高度　是指桌面到地面的垂直距离。

桌子的高度尺寸是最基本的尺寸之一，是保证桌子使用舒适的首要条件。尺寸过高或过低，都会使背部、肩部肌肉紧张而产生疲劳，对于正在成长发育的青少年来说，不合适的桌面高度还会影响他们的身体健康，如造成脊柱不正常地弯曲和近视等。桌子的正确尺寸应该是与椅、凳的座高保持一定的比例关系。

2. 桌面宽度和长度　桌面尺寸包括桌面长度和宽度。一般来讲，桌子尺寸是以人处在坐姿状态下上肢的水平活动范围为依据，并根据功能要求和所放物品多少来确定，如图 7 - 31 所示。尤其对于办公桌，桌面尺寸太大，超过了手所能达到的范围，会造成使用不便；桌面尺寸太小则不能保证足够的面积放置物品，不能保证有效的工作秩序，从而影响工作效率。较为适宜的桌面长度尺寸为 1200 ~ 2000mm，宽度为 600 ~ 800mm；餐桌宽度可达 700 ~ 1000mm。

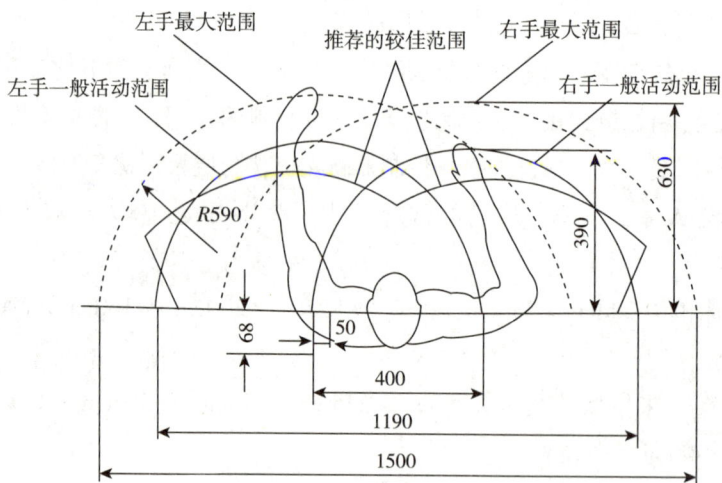

图 7 - 31　坐式用桌的宽度尺寸（单位：mm）

对于两人面对面使用或并排使用的桌子，则应考虑两人的活动范围，需将桌面适当加宽。对于办公桌，为避免干扰，还可在两人之间设置半高的挡板，也叫办公屏风，用于遮挡视线。多人并排使用的桌子，应考虑每个人的动作幅度，而将桌面适当加长。

一般人均占桌周边长为 550 ~ 580mm，较舒适的长度为 600 ~ 750mm，各类餐桌的参考尺寸如图 7 - 32 所示。

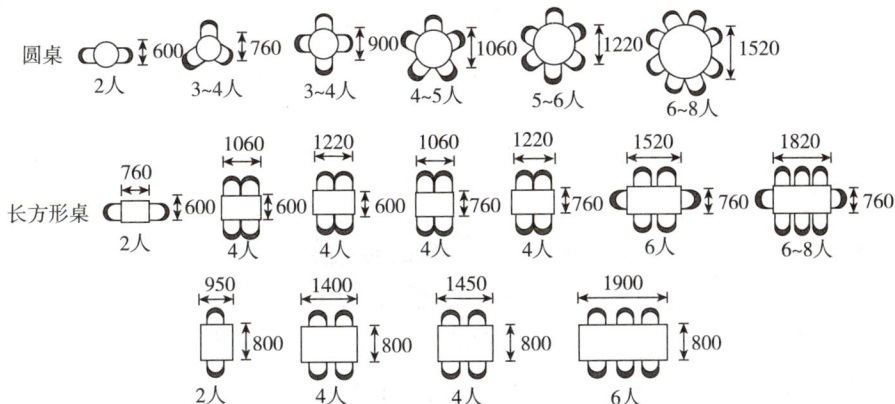

图 7 - 32　各类餐桌的尺寸（单位：mm）

3. 桌面角度　办公室工作通常在水平工作台面上进行，如阅读、写作等。但有研究发现，适度倾斜的桌面更适合于这类作业，实际设计中也有采用倾斜桌面的例子。从人性化的角度来讲，可视化作业应采用倾斜桌面，当桌面倾斜度在 12°~24°时，与水平桌面相比，使用者的躯干移动次数明显减少，疲劳程度降低，不舒适感减轻。

4. 桌面下的净空尺寸　为保证坐姿时下肢能在桌面下放置与活动，桌面下的净空高度应高于双腿交叉叠起来的膝高，并使膝上部留有一定的活动余地。

人在使用桌子时，双脚应能伸进桌面下的空间并能自由活动（如腿的伸直、交叉等），以便变换姿势减轻疲劳。因此，桌面下需有足够大的空间，否则会影响人双腿活动。桌子下若有抽屉，则抽屉底面不能太低，应保证椅面距抽屉底面至少有 178mm 的净空高度。

5. 桌面材料与色泽　在人的静视野范围内，桌面色泽处理得好坏，会使人在心理、生理上产生很大的反应，也对工作效率起着一定作用。通常认为桌面不宜采用鲜明色，因为色调鲜艳，不易使人集中视力，需饰以冷色调或三次色调（黄灰、蓝灰、红灰），并采用亚光涂饰。桌面经常与手接触，若采用导热性强的材料做桌面，易使人感到不适，如玻璃、金属材料等。

二、站立用桌的基本尺度与要求

站立用桌或工作台主要包括售货柜台、营业柜台、讲台、服务台、陈列台、厨房低柜洗台以及其他各种工作台等。

1. 台面高度　站立用工作台的高度，是根据人站立时自然屈臂的肘高来确定的。按我国人群的平均身高，工作台高以 910~965mm 为宜；对于要适应于用力的工作而言，则台面可稍降低 20~50mm。

2. 台下净空　站立用工作台的下部，不需要留有腿部活动的空间，下部通常是作为收藏物品的柜体来处理。但在底部需有置足的凹进空间，一般内凹高度为 80mm，深度为 50~100mm，以适应人紧靠工作台时着力动作之需，否则难以借助双臂之力进行操作，如图 7-33 所示。

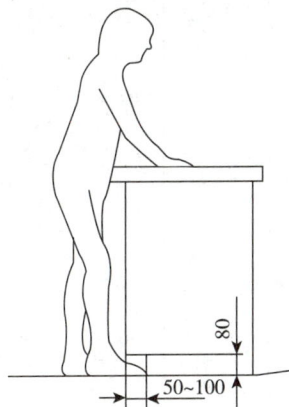

图 7 - 33　容足空间及尺寸
（单位：mm）

第五节　储藏类家具设计

储藏类家具是收藏、整理日常生活中的器物、衣物、消费品、书籍等的用具。根据存放物品的不同，可分为柜类和架类两种不同储藏方式。柜类储藏方式主要有衣柜、壁柜、书柜、床头柜、陈列柜、酒柜、橱柜、鞋柜等；而架类贮存方式主要有书架、食品架、陈列架、衣帽架等。

储藏类家具的功能设计必须考虑人与物两方面的关系；一方面要求储藏空间划分合理，方便人们存取，有利于减少人体疲劳；另一方面又要求家具储藏方式合理，储藏数量充分，满足存放条件。为了正确确定柜、架、搁板的高度及合理分配空间，必须了解人体所能及的动作范围，与其联系紧密的是人的立姿，如图 7 - 34 所示。

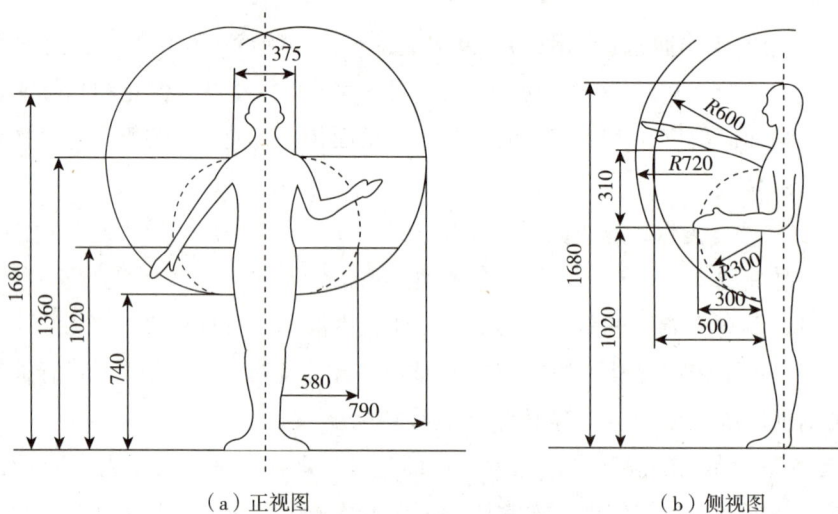

（a）正视图　　　　　　　　　（b）侧视图

图 7 - 34　立姿手臂活动及手操作的适宜范围（单位：mm）

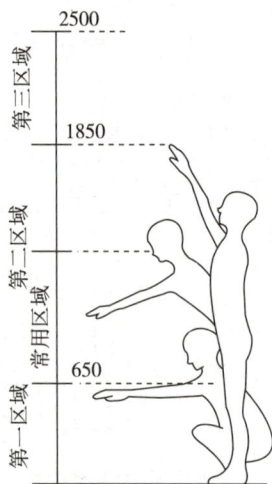

图 7 - 35　储藏类家具设计尺寸（单位：mm）

我国的国家标准规定柜高限度在 1850mm，参考这个尺寸可以把储藏类家具划分为三个区域，第一区域为 0 ~ 600mm，此区域储藏不便，人必须蹲下操作，一般存放较重而不常用的物品。第二区域为 600 ~ 1850mm，是存取物品最方便及使用频率最多的区域，也是人的视线最易看到的视域。一些居家为扩大储藏空间，节约占地面积，会增加第三区域，即橱柜的上部 1850mm 的区域，这是需要辅助才能够到的区域，一般存放较轻的过季性物品，如棉絮等，如图 7 - 35 所示。

在上述储藏区域内根据人体动作范围及储藏物品的种类，可以设置搁板、抽屉、挂衣棍等。在设置搁板时，搁板的深度和间距除考虑物品存放方式及物体的尺寸外，还需考虑人的视线，搁板间距越大，人的视域越好，但空间浪费较多，所以设计时要统筹安排。

如有抽屉类的柜体，考虑取物时的手臂动作和视线，抽屉上沿的上限和下限高度分别约为 1360mm

和300mm，如图7-36所示。

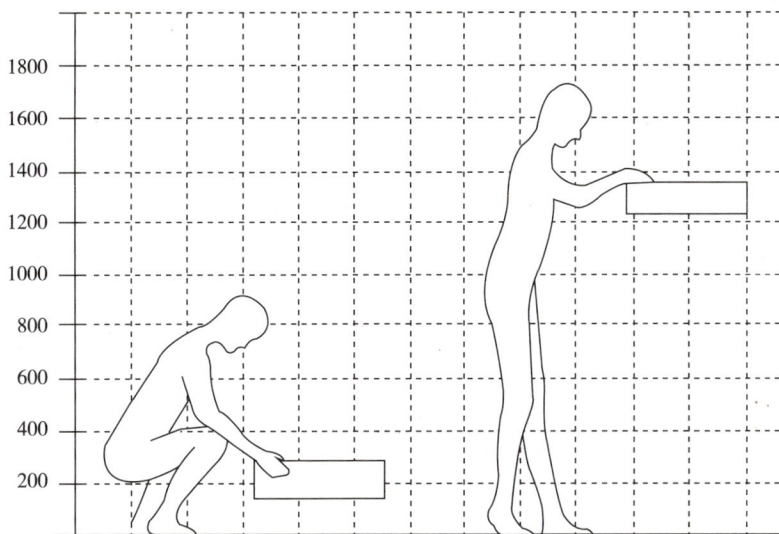

图7-36 抽屉高度的上限和下限

至于橱、柜、架等储存性家具的深度和宽度，是由存放物的种类、数量、存放方式以及室内空间的布局等来确定，在一定程度上还取决于板材尺寸的合理裁割及家具设计系列的模数化。如一般柜体宽度常用800mm作为基本单元；深度上衣柜为550~600mm；书柜为400~450mm。

目标检测

答案解析

一、选择题

1. 在确定会议桌、餐桌、柜台和牌桌周围座椅的位置时，应使用的尺寸是（ ）

   A. 肩宽   B. 两肘之间宽度   C. 臀部宽度

2. 在确定从地面到书桌、餐桌和柜台底面距离时，应使用（ ）尺寸

   A. 坐高   B. 腿弯高度   C. 膝盖高度

3. 在确定座椅深度尺寸时，需要参考的尺寸是（ ）

   A. 臀部至膝盖的距离   B. 臀部至脚后跟的距离   C. 臀部至小腿的距离

4. 人体脊柱有四个生理弯曲，在设计座椅靠背时，主要应该考虑支撑（ ）

   A. 颈椎的生理弯曲   B. 胸椎的生理弯曲

   C. 腰椎的生理弯曲   D. 骶椎的生理弯曲

5. 设计工作台高度时，主要参考的尺寸是（ ）

   A. 立姿眼高   B. 立姿肘高

   C. 坐姿肩高   D. 坐姿臀高

6. 在家具设计中，为了方便人们开启柜门，拉手的安装高度一般（ ）

   A. 高于眼高   B. 低于膝盖高度

   C. 在手臂自然下垂时手能够轻松触及的位置   D. 与头顶高度相同

二、简答题

1. 简述坐具的分类以及不同坐具的基本尺寸要求。

2. 座椅设计时可从哪些方面考虑提高坐姿舒适性?

3. 试述坐式用桌和站立用桌的基本尺度和要求。

4. 学生用桌椅设计是否符合要求?存在的问题是什么?(小学、中学、大学课桌椅的区别)

书网融合……

本章小结

第八章 无障碍设计与通用设计

学习目标

1. **掌握** 无障碍设计的概念和设计内容；老年人和残疾人的生理特点。
2. **熟悉** 无障碍设计标准和设计实例介绍无障碍环境设计、无障碍设施（产品）设计和无障碍信息和交流设计。
3. **了解** 通用设计概念并以案例介绍通用设计的七大原则。
4. 建立无障碍设计和通用设计思想，能有意识地对特殊人群以及所有人群进行人性化设计。

⇒ 案例分析

实例 无障碍图书馆入口设置了平缓的无障碍坡道，方便轮椅使用者和行动不便的人进入。内部设有专门的无障碍阅览区，桌椅高度可调节，满足不同身体状况读者的需求。书架的间距宽敞，便于轮椅通行。同时，图书馆还配备了盲文书籍、有声读物以及辅助阅读设备，为视力障碍读者提供便利。

问题 如何选择更适合无障碍图书馆的家具和设备，以增强其舒适性和易用性？

联合国世界卫生组织通过对一些国家进行抽样显示，残疾人约占世界总人口数量的16%，约有13亿多残疾人，其中中国残疾人数量占到1亿。与此同时，至2024年末，我国60岁以上的老年人总数约达3.103亿，占总人口的10.5%，为此我国也进入了老年型国家的行列，至2053年，我国老龄化将达到最高峰，届时老年人口达到4.87亿，将占到总人口的34.9%，即每3个人中就有一位老年人。因此，不论现在或是将来，我国都是世界上老年人口最多的国家。

目前，许多城市都在设计方面考虑一些残疾人及老年人的特殊生活需求。这不仅是社会发展的需要，也是和谐社会和现代城市文明的体现。

第一节 无障碍设计

无障碍设计（barrier – free design）这个概念名称始见于1974年，是联合国组织提出的设计新主张。无障碍设计强调在科学技术高度发展的现代社会，一切有关人类衣食住行的公共空间环境以及各类建筑设施、设备的规划设计，都必须充分考虑具有不同程度生理伤残缺陷者和正常活动能力衰退者（如残疾人、老年人）的使用需求，配备能够应答、满足这些需求的服务功能与装置，营造一个充满爱与关怀、切实保障人类安全、方便、舒适的现代生活环境。

无障碍设计的理想目标是"无障碍"。基于对人类行为、意识与动作反应的细致研究，致力于优化一切为人所用的物与环境的设计，在使用操作界面上清除那些让使用者感到困惑、困难的"障碍"（barrier），为使用者提供最大可能的方便，这就是无障碍设计的基本思想。无障碍设计关注、重视残疾人和老年人的特殊需求。

狭义的无障碍设计只是针对残疾人和老年人，而广义的无障碍设计定义包含了通用设计（universal

design）理念，致力于优化一切为人所用的物质与环境的设计，在使用和操作上清除那些让使用者感到困惑、困难的"障碍"，因而适合绝大多数使用者，包括所有残疾人、老年人甚至健康者。所以广义的无障碍设计可以理解为：旨在消除和减轻人类行为障碍的各种设计。

国际通用的无障碍标识如图 8 - 1（a）和（b）所示，轮椅标志有黑、白两种颜色，无障碍标识能够清楚地表达相关设施及服务的功能，为使用者提供清晰的指引。图 8 - 1（c）为无障碍低位电话标识，表示有适合坐轮椅高度使用的低位电话；图 8 - 1（d）为无障碍停车位标识，表示停车位的一侧或与相邻停车位之间应留有宽 1.20m 以上的轮椅通道，方便肢体障碍者上下车的停车位；图 8 - 1（e）为无障碍电梯标识，表示方便坐轮椅者进出及方便控制等功能的电梯；图 8 - 1（f）为轮椅坡道标识，表示方便轮椅者上下的坡道；图 8 - 1（g）为无障碍客房标识，表示客房的出入口、通道、通信、家具和卫生间等均方便乘轮椅者通行和使用的房间。

（a）黑色衬底无障碍标志　（b）白色衬底无障碍标志　（c）低位电话　（d）无障碍停车　（e）无障碍电梯　（f）轮椅坡道　（g）无障碍客房

图 8 - 1　无障碍标识

一、无障碍设计内容

无障碍设计包含无障碍环境设计、无障碍设施（产品）设计以及信息和交流无障碍设计，如图 8 - 2 所示。

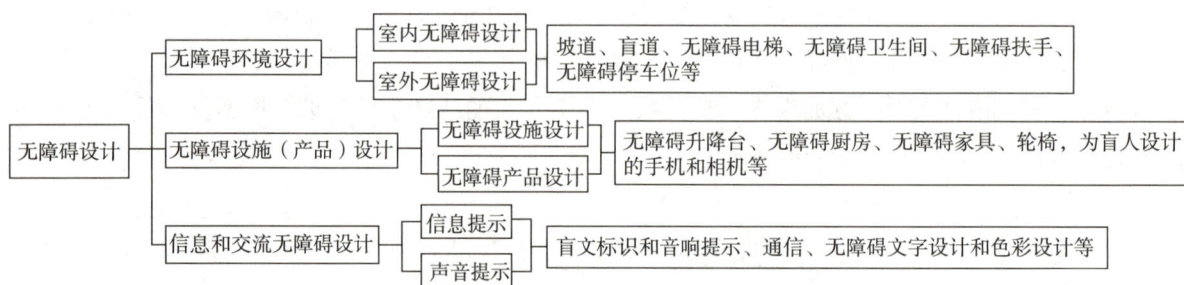

图 8 - 2　无障碍设计内容

1. 无障碍环境设计　包括无障碍建筑（室内无障碍环境）以及城市无障碍系统（室外无障碍环境），其中无障碍建筑包括公共建筑和私人住宅，城市无障碍系统包括各种公园等游乐场所及道路无障碍系统等。城市道路、公共建筑物和居住区的规划、设计、建设应方便残疾人通行和使用，如城市道路应满足坐轮椅者、拄拐杖者通行和方便视力残疾者通行，建筑物应考虑出入口、地面、电梯、扶手、厕所、房间、柜台等设置残疾人可使用的相应设施和方便残疾人通行等，具体有坡道、盲道、盲人过街音响指示器、地面防滑、扶手栏杆、残疾人专用厕位、残疾人车位和残疾人轮椅席等。

2. 无障碍设施设计　是指无障碍的服务设施，如无障碍升降台、无障碍厨房、无障碍家具等与其生活相关的设施。无障碍产品包括为残疾人设计的轮椅、为盲人设计的手机和相机、为老年人设计的智能药箱等。

3. 信息和交流的无障碍设计 主要是指在公共传媒应使听力言语和视力残疾者能够无障碍地获得信息，进行交流，如盲文标识和音响提示以及通信、无障碍文字设计和色彩设计等。

无障碍设计是现代城市建设不可或缺的部分，直接影响我国的城市形象。无障碍建设在落实国家对残障人群的各项政策和法规的物质保障的同时，对提高人的素质，培养全民公共道德意识，推动社会发展等都具有重要的社会意义。但现实中有些设计看似无障碍化设计，但是没有从使用者的角度考虑，甚至没有参考国家的无障碍化标准，这样的设计看似挺用心，实际上并没什么帮助。

二、特殊人群与健全人群的区别设计

人体尺度、活动空间和行为特征是特殊人群区别与正常人的主要特征，因此也是为特殊人群设计的主要依据。我们现有的许多用品、设施和空间多是依据健全成年人的相关尺度和参数确定的，不能满足多数残疾人、老年人及其他特殊人群的使用，这给他们参与社会生活带来了许多困难，甚至造成了不可逾越的障碍。表 8 - 1 为健全人与特殊人群的尺度与行为比较。

表 8 - 1 健全人与特殊人群的尺度与行为比较

项目名称	健全人		乘轮椅人		拄双杖人	
	静态	动态	静态	动态	静态	动态
正面宽（肩宽）	45	50	65	70	90	120
侧面宽	30		110 ~ 120		60 ~ 70	
眼高	160		110		150	
旋转 180°	60 × 60		直径 150		直径 120	
水平移动	1.0m/s		1.5 ~ 2.0m/s		0.7 ~ 1.0m/s	
垂直移动	15 ~ 20cm		≤20mm		≤12cm	
手的上下范围	侧 125 ~ 135					
手的上下范围	正 115 ~ 120 距离 60cm 内					

三、残疾人与无障碍设计

（一）残疾人的基本特征

残疾人是指在心理生理、人体结构、某种组织、功能丧失或不正常，全部或部分丧失以正常方式从事某种活动能力的人。

世界卫生组织（WHO）对残疾人从以下方面予以确认。

损伤：在心理、生理、组织结构或功能方面出现缺失或不正常的人群。

残疾：以人类正常的方式或在正常范围内进行某种活动的能力受限或缺失（由损伤造成）的人群。

障碍：由于损伤或残疾造成的不利条件，限制或妨碍了原本应能正常完成某项任务的人群。

各类残疾人群的动作特点不同，下面分别从视力残疾者、肢体残疾者和听力及语言残疾者角度分别介绍各生理特点。表 8 - 2 为残疾人能力障碍的基本特征。

我国残疾人的分布主要分为五类，如视力残疾、听力和言语残疾、智力残疾、肢体残疾、精神病残疾。我国各类残疾人约占 8591.4 万人，其中视力残疾占 2856.5 万人，精神病残疾占 376.3 万人。人类致残原因主要是自然灾害、交通事故、疾病、污染等。

表 8-2   残疾人能力障碍的基本特征

能力障碍	区别		基本特征
信息障碍	感觉 器官 障碍	视觉残疾 听觉残疾 触觉残疾 听力/语言残疾	包括色盲、色弱、全盲、弱视 信息源以视觉为主 依赖视觉 依赖于文字及标志等
行动障碍	下肢动作障碍	轮椅 + 扶助者 手动轮椅 电动轮椅 拐杖 假肢 其他	移动时需要帮扶 可独立运动 可独立运动 有步行及移动能力 可以步行 采用特殊器械
	视觉障碍导致的 行动障碍	靠扶助 导盲犬 盲杖 其他	移动时需要某种方式引导 主要为外出时使用 主要为室外使用 可不是用盲杖的弱势者
精细动作障碍	上肢动作障碍	假手 电动假手 其他	有可动式和不可动式 目前应用较少 采用特殊器具和工具
	智力或精神障碍	需要帮助 只需辅助	属经常性 指生活中的一部分

1. 视力残疾者

（1）盲人   不能利用视觉信息定向、定位地从事活动，而需借助其他感官功能了解环境并定向、定位地从事活动。平时需借助盲杖行进，步速慢，在生疏环境中也易产生意外伤害。针对这一类人群进行的无障碍设计主要通过对其他感觉器官的强化和辅助，以减少盲人遇到的困难和障碍，如盲文标识说明、盲人触摸导游地图、走廊或通道中的扶手、人行道中的盲道等加强盲人的触觉感知能力。

（2）低视力者   由于视力下降和视野缩小，所以形象大小、色彩对比及照度强弱的变化都直接影响他们的视觉辨认。针对低视力者要加大标志图形的尺寸，加强光照，强化视觉信息，而且要善于利用色彩来有效地区分周围环境。

2. 肢体残疾者

（1）上肢残疾   这类人群手的活动范围小于正常人，难以承担各种精巧的动作，持续力差，难以完成双手并用的动作。上肢残障者的环境障碍主要是对球形门把手、门窗插销、小号按钮、钥匙门锁、拉线式开关等的操作有一定的困难。

（2）偏瘫   这类人群半侧身体功能不全，兼有上、下肢残疾特点。他们虽可拄杖独立跛行，或乘坐特种轮椅，但动作总有方向性，依靠优势侧。偏瘫者的环境障碍主要有地面光滑不平整，不易行走，楼梯只设单侧扶手或者扶手不易抓握，卫生间的支撑抓杆与身体偏瘫部位不对应等。

（3）下肢残疾独立乘坐轮椅者   下肢残障者的环境障碍主要是带高差的楼梯台阶、过长的坡道、门槛、路缘、旋转门、通道或入口宽度小于轮椅宽度，以及没有支撑扶手的设施、凹凸不平和阻力较大的地面等。

（4）下肢残疾拄杖者   该类人群攀登动作困难，水平推力差，行动缓慢，不适应常规的运行节奏。拄双拐者只有处于坐姿时，才能使用双手，拄双拐者行走时的幅度可达 950mm。下肢残疾拄拐杖者的环境障碍主要有高差较大的台阶、楼梯及坡道、过于光滑的地面、有较大缝隙的地面或孔洞、宽度不足的通道入口、缺少支持物或扶手的设施、不易操作的弹簧门和旋转门等。

轮椅的常规尺寸的水平宽度为 620～650mm，侧面长度为 1050～1100mm，轮椅总高度为 920mm，如图 8-3 所示。轮椅乘坐者的触及范围，即坐轮椅者单手能够及的水平范围为 700～800mm，垂直能够及的高度为 1370mm。所以在设计按钮时，应该将其高度设定为 1300mm 以下，横向宽度应保持在 800mm 以内，如图 8-4 所示。

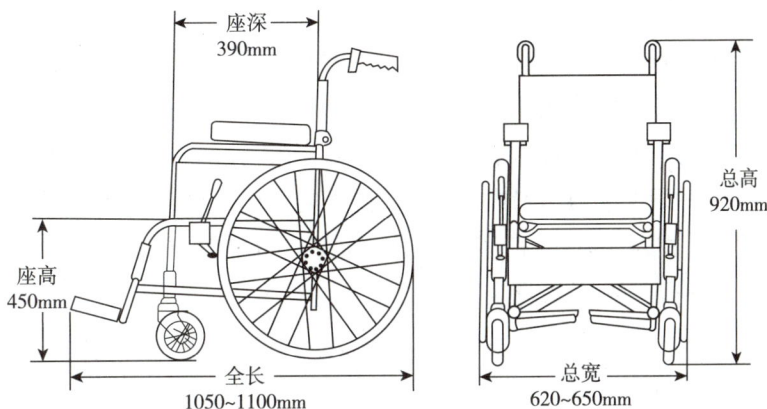

图 8-3　轮椅的常规尺寸

图 8-4　轮椅乘坐者的触及范围

轮椅使用者因为活动范围有限，因此在设计设施时应考虑其使用高度和容腿深度，设施的台面以下的空间应留有高 650mm、进深 450mm 的空间，如图 8-5 所示。对于使用拐杖者而言，应该放置能够休息的设施和存放拐杖的设施，并且在周围设有扶手来支撑身体。

3. 听力及语言残疾者　是指在启动听觉器官接收语音信息的能力方面存在障碍，不能进行正常的语言交往活动的有力障碍或能力低下的人群。在与人交往时，轻度听力障碍人群常需借助增音设备，重听及聋者则需借助视觉信号及振动信号。

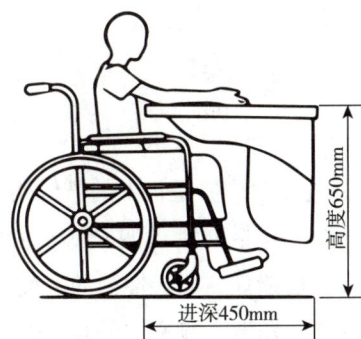

图 8-5　轮椅使用者需要适当的容腿空间

（二）主要障碍物形式

通过调查，妨碍残疾人参与社会活动的障碍主要包括出行障碍和生活障碍。出行障碍主要包括人行道路口的缘石、过街天桥、地道、建筑的阶梯、比较狭窄的出入口、服务柜台及售票窗口不适合的高度等。日常生活障碍主要包括浴室和厕所的各种设施、公共电话亭、扶手、公共场所席位、国际通用无障碍标识等。

日本福祉无障碍和通用设计学会便是其中一个具有代表性的组织。它是集中考虑人居、环境、交通、生活等各方面，并且集合了法律、社会福祉、工学等其他领域，以各种各样无障碍和通用设计的研究和开发为目标而成立的学会。

（三）残疾的部位与等级

在与残疾有关的无障碍设计中，我们需要结合不同的残障部位与等级完成设计。

1. 视力残疾　是指由于各种原因导致双眼视力障碍或视野缩小，而难能做到一般人所能从事的工作、学习或其他活动。注意盲或低视力均指双眼而言，若双眼视力不同，则以视力较好的一眼为准。如仅有一眼为低视力，而另一眼的视力达到或优于0.3则不属于视力残疾范围。视野以注视点为中心，视野半径小于10°者，不论其视力如何均属于盲。最佳矫正视力是指适当镜片矫正能达到的最好视力，或以针孔镜所测得的视力。视力残疾分级见表8-3。

表8-3　视力残疾分级

级别	视力、视野
一级	无光感~0.02（不包括）；或视野半径小于5°
二级	0.02~0.05（不包括）；或视野半径小于10°
三级	0.05~0.1（不包括）
四级	0.1~0.3（不包括）

2. 听力语言残疾　是指由于各种原因导致双耳不同程度的听力丧失，听不到或听不清周围环境及言语声（经治疗一年以上不愈者）。表8-4为听力残疾等级与特征。听力残疾包括：听力完全丧失及有残留听力但辨音不清、不能进行听说交往两类。

表8-4　听力残疾等级与特征

级别	平均听力损失/dBspL	言语识别率/%
一级	>90（好耳）	<15
二级	71~90（好耳）	15~30
三级	61~70（好耳）	31~60
四级	51~60（好耳）	61~70

3. 肢体残疾　是指人的肢体残疾、畸形、麻痹所致人体运动功能障碍。表8-5为肢体残疾等级与特征。主要包括脑瘫（四肢瘫、三肢瘫、二肢瘫、单肢瘫），偏瘫：脊髓疾病及损伤：四肢瘫、截瘫、小儿麻痹后遗症、后天性截肢、先天性截肢、先天性缺肢、短肢、肢体畸形、侏儒症、两下肢不等长，脊柱畸形：驼背、侧弯、强直，严重骨、关节、肌肉疾病和损伤，周围神经疾病和损伤。

以残疾者在无辅助器具帮助下，对日常生活生动的能力进行评价计分。日常生活活动分为8项，即端坐、站立、行走、穿衣、洗漱、进餐、如厕、写字。能实现一项算1分，实现困难算0.5分，不能实现的算0分，据此划分3个等级。

表 8 - 5　肢体残疾等级与特征

分级	行为活动度	体格特征
重度（一级）	不能或基本上不能完成日常生活活动 （0~4分）	1. 四肢瘫或严重三肢瘫 2. 截瘫、双髋关节无主动活动能力 3. 严重偏瘫，一侧脚体功能全部丧失 4. 四肢均截肢或先天性缺肢 5. 三肢截肢或缺肢（腕关节和踝关节以上） 6. 双大腿或双上臂截肢或缺肢 7. 双上肢或三肢功能严重障碍
中度（二级）	能够部分完成日常生活活动 （4.5~6分）	1. 截瘫、二肢瘫或偏瘫，残肢有一定功能 2. 双下肢膝关节以下或双上肢肘关节以下截肢或缺肢 3. 一上肢肘关节以上或一下肢膝关节以上截肢或缺肢 4. 双手拇指伴有食指（或中指）缺损 5. 一肢功能严重障碍，两肢功能重度障碍，三肢功能中度障碍
轻度（三级）	基本上能够完成日常生活活动 （6.5~7.5分）	1. 一上肢肘关节以下或一下肢膝关节以下截肢或缺肢 2. 一肢功能中度障碍，二肢功能轻度障碍 3. 脊柱强直：驼背畸形大于70°；脊柱侧凸大于45° 4. 双下肢不等长大于5cm 5. 单侧拇指伴食指（或中指）缺损；单侧保留拇指，其余四指截除或缺损 6. 侏儒症（身高不超过130cm的成人）

四、老年人与无障碍设计

（一）老年人的基本特征

世界卫生组织关于人类年龄的最新划分是：45 岁以下为青年，45~59 岁为中年，60~74 岁为年轻的老人或老年前期，75~89 岁为老年，90 岁以上为长寿老人。

老年人随着年龄的增长，身体尺度和肢体活动范围逐渐缩小，生理机能也较其他年龄段的成年人有明显的衰退，如身体各组织的弹性降低、肢体活动的困难增加、神经系统反应能力降低、记忆力减退、视力衰退、听力衰退等。

1. 运动机能　随着年龄的增长，肢体动作变得迟缓，老年人可能会因路面上的一个很小的凸起就被绊倒。脚力、上下肢肌肉力量、背力、握力和呼吸机能将会降低。而且对危险运动的神经反射及平衡能力也会降低，容易出现碰撞等危险。

2. 感觉机能　一般来说，老年人的感觉机能大多是按照视觉、听觉、嗅觉和触觉的顺序下降的，当颜色及亮度的识别能力也开始衰退时，就会影响日常生活。表 8 - 6 为 60 岁人群与 30 岁人群人体各机能数据对比。

表 8 - 6　60 岁人群与 30 岁人群人体机能比较

机能项目	静视力	动态视力	视野	焦距调节反应	听力	记忆力	反应速度	握力	关节可动域	触觉	平衡感
百分比/%	63	58	78	12	43	58	60	72	65	38	46

下面列举几个方面予以说明。

（1）视力　对于视觉的降低，设计时应注意避免过亮、色彩强烈对比以及强光和直射日光等对眼睛的刺激。

（2）听力　如果听力开始下降，就容易对社会生活产生孤独感。

（3）方向感 由于老年人方向感的降低，还应注意在建筑物内外设置统一、易识别的标识。

以英国 BSI 对少量老年妇女的测量为例：老年妇女的立姿身高比其他年龄段成年妇女减少约 30mm；坐姿眼高比其他成年妇女减少约 40mm；坐面至肘高比其他成年妇女减少约 10mm。图 8-6 所示为老年女性的平均活动空间，图 8-6（a）为老年妇女站立时手能及的高度，伸手最高位为 1730mm，伸手最低位为 750mm；图 8-6（b）为老年妇女弯腰能及的范围，弯腰的最低手能及的高度是 290mm。

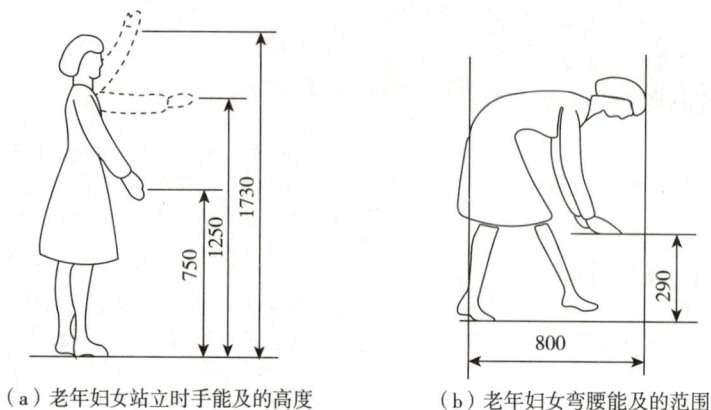

（a）老年妇女站立时手能及的高度　　（b）老年妇女弯腰能及的范围

图 8-6 老年女性的平均活动空间（单位：mm）

老龄问题已经成为普通性的社会问题，其中，老年心理问题，是老年群体的主要问题之一，但是老年人的心理特征和心理需求很少受到关注。这种心理需求主要包括对健康的需求、生活自理的需求以及社会参与的需求。表 8-7 为老年人能力障碍的基本特征。

表 8-7 老年人能力障碍的基本特征

能力障碍	区别	基本特征	行为特征
记忆障碍	记忆力差	忘性大	做事反复检查、莫名的担忧
		注意力不集中	做事效率低下
		冲动	易受鼓动或蒙蔽
饮食及睡眠障碍	饮食障碍	轮椅 + 扶助者	移动时需要帮扶
		手动轮椅	可独立运动
		电动轮椅	可独立运动
		拐杖	有步行及移动能力
		假肢	可以步行
		其他	采用特殊器械
	睡眠障碍	靠扶助	移动时需要某种方式引导
		导盲犬	主要为外出时使用
		盲杖	主要为室外使用
		其他	可不是用盲杖的弱势者
行动障碍	社会参与障碍	假手	有可动式和不可动式
		电动假手	目前应用较少
		其他	采用特殊器具和工具
	工作障碍	需要帮助	属经常性
		只需辅助	指生活中的一部分

（二）老年人用无障碍设计

1. 认知产品设计 认知设计主要取决于人的感知、注意与记忆能力，是人们对事物进行辨认和判断的过程，这类产品主要与形态、符号、文字、图形等视觉信息有关。如一些导识系统的设计、各类电器产品操作标识的设计以及一些阅读类的产品设计等（图8-7）。

图8-7 公共场所无障碍导视系统标识设计

2. 出行类产品设计 老年人很多手脚不灵活，而电动代步车的设计充分符合了老人的行动习惯。它不仅操作简单，而且容易上手，平衡感很容易锻炼出来。最重要的是速度不快，可保持匀速，老人的生命安全更有保障。另外，老年人电动代步车可调节车身与方向盘的高度，老年人可根据个人的需求调整到最舒适的高度。目前针对老人用的出行产品主要有电动轮椅、代步车、助行器等（图8-8）。

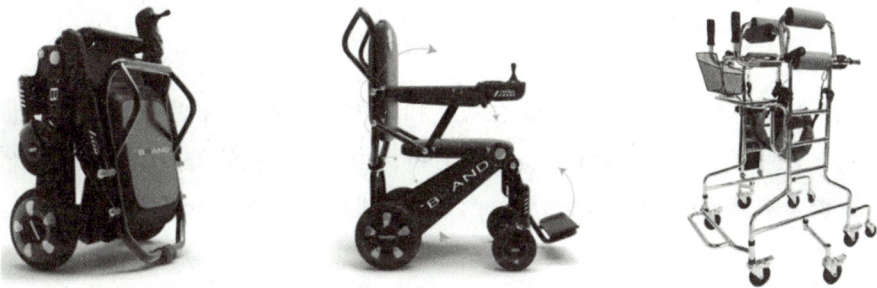

图8-8 老年人用折叠电动轮椅和八轮助行器

3. 生活辅助类产品设计 生活辅助类的产品范畴较多，如厨房用品、卫生间用品、起居用品、娱乐类产品、陪伴类产品等。设计中需要注意老年人的生活习惯和身体特征。

第二节 无障碍环境设计

无障碍环境主要指城市道路、公共建筑物和居住区的规划、设计、建设应方便残疾人通行和使用，比较常见的有坡道设计、盲道设计、无障碍电梯、无障碍卫生间、无障碍扶手和停车位等。下面从相关国家标准和设计实例进行介绍。

一、坡道设计

环境中便利下肢残障者的交通设施有缘石坡道、轮椅坡道和梯道，其设置条件见表8-8。

表8-8　便利下肢残障者的环境设施

设施	设置条件
缘石坡道	交叉路口、人行横道、街区出入口等处应设缘石坡道
轮椅坡道	人行天桥、人行地道、有高差的建筑物入口应设轮椅坡道
梯道	仅适合拄杖者、老年人通行

1. 缘石坡道（curb ramp）　　属于无障碍设施的一种，位于人行道口或人行横道两端，避免了人行道路缘石带来的通行障碍，方便乘坐轮椅者进入人行道的一种坡道。缘石坡道有扇面坡、单面坡和三面坡等形式。图8-9中的（a）缘石坡道坡度应小于或等于1：20，图8-9（b）所示扇面缘石坡道下口的宽度不应小于1500mm，道路转角处的单面缘石坡道上口的宽度不宜小于2000mm。

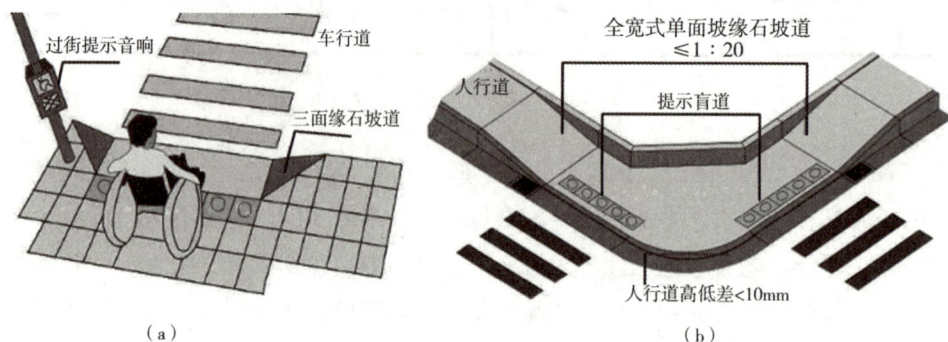

图8-9　缘石坡道设计

2. 轮椅坡道（wheelchair ramps）　　是指在坡度和宽度以及地面、扶手、高度等方面符合乘轮椅者通行的坡道。乘轮椅者身体的移动完全依靠上肢的力量，因此其上肢的负担非常大。他们在下坡时需要靠双手对手轮的摩擦力来控制轮椅的下滑速度，当遇到陡坡时便会担心轮椅急速下滑，因此设计时应尽量将坡道设置为缓坡。

国际化标准中规定，坡道的高度与水平距离比应小于1：12，最佳比例为1：16。坡道的最长距离为9m，如果过长可以设置坡道转角和平台方式减少缓冲。实际上在这种坡度条件下，也有不少轮椅的移动是受到一定限制的，所以如果空间条件许可，宜将坡道的坡度设置得更缓或配备电梯等升降设备。

3. 梯道（stairway）　　是指室内或室外梯形的通道。公共建筑的梯道宜采用直线形楼梯，踏步宽度不应小于300mm，踏步高度不应大于160mm。不应采用无踢面和直角形突缘的踏步，宜在两侧均做扶手，踏面应平整防滑或在踏面前缘设防滑条，踏面和踢面的颜色宜有区分和对比等。

二、盲道设计

盲道是为盲人提供行路方便和安全的道路设施。盲道一般由两类砖铺就，一类是条形引导砖，引导盲人放心前行，称为行进盲道（go-ahead blind sidewalk）；另一类是带有圆点的提示砖，提示盲人前面有障碍，该转弯了，称为提示盲道（warning blind sidewalk）。盲道的颜色宜为中黄色，使弱视人员能看到，同时对其他人也是一种警醒。盲道不得随意被占用。

盲道的设计应连续,并避开树木、电线杆、拉线、树穴、窨井盖等障碍物,其他设施不得占用盲道。行进盲道宜放在人行道外侧距围墙、花坛、绿化带 250~600mm 处。建筑入口、无障碍电梯、无障碍厕所、公交车站、铁路客运站和轨道交通站的站台处应设提示盲道。

三、无障碍电梯

电梯是人们使用最频繁且最理想的垂直通行设施,尤其当残疾人、老年人及幼儿在公共空间里上下活动时,通过电梯可以方便地到达每一楼层。供残疾人使用的电梯在规格和设施配备上均有特殊要求,不仅包括对电梯门宽度、关门速度、电梯厢面积等的具体规定,而且梯厢内必须安装扶手、镜子、低位选层按钮、报层音响,电梯厅的显要位置上要设置国际无障碍通用标志等。

表 8-9 无障碍电梯标准

位置	设施类别	设计要求
候梯厅	深度	候梯厅深度大于或等于 1800mm
	按钮	高度 900~1100mm
	电梯门洞	净宽度大于或等于 900mm
	显示与音响	清晰显示轿厢上、下运行方向和层数位置及电梯抵达音响
	标志	每层电梯口应安装楼层标志;电梯口应设提示盲道
电梯轿厢	电梯门	开启净宽度大于或等于 800mm
	面积	轿厢深度大于或等于 1400mm;轿厢宽度大于或等于 1100mm
	扶手	轿厢正面和侧面应设高 800~850mm 的扶手
	选层按钮	轿厢侧面应设高 900~1100mm、带盲文的选层按钮
	镜子	轿厢正面高 900mm 处至顶部应安装镜子
	显示与音响	轿厢上、下运行及到达应有清晰显示和报层音响

1. 电梯厢体尺寸 为方便轮椅进出电梯厢,电梯门开启后的净宽应大于 800mm,电梯厢的深度大于 1400mm。如果使用 1400mm×1100mm 的小型电梯,则轮椅进入电梯厢体后没有掉头空间,只能采用正面进入、倒退而出方式。如果使用深 1700mm×1400mm 的电梯厢时,轮椅有掉头空间,正面进入后可直接旋转 180°。

2. 按键和标识设计

(1)电梯呼叫按钮的高度为 900~1100mm,这是考虑坐轮椅时的伸手高度。显示电梯运行层数的标识不小于 50mm×50mm,以方便弱视者了解电梯的运行情况。

(2)电梯厢的选层按钮高度为 900~1100mm,如设置两套选层按钮,则一套设置在门扇一侧,另一套设置在轿厢内侧,便于不同位置的乘客使用。

(3)选层按钮要带有凸出的阿拉伯数字或盲文数字,同时在轿厢中设置报层音响,方便视觉残疾者使用。

(4)在电梯入口的地面上应设置盲道提示标志,告知视觉残疾者电梯的准确位置和等候地点。

3. 扶手和镜子设计

(1)电梯厢内三面需设置高 850mm 的扶手,扶手要易于抓握,安装要牢固。

(2)在轿厢正面扶手的上方要安电梯装镜子或反射玻璃,以使乘轮椅者从镜子或反射镜中看到电梯的运行情况,为退出轿厢做好准备。

四、无障碍卫生间

在机场、车站、医院、公园、养老院等公共场所，在卫生间区域专门设立无障碍卫生间。无障碍卫生间为不分性别独立卫生间，配备专门的无障碍设施，包含坐轮椅者方便开启的门、专用的洁具、与洁具配套的安全扶手等，给残障者、老人或妇幼入厕提供便利。无障碍卫生间应符合以下规定。

（1）无障碍厕位应方便乘轮椅者到达和进出，尺寸宜做到 2000mm × 1500mm，不应小于 1800mm × 1000mm。

图 8－10　无障碍卫生间设计

（2）无障碍厕位的门宜向外开启，如向内开启，需在开启后厕位内留有直径不小于 1500mm 的轮椅回转空间，门的通行净宽不应小于 800mm，平开门外侧应设置高为 900mm 的横扶把手，在关闭的门扇里侧设置高为 900mm 的关门拉手，并应采用门外可紧急开启的插销。

（3）厕位内应设置坐便器，厕位两侧距地面 700mm 处应设置长度不小于 700mm 的水平安全抓杆，另一侧应设置高 1400mm 的垂直安全抓杆。

（4）设置无障碍厕位的公共卫生间内应提供不小于 800mm 的通行宽度。

（5）在坐便器旁的墙面上应设置高 400～500mm 的救助呼叫按钮。

图 8－10 所示为无障碍卫生间设计。

五、无障碍扶手

无障碍扶手也称安全抓杆或安全扶手，主要用在过道走廊两侧、卫生间、公厕等场所，是一种帮助老年人和残人行走和上下的公共设施。为了方便残疾人、老年人和幼儿通行，扶手设计应遵循以下原则。

（1）设置二层扶手，上层高度为 900mm，下层高度为 650mm。

（2）扶手应保持连贯，起点和终点处应延伸 300mm。

（3）扶手应安装坚固。

（4）扶手起点水平段应安装盲文铭牌。

（5）扶手的粗细要易于抓握，应以残疾人、老年人及幼儿为使用对象。

（6）扶手的形态应与栏杆相协调。

无障碍楼梯扶手如图 8－11 所示。

公共建筑中扶手的起点与终点处应安装盲文标志，如

图 8－11　无障碍楼梯扶手

图 8－12 所示，使视觉障碍者了解自己的位置及走向，以便继续行进。

六、无障碍停车位

无障碍停车位是指为肢体残疾人驾驶或者乘坐的机动车专用的停车位。无障碍停车位内画有"残疾人轮椅"图案，如图 8－13 所示。

（1）无论设置在地上或是地下的停车场地，均应将通行方便、距离出入口路线最短的停车位安排

为无障碍机动车停车位，如有可能，宜将无障碍机动车停车位设置在出入口旁。

（2）无障碍机动车停车位的地面应平整、防滑、不积水，地面坡度不应大于 1∶50。

（3）停车位的一侧或与相邻停车位之间应留有宽 1200mm 以上的轮椅通道，方便肢体障碍者上下车，相邻两个无障碍机动车停车位可共用一个轮椅通道。

（4）无障碍机动车停车位地面应涂有停车线、轮椅通道线和无障碍标志。

图 8 - 12　扶手起点与终点的盲文标志

图 8 - 13　无障碍停车位设计

第三节　无障碍设施（产品）设计

一、针对坐轮椅的产品设计

1. 无障碍升降平台　是针对一些公共场所，有楼梯但没有轮椅坡道，同时高度不够增加电梯的情况下，为轮椅人群解决上楼梯的辅助产品。无障碍升降平台有垂直升降方式和斜挂式两种，如图 8 - 14 所示。无障碍升降平台有斜坡，可方便轮椅车进入，通过控制按钮即可实现上下楼功能。

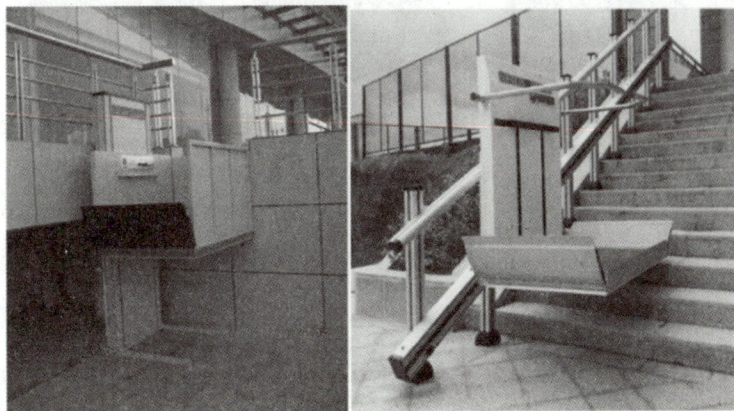

（a）垂直式升降平台　　　　（b）斜持式升降平台

图 8 - 14　无障碍升降平台设计

2. 无障碍低位平台　在公共场所需为坐轮椅人群考虑低位平台，平台高度为 800～1000mm，如低位电话台、低位服务台设计，同时考虑容腿空间，如图 8 - 15 所示。

3. 无障碍交通工具设计　公共交通上也有一些无障碍设计，如图 8 - 16 所示，有方便轮椅上下行的斜坡，不用时可折叠，用时展开形成斜坡。公共汽车内部的无障碍空间，可以放轮椅和婴儿车，同时有

图 8 – 15　无障碍低位平台

辅助固定设施。无障碍空间内还有无障碍按钮，方便下车提醒司机或者紧急呼叫等功能。

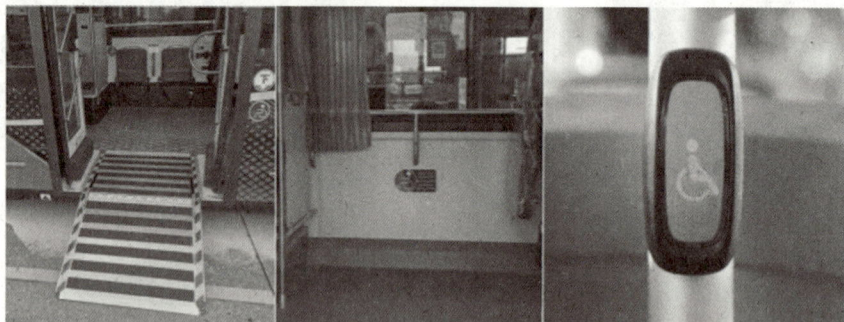

图 8 – 16　公共汽车的无障碍设计

SCEWO 是一款自平衡轮椅，除了拥有其他电动轮椅的一般功能外，轮椅底部安装了多条橡胶履带，可以穿过障碍物，还能在楼梯上平稳安全地前行，如图 8 – 17 所示。

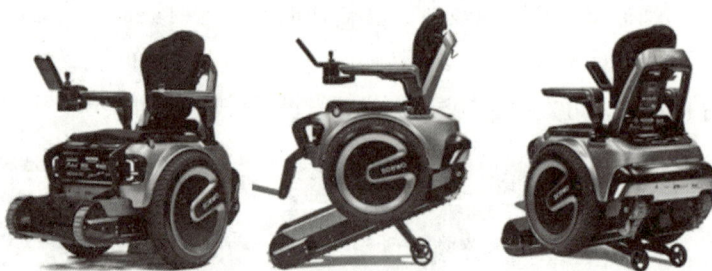

图 8 – 17　SCEWO 轮椅设计

二、针对老年人的产品设计

1. 老年手机　为老年人设计的手机，一般具有以下特征。

（1）屏幕和字体较大。老年人容易眼花，增大字体，同时增加识别度。

（2）按键较大，间隔较大。老年人手指不灵便，键盘太小或太密容易按错。

（3）功能要简单，操作方便。老年人不需要太复杂的功能，最好有语音辅助。（4）听筒和铃声扬声器音量要够大。很多老年人耳朵不好，手机放在包里听不见。

（5）待机时间长。

（6）其他功能　如手电筒、紧急拨号、价格实惠、外观材料防滑、定位等功能。

2. 老年人药物管理系统设计　该类产品主要针对老年人吃药提醒、存储等功能的设计。Pill Time 是一个界面友好且操作简单的药品管理系统，为那些老年患者管理他们的药品，防止他们服用过多或者过少的药品或者忘记服用药品。这个体系包括三个部分：一个药瓶、一个自动化的个人医疗助理和一个存储器。

三、针对视觉和听觉障碍人群的产品设计

1. 盲人手机　这是在功能操作上专为盲人而设计的手机，主要有两种。一种是手机所有的功能都能通过语音的形式输出，同时盲人通过语音系统所给出的信息可以做出相应的操作，包括发送短信；另一种是把普通手机的显示屏换成可触摸的盲文点字显示手机。图8-18所示是有盲文显示的手机。

2. 盲人相机　Touch Sight 相机在设计上与普通相机有很多不同之处，比如，使用者按下快门后，相机会延迟三秒，然后才会真正释放快门。影像通过一块带有盲点的"显示"薄片来帮助盲人触摸图片。另外，这款相机也可以保存这些带有"触感"的照片，并与其他的 Touch Sight 进行分享。

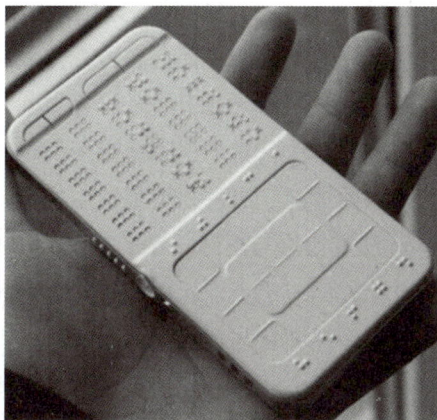

图 8 - 18　有盲文显示的手机

3. 其他产品设计　针对盲人的产品还有许多，如盲人手表、盲人阅读器、盲人拐杖、盲人眼镜、盲人魔方等，如图8-19所示。

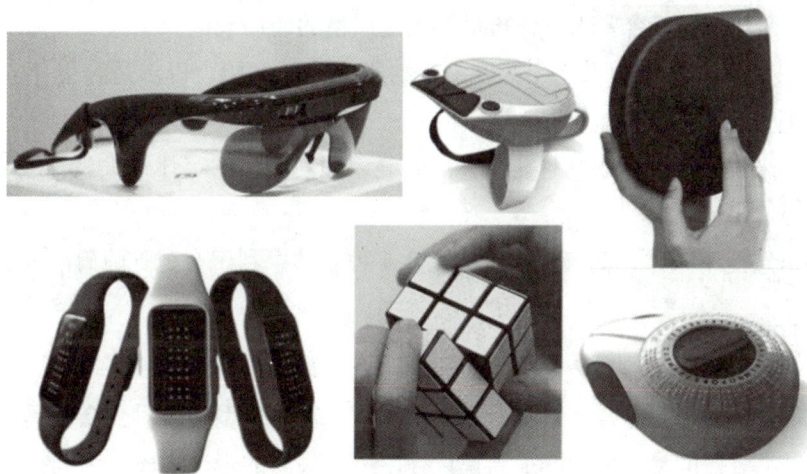

图 8 - 19　为盲人设计的各种产品

第四节　无障碍信息和交流设计

无障碍信息和交流设计包括从色彩设计、文字设计、图形设计、声音提醒等方面考虑视力残疾者和老年人生理需求，同时也为所有人群提供帮助的图形化信息传达，使导视系统更趋于合理、亲切、人性化地传递信息。

一、无障碍色彩设计

1. 采用明度与饱和度兼具的配色   色觉缺陷人群看到的色彩比色觉正常人群感受到的色彩对比度要弱得多，而醒目明晰的色彩搭配不但能够增强视觉冲击力，而且能够增加视觉障碍人群正确获取信息的机会。日本小田急电铁的标识系统，非常醒目的色彩是针对色盲及色弱人群的视觉无障碍化设计。

2. 慎用无彩色系的搭配   对于患有色觉缺陷的人群来说，这种通过明亮程度来感知并分辨色彩的能力是下降的。因此，存在各种视觉障碍的患者都较易将某些有彩色误识为不同明度的灰阶，这就造成灰阶在实际使用的环境中经常容易引起视觉的混淆。另外，如果采用黑色与其他低饱和度或低明度的有彩色搭配的方法，对于视障患者来说也容易产生视觉不适的污浊阴影感问题。但在此强调的一点是，除去上述两种情况，白色则是最通用的无彩色。

3. 注重色彩与图形文字的搭配   根据视觉设计原理和视障人群的视觉认知特点，在图文与色彩的搭配设计方面应重点确保前景色与背景色在其界限上的清楚明晰、反差明显，避免相邻色彩的明度接近。即应确保文字与背景色是采用明度差较大的配色方式，而图形与背景色则采用明暗对比度与饱和度都强烈的配色方式，以确保较高的易识别性。特别是在标示的使用上，应尽量采用简洁明晰且为完整闭合性的图形形式，避免用单线、曲折线或不规则的线条构图。

二、无障碍文字设计

（1）导向标识信息编排设计中文字信息量和文字字体及其尺寸应该根据实际交通环境情况的需要设定，经过专门的研究和试验符合要求后，再最终确定严格的使用规范。

（2）通过对 20～30 岁的青年以及老年人在 1 米的距离范围实验，得出适合老年人视力的文字的大小为 16 号字以上，应为青年人的 2 倍左右。

（3）对于老年人来说，字体越小则越需要光照明亮，即使较大的字体也大致需要青年人所需的 1.3 倍的照度。

（4）导向文字信息使用宋体、新宋、仿宋、黑体 4 种字体，利于有视觉障碍的人员辨认。

三、无障碍图形设计

图形是一种直观生动的形象语言。与文字相比，图形丰富的造型手段对受众更具吸引力，具有直观的形象性和超越国界、语言的易理解性，是导视设计中不可欠缺的表现手段。为弱视者设计的导向标志应清晰醒目，加强视觉冲击力，这样才有利于他们正确获取信息。根据视觉传达设计的原理和视觉障碍者的视认特点，导向标志的设计应符合以下原则。

（1）标志图形与背景应界限清楚、关系明晰、反差明显，相对处于静止稳定状态。

（2）图形应闭合完整、简单明了，尽量减少符号细节。

（3）图形符号含义的符号细节方面，构图时尽量使用水平或垂直的块与面，避免使用单线、曲线、不规则的线条。

（4）图形意义表达要到位，确定好图形涉及的物体，且该物体对于观察者来讲意义明白无误。

20 世纪初，奥图·纽拉特创造性地提出了图像符号的概念以及国际印刷图形教育系统（international system of typographic picture education，ISOTYPE）。他从社会学、逻辑学的角度出发，通过系统化设计的图画与图形来取代文字语言的表述，利用精练的图标与图形进行设计，使信息在更广的范围内传递。

四、无障碍语音设计

听力语言残障者的环境障碍主要在声音信息的获取和交流上，如不能听到汽车或其他交通工具的提示声音信号，尤其过马路容易产生危险。在只有常规音响系统的室内环境中，如一般影剧院及会堂，不能与正常人一样享受音乐或其他依靠声音传播的娱乐活动；发生紧急情况时，不能听到安全报警系统的声音信号，无法及时安全疏散或撤离。

为减少听力语言残障者在环境中所遇到的障碍，要尽量加强视觉信息的传播，提醒听力语言残障者避开危险，安全出行。在室内要改善音响系统，如各类演播大厅、会议厅应设增音环形天线，让使用助听器的残障者能够更好地收到声音收音信号。在安全预警方面，在设置声音预警信号的同时，还要设置同步视觉和震动警报，为听力语言障碍者提供帮助。

第五节　通用设计

一、通用设计的定义

通用设计（universal design）又称"共用性设计""全民设计""全方位设计""普适设计"等，是指对于产品的设计和环境的考虑能尽最大可能面向所有使用者的一种创造设计活动。设计对象包括健康人、能够生活自理的残障人士和老年人等。通用设计是为了突出关心、关爱的理念，以及对弱势群体的共情，希望使用者能够共同参与、平等生活。通用设计的适用范围如图 8 - 20 所示。

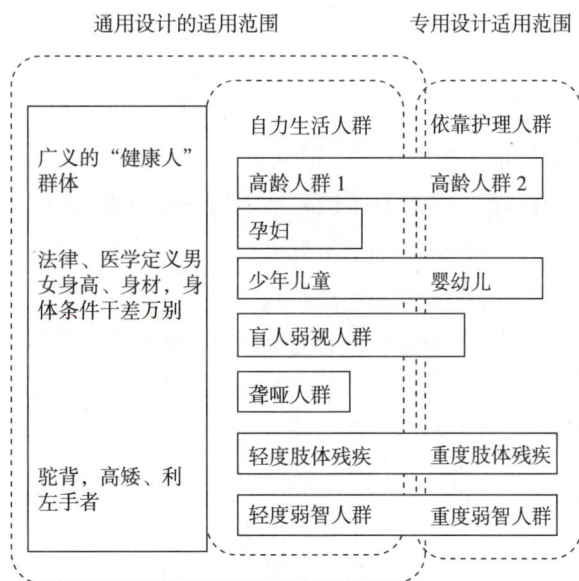

图 8 - 20　通用设计的适用范围

通用设计的核心思想是把所有人都看作程度不同的能力障碍者，即人的能力是有限的，人们具有的能力不同，在不同环境下所体现出的能力也不同。通用设计需考虑以下几个方面。

1. 孕妇　腿脚承重增加，弯腰、抬腿困难，身体移动困难，直立时看不到脚下。

2. 婴幼儿　身体矮小、视线低，摸高点低，不识字，见识、经验、知识缺乏等。

3. 弱视人群　看不见，看不清，易看错，分辨颜色困难。

4. 聋哑人群　没有听觉，无法用声音交流。

5. 肢体残疾　对手、腿、脚的控制困难、无法灵活运用。

6. 健全者　驼背，身高差距，利左手者，受伤时只能单手操作等。

> ✎ **知识链接**
>
> 通用设计的意义
>
> **1. 提高生活质量**　通用设计使更多的人能够独立生活和参与社会活动，提高了他们的生活质量。
>
> **2. 促进社会包容**　消除了因设计不合理而导致的障碍，促进了社会的包容和平等。
>
> **3. 降低成本**　通用设计的产品和环境可以减少特殊需求的定制化，降低了生产成本和社会成本。
>
> **4. 推动创新**　通用设计要求设计师从不同用户的角度出发，激发了创新思维，推动了设计的发展。

二、通用设计的发展过程

通用设计的发展始于 1950 年，当时人们开始注意残障问题。在日本、欧洲及美国，"无障碍空间设计"为身体障碍者除去了存在环境中的各中障碍。在 20 世纪 70 年代时，欧洲及美国一开始是采用"广泛设计"，针对在不良于行的人士在生活环境上之需求，并不是针对产品。1987 年，美国设计师罗纳德·梅斯开始大量的使用"通用设计"一词，并设法定义它与"广泛设计"的关系。在 1990 年中期，朗，梅斯与一群设计师为"全民设计"制订了七项原则。

从概念可以看出，通用设计是在最大可能下，尽量符合最多数人可用的设计，通用设计除了强调并非为少数特定群体而设计，更是强调"以人为本"的关键精神，实质上通用设计的理论依据是"以人为本"，也就是说，其理论基础还是人机工程学。但这里的"人"不再是笼统的整体概念，而是通过把产品和环境、使用者具体化，关注每一个具有不同生活能力的使用者的特点、愿望和要求，尤其关注老年人和残疾人等群体的特殊要求，并在此基础上呈现可被普遍接受的且不以丧失个性和增加成本为代价的设计，从而实现对产品和环境使用者的普遍关照。

通用设计目标 2012 年，布法罗大学包容性设计与环境准入中心（IDeACenter）的施泰因费尔德（Edward Steinfeld，《通用设计原则》的作者之一）和梅塞尔（JordanaL. Maisel）合著的《通用设计——创造包容性环境》一书中总结了 8 点通用设计的目标：①合身：适应各种体型和能力。②舒适：将需求保持在身体机能的理想限度内。③觉察：确保（产品）使用的关键信息易于获得。④理解：使操作和使用的方法直观、清晰、明确。⑤健康：有助于促进健康、避免疾病和预防伤害。⑥社会融合：以有尊严和尊重的方式对待所有群体。⑦个性化：包含选择机会和个人偏好的表达。⑧文化适宜性：尊重和加强设计项目的文化价值及社会和环境背景。这些目标并不涉及具体方法，但指明了通用设计在多个维度所应努力的方向，尤其在个人因素之外增加了社会心理和文化方面的要求。把它们和导则、战略、最佳实践案例结合在一起，方能为专业人士提供全面完整的相关信息。

三、通用设计的原则

NCSU 的通用设计原则 1997 年，美国北卡莱罗纳州立大学（NCSU）设计学院通用设计中心发表了

《通用设计原则》，总结了 7 点重要原则。

（一）公平性原则

公平地使用（equitable use）原则是指对具有不同能力的人，产品的设计应该可以让所有人都公平地使用，具体包括以下 4 个设计要点。

1. 对所有使用者提供完全相同的使用方法　设计时是否考虑到尽量能让所有人都可以用同样的方式去使用物品？若无法达成时，也尽可能提供类似或平等的使用方法。

公共场所的盲文地图、盲文铭牌、盲文站牌等，给盲人提供和所有人一样平等的使用方法。

公共场所高低不同的饮水台和电话机设计，考虑到不同身高人群的需要，提供平等的使用方法。

法国设计师 Gwenole Gasnier 设计的 Un Lavabo 水槽，通过底部一个简单的斜切面，使水槽可以在轻微受力下向外侧倾斜到一定的角度，以方便儿童或身残人士使用。

2. 避免使用者产生区隔感及挫折感　图 8－21 中所设计的一款上下升降式浴缸，当使用者站到洗浴位置后，浴缸下降并开始蓄水，洗完后水缸自动排水后上升。这个设计不仅针对残疾人，同时对腿脚不便人群、孕妇和儿童等，也可以减少迈腿进入浴缸时所产生的不舒适动作。

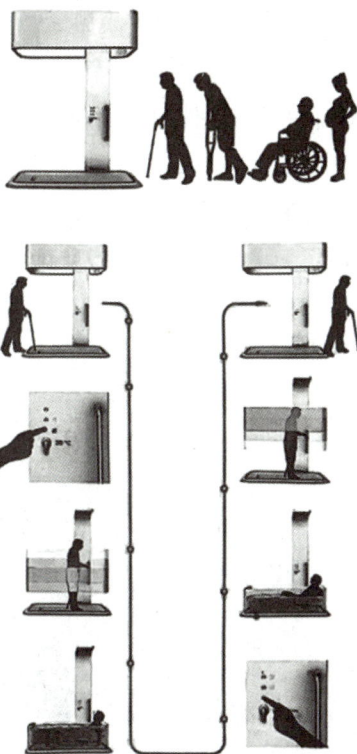

图 8－21　升降式浴缸设计

图 8－22 所示为儿童嘴用注射器设计。因为以往的注射器造型带给孩子带来恐惧感，而且有的药物的味道会加深孩子的抵触情绪，所以大象鼻子造型的注射器打消了那种如同在医院一样的恐惧心理，给家长和孩子带来信任感。同时因为装在里面的药物的长嘴通到孩子口腔深处，避免孩子去品尝，激发他们的下咽反射，能顺利地将药物服用下去。

3. 对所有使用者平等地提供隐私、保护及安全感　如图 8－23 所示，高低不同的可视窗为不同高度人群提供平等的使用原则。

图 8－22　儿童嘴用注射器设计

图 8－23　高低不同的可视窗设计

4. 具有吸引使用者有魅力的设计　Touch－E 盲人助行产品设计，针对盲人出行问题，运用超声波触感设计出的导盲产品可以帮助盲人自由行走。当检测到前方障碍物后，该产品将三维环境映射到触点阵列上，使盲人通过指尖触感变化来获取周围环境的信息。

（二）灵活性原则

可以灵活地使用（flexibility in use）原则是指设计要迎合人们广泛的个人喜好和能力，其设计的有效性能满足各类人群的需要，具体包括以下 4 个设计要点。

1. 提供多样性且可选择的使用　图 8-24 所示为高度调节的床体设计，可根据人们的需求调节不同的高度。

图 8-24　可调节高度的床体设计

2. 同时考虑"左撇子"和"右撇子"的使用　生活中有一小部分人是"左撇子"，又名"左利手"，意思是更习惯用左手的人，但是生活中有许多设计没有考虑到使用左手人群的正常使用，所以在设计中要避免只针对使用右手人群的设计，如图 8-25 所示。

3. 能增进用户操作的准确性和精确性　设计界面和造型要给使用者提供正确的引导，以便使用者能够正确地操作，减少错误操作频率。例如，AED 心脏除颤器设计用简单的操作图方式代替文字说明，全程语音辅助，这些设计可以帮助第一次使用该产品的用户能正确操作，从而挽救生命，如图 8-26 所示。

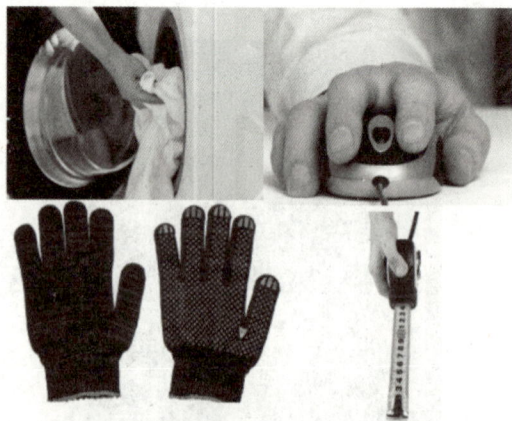

图 8-25　没有考虑使用左手人群的设计

图 8-26　AED 心脏除颤器设计

（三）简单直观性原则

简单而直观（simple and intuitive use）原则是指不论使用者的经验、知识、语言能力或集中力如何，产品的用法都很容易了解，具体包括以下 5 个设计要点。

1. 去掉不必要的复杂细节　老年人专用手机设计，摒弃了多余的功能，追求产品的本质，只关注最常用的功能和操作。同时考虑老年人视觉识别特征，键和显示信息的字体加大，同时快捷按键可以帮助老年人快速拨号或者紧急呼叫。

2. 与用户的期望和直觉保持一致　MUJI CD Player 拉线开关设计，当看到产品下面有一个拉线时，使用者第一反应会联想到旧时的灯，通过拉线可开启产品的功能。这种显而易见且通俗易懂的设计哲学，既无须学习，也无须参考复杂的说明书。

3. 适应不同读写和语言水平的使用者　设计需要考虑不同年龄、不同读写和语言水平的使用者都能够正确使用。图 8 – 27 所示为针对儿童的疼痛等级评价表。儿童不太容易描述自己的身体状况，但是通过不同的表情可以有效了解自己疼痛的等级。

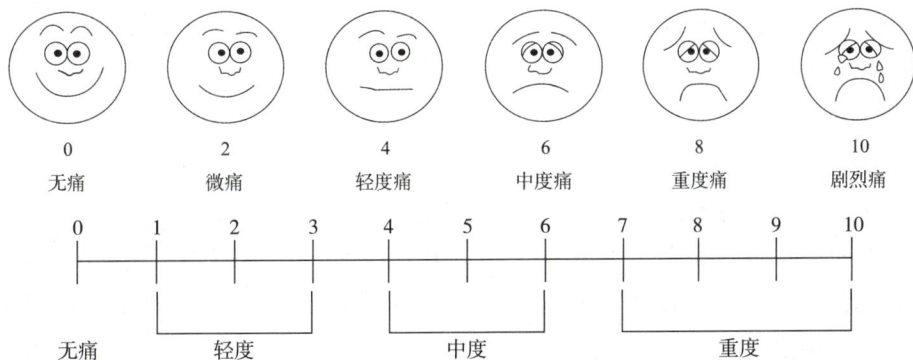

图 8 – 27　针对儿童的疼痛等级评价表

4. 根据信息重要程度进行编排　产品界面设计中的按键分布需根据信息的重要程度或者操作的先后顺序等因素进行合理编排。

5. 在任务执行期间和完成之时提供有效的提示和反馈　例如，电磁炉刚发明初期，深受人们的欢迎，没有明火会让人们失去对炉灶的畏惧感。但没过多久，却接连发生事故，因为没有明火，用户不知道危险，手经常会碰到电磁炉的面板，于是手被烫伤。设计师通过思考提出了一个简单实用的方法：在电磁炉的加热部件下面增加一圈发光元件，在加热的时候，可以发出红色的光。这样使用者在使用电磁炉的时候，视觉系统收到红色的信息，便会联想到传统的炉灶，知道存在烫伤的危险，不能用手触碰。这样就成功地将不可碰触的"障碍"转化为使用者群体容易理解并能接受的视觉符号，有效地传达了"障碍性"信息。

（四）信息明确性原则

明显的信息提醒是指不论周围状况或使用者感官能力如何，这种设计有效地对使用者传达了必要的信息。信息具有良好的转达效果，即不受周围环境和使用者知觉水平高低的影响。具体包括以下 5 个设计要点。

（1）使用图形、文字、触觉等尽可能多的方法（即使被认为是多余的）表示使用者所需的各种信息。例如，公共场所中的 SOS 设计，从高度、鲜艳的颜色和尽量大的字体方式等方面提高辨识度，使需要帮助的人第一时间找到并寻求帮助。

（2）用充分的对比度来区分中心信息和外围的信息。绿色的通话按键和红色的切断通话按键清晰地表明了不同功能。

（3）将必需的信息根据各种感觉形态，尽可能设计得让人容易理解。BOACH 博世的激光测距仪设计，按钮上通过简图的方式直观地表达了各功能的含义。

（4）用各种方法，将信息的基本要素进行区别转达，能简单地提供出各种导向和指示信息。例如，公共场所的方向指引设计、地铁线路的颜色区分等。

（5）设法为有感觉障碍的人们使用的各种技术和装置提供共用性。例如，生活中的一些产品不仅为特殊人群设计，同时为所有人带来便利。电动插入式压力泵避免了举起水桶倾倒的费力方式；语音提醒的体温计不仅是对盲人进行信息提醒，也给普通人声音提醒；侧面倾斜式的滚筒洗衣机避免所有人取衣服时的弯腰动作；可旋转的衣架杆设计不仅方便坐轮椅者，同时也帮助所有人取高处的衣服。

（五）容错原则

容许错误（tolerance for error）原则是指设计应该可以让误操作或意外动作所造成的反面结果或危险的影响减到最少。具体包括以下 4 个设计要点。

（1）对不同元素进行精心安排，以降低危害和错误。最常用的元素应该是最容易触及的，危害性的元素可采用消除、单独设置和加上保护罩等处理方式。

（2）提供危害和错误的警示信息。

（3）失效时能提供安全模式。

（4）在执行需要高度警觉的任务中，不鼓励分散注意力的无意识行为。

如在使用计算机的时候，如果用户意外按到键盘上的 Delete 键，系统便会询问用户是否将文件放入回收站，这时候用户可以选择"取消"，则该文件不会被删除，即使用户由于操作速度太快按了 Enter 键，即系统默认的"确认"键，用户也可以把该文件从回收站里还原回来。这就是容错性应用与软件产品典型案例。这种设计将危险及因意外或不经意的动作所导致的不利后果降至最低。

（六）省力原则

尽可能地减少体力上的付出（low physical effort）原则是指设计应该尽可能地让使用者有效并舒适地使用，而不费过多气力。具体包括以下 4 个设计要点。

（1）允许使用者保持一种省力的肢体位置。

（2）使用合适的操作力（手、足操作等）。

（3）减少重复动作的次数。

（4）减少持续性体力负荷。

图 8 - 28 所示为雨伞的手柄设计，需考虑有效、舒适及不费力的使用功能。

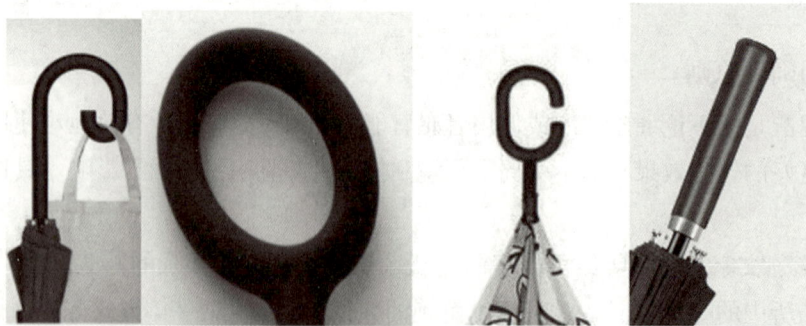

图 8 - 28　雨伞的手柄设计

图 8 - 29 所示为伦敦设计师 GabrieleMeldaikyte 设计的一套单手操作的辅助餐具，让残疾人不仅能切面包、苹果，甚至还可以剥鸡蛋。

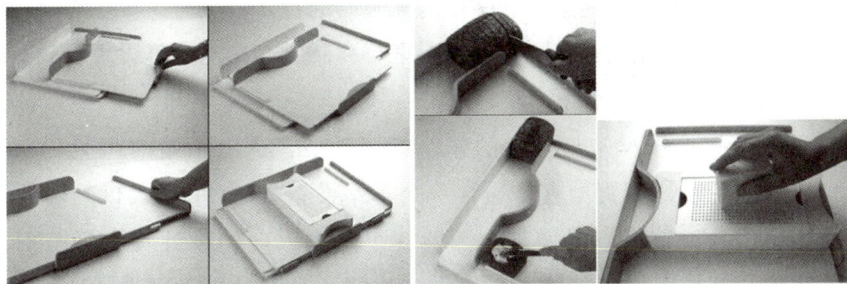

图 8 - 29　可单手操作的辅助餐具设计

（七）可达性原则

适当的尺寸及空间供使用（size and space for approach and use）原则是指无论使用者体型、姿势或移动性如何，都提供了适当的大小及空间供人们操作及使用。具体包括以下 4 个设计要点。

（1）为坐姿和立姿的使用者提供观察重要元素的清晰视线。

（2）坐姿或立姿的使用者都能舒适地触及所有元素。

（3）兼容各种手部和抓握尺寸。

（4）为辅助设备和个人助理装置提供充足的空间。

四、通用设计与无障碍设计的区别

通用设计是在无障碍设计的基础上发展起来的，强调通过设计让环境和产品能在最大可能范围内被所有人使用，而不用专门考虑特殊人群。它的目标是通过使物理环境在更多情况下能被更多的人使用，从而给每个人带来好处。通过创造更具有包容性的环境，而减少对专门为残障人士设计的产品需求。通用设计的核心思想是：把所有人都看成不同程度的能力障碍者，即人的能力是有限的，人们具有的能力不同，在不同环境下具有的能力也不同。

通用设计清楚的包含了无障碍设计，比其涵盖的范围更加广泛。它富有促进社会改革的责任，应该包括社会公平的问题，比如设计应该考虑不同性别、年龄、种族和社会经济地位。

通用设计主要被分三个类别：特殊的设计、稳定的设计和可调节的设计。通用设计是以人为中心的设计概念中人机工程学的最高状态，它是在无障碍设计的基础上发展起来的，包括对弱势群体护理以及对弱势群体和普通人群之间的无差别设计。通用设计不仅是产品和环境的发展方向，也是社会文明和社会进步重要标志。通用设计不仅可以满足不同年龄和不同身体状况人群的需求，还可以消除障碍，为弱势群体提供可触和可用的机会。目的是为人们提供更方便和舒适的设计，包括不同人群的体质特点，如行动不方便的老年人、左撇子/右撇子、视力障碍或听力障碍等人士。产品设计的类别主要涉及个人、家庭、工作和社会中的信息输入和输出。对于通用设计的视角包括设计师的视角和用户的视角，他们之间有共同点也有不同点。

第六节　无障碍设计案例

一、地铁站无障碍设计

地铁是直接面对大众的公共交通工具，根据国家的有关规定，所有车站都同步建设无障碍设施，要求每一个车站都必须保证人们从地面到站台、站厅的无障碍通行。一般考虑至少有一个出入口设置轮椅牵引设备，站厅到站台设一部垂直电梯，同时从色彩区分和感觉判别的角度设置盲道，无障碍设施通向的车厢尽量固定，便于残疾人士上车和下车。

1. 地铁出入口　是连接地铁车站与外界的建筑物，是乘客进出车站的通道。为吸引和方便疏散客流，车站出入口以分散的形式布置为宜，通常一个车站设置 2～4 个出入口。随着地铁网线的不断扩展，城市内地铁车站出入口数量不断增加，因此，车站出入口的设计除满足吸引、疏散乘客的需要外，还应满足城市规划和城市景观的要求，应做到协调、美观且易于识别。地铁出入口有以下 3 种类型。

（1）敞口式出入口　口部不设顶盖及围护墙体的出入口。从行人安全角度考虑，除入口方向外，其余部分设栏杆、花池或挡墙加以围护。敞开式出入口应根据当地情况设置，采取措施妥善解决风、沙、雨、雪、口部排水及踏步防冻、防滑问题。

（2）半封闭式出入口　口部设有顶盖、周围无封闭围护墙体。这种出入口适用于气候炎热、雨量较多的地区。

（3）全封闭式出入口　口部设有顶盖及封闭围护墙体。全封闭式出入口有利于保持车站内部的清洁环境，便于车站运营管理。

2. 地铁无障碍设施

（1）地铁出入口无障碍设计的连续性　这是指在盲道及轮椅的通行过程中，应使其保持连续，不应有其他任何设施造成无障碍通路的中断，否则将使无障碍设施失去其应有的作用。我国有的城市道路盲道常被自行车、垃圾桶等其他设施占据，其结果是使盲道系统成为一种摆设。这种不连续的建设方法，如在人流高度集中的地铁出入口等位置，其后果会严重影响人们的出行。

（2）地铁出入口信息无障碍设计　信息无障碍是地铁无障碍设计的重要内容，主要指为视觉障碍和听觉障碍的乘客所设计的各种服务标识系统，以及根据这些人的特点所设计的紧急疏散标志系统，如服务于视觉障碍的盲文信息标识、盲道诱导。服务于听觉障碍者的声诱导标识系统，在电梯处配置盲字板和声导系统，以使有视力障碍的人可以方便地使用设备。在车站的入口处应设有触摸图导向板，以保证有视力障碍的人清楚车站内各种设施的位置。

（3）地铁车站内部空间环境无障碍设计　这主要包括无障碍电梯、自动扶梯和楼梯升降机、扶手、坡道及盲道和触觉信息。

3. 地铁站无障碍设计的设计要点　地铁站无障碍设计应综合考虑所有人的使用，尤其是儿童、老年人和残障人士等特殊人群的使用，真正做到人性化设计，地铁站无障碍设计的设计要点如下。

（1）站内楼层间的无障碍电梯与盲道相连，方便盲人使用，同时电梯内部要设有适合坐轮椅人的尺度的按键与扶手，便于他们使用；按键有凹凸感，便于盲人识别。站内的指示性标识可以考虑增设部分触觉的标识或者听觉的提示，使盲人也能识别。

（2）人工售票处、自动售票处应设置适合坐轮椅的人、儿童和身高较矮的人使用的售票窗口或售票机。

（3）在出站口处的自动扶梯与步行楼梯位置可考虑设置双层扶手，连接站内楼层的楼梯扶手应设置适合儿童尺度的扶手。

（4）在地铁入口处地铁内平面与地铁站平面存在高差，可以考虑增设坡道，方便行动不便的人使用。无障碍电梯的设置应有引导标识。

（5）安检台设置高低结合，例如，安检台可铺设一低矮安检口供重物的安检，方便携带大件行李箱的人。

（6）引导系统给站内通行带来便捷，应在较明显处设置无障碍标识，进一步完善无障碍设计和引导。

（7）一些站内进出口匝道设计应对轮椅、行李箱和婴儿车进行全面的通行考虑，如进出口匝道可增设一个尺度较大的匝道，供有需求的人使用。

（8）地铁车厢地平面与站内地平面需要更好的衔接，便于轮椅、婴儿车和盲人等使用。

（9）站内的指示标识系统应比较完善，能够便捷地提供较为准确的信息。

（10）站内还应重点考虑发生灾难时的人流疏散问题，增设明显的疏散引导标识等。

（11）站内盲道系统应与出入口无障碍体系相连接。

二、博物馆无障碍设计

博物馆的无障碍设计除了比较常见的有坡道、盲道、无障碍电梯、无障碍卫生间、无障碍扶手和停车位以外，还需从灯光设置、展品和展板高度、信息传递无障碍设计等方面考虑。

1. 灯光设置　博物馆内的灯光应突出重点，并兼顾全局照明。

2. 展品和展板高度　展品和展板设计时需考虑正常人站立时视点高度为地面以上 1560mm，坐轮椅的视点高度为地面以上 1175mm，如图 8-30 所示。

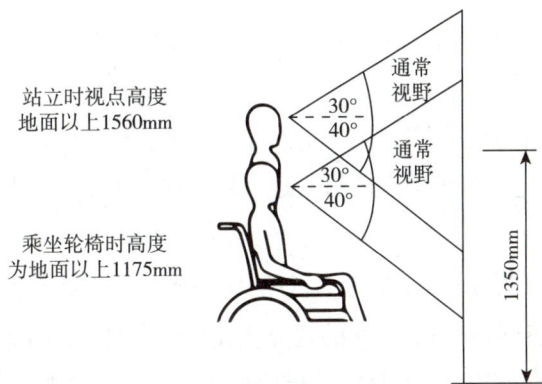

图 8-30　坐轮椅者的视点高度

3. 信息传递无障碍　印制有关博物馆介绍、文物的盲文宣传材料，同时使用盲文说明牌。在展厅内准备放大镜，帮助视力低的人和老年人使用。

提供数码式语言导览系统，录音内容尽量语言生动，音调亲切，轻松活泼，清晰形象，让听者有愉悦的感觉，最好配有音乐，使之更具美感。定位式自动导游系统是最佳的选择，观众停留在何处，就有关于何处内容的讲解。

可以为盲人提供有关博物馆、展览的解说稿。选择一定展品，让盲人触摸，对特殊展品可以佩戴手套，或者复制一些模型帮助盲人感知。如盲人可以通过触摸感受展品的纹理、质地，触摸鸟兽形状展品时可以配以声音，从而获得对动、植物更感性的认识。

三、厨房无障碍设计

1. 确定设计目标　厨房作为家庭生活最重要的使用空间之一，在家居空间中占有举足轻重的地位。

对于身体残疾的特殊人群来说，无障碍化的厨房设计能帮助他们独立解决饮食问题，给予他们动手做饭的享受感和满足感，让他们感受到和正常人一样的生活。

无障碍厨房系统主要适用于有厨房使用能力的轮椅使用者，该类人群仅受到下肢残障的困扰而移动不便，他们拥有独立生活的能力，有健全的上肢活动能力和思维能力。无障碍厨房设计的尺寸、功能和行走路线都为坐轮椅人群考虑，方便该人群自如使用厨房功能。

2. 人机工程学分析

（1）轮椅使用者活动尺度　轮椅使用者身体移动受轮椅的限制，因此活动的范围较正常人小且灵活性差。

（2）轮椅使用者厨房设备的尺寸　厨房设施是厨房操作的主要工具，无障碍的厨房设备是无障碍厨房设计的重点。轮椅使用者特殊的生理特点要求厨房设备在结构上有适当的尺寸，在操作空间中要留出足够的容腿空间和活动空间。

1）操作台高度　最好为可调节台面，以便轮椅使用者和正常人共同使用。轮椅使用者操作台高度为 750～850mm，应有足够的容腿空间。水管外部需有保护材料，防止磕碰腿部。

2）灶台高度　应在 750mm 左右。灶台下方有容腿空间，灶台边缘有防烫设施，控制开关应直观、明确，宜设置鸣响器和自动断电装置。

冰箱宜使用双开门，柜门开关方式宜采用触动弹出方式等。

（3）轮椅使用者厨房安全设计　轮椅使用者厨房设计的安全性主要考虑门、地面和电气设备的安全问题。

1）门的设计　轮椅使用者厨房的门宜采用折叠门或方便平移的门，门净宽不小于 800mm，最好为900mm，以保障轮椅能顺利通过。若地面有轨道，建议轨道嵌入地面以保持地面水平无障碍。若有门把手，应用鲜明的颜色标识。

2）地面设计　由于轮椅的行驶压力大于脚底对地面的压力，因此轮椅使用者的厨房地面要有足够的抗压、耐磨能力。在厨房这样容易造成积水的地方应使用防滑材质的地面，尤其是针对轮椅使用者需要使用粗糙度更高的地面材料。此外，地面应尽量保持平滑，以减少轮椅使用者移动时所需的上肢力量。通常情况下，地面高差最大值为 20mm，砖缝差在 10mm 左右，并且在地面高差过渡区要有明显的过渡设置。

在电气设备的选择上也要遵循安全、高效的原则。在厨房内应多设置一些开关，减少残障人士移动频率。对于常用的开关或插座，其高度应设置为 900～1050mm，接近地面插座高度为 350～400mm，插座外部宜设置安全保护套。

此外，在厨房内部还可安装紧急呼叫设备，以便在残障人士遇到不能解决的问题时可以及时呼叫他人进行帮助。

（4）轮椅使用者厨房特殊功能设计　在一般厨房设计的基础上，作为特殊人群的轮椅使用者的无障碍厨房设计需要有一些特殊的功能安排。

1）防伤害设计　①桌面圆角防撞伤。由于轮椅的移动远不如人体自身移动控制能力强，而且厨房可活动空间一般并不大，因此很容易造成碰撞，为了减轻碰撞产生的伤害，可在操作台面边缘包裹圆角。②阻尼器防夹伤。在房门、柜门的设计上可采用阻尼器来避免轮椅使用者因反应不够灵活造成夹伤。③灶台防护罩防烫伤。灶台周围和下部容腿空间处应用防烫材质包裹或保护，防止人员烫伤。

2）智能设计　如果能把智能化很好地应用于无障碍化厨房设计中，借助智能控制可减少轮椅使用者大量的体力，节省更多的时间，也可减少或避免一些因误操作或反应不及时对使用者造成的伤害。

3. 无障碍厨房设计　无障碍厨房如图 8-31 所示。

该设计采用 U 形厨房结构，在两侧操作台面之间留出充足活动空间，在保证轮椅移动转向的同时可最大限度地减少移动路程。外部靠墙处采用直线边缘，内部运用曲线轮廓，减少碰撞产生危险的同时会带给人温和的视觉感受。整体运用现代化简洁的外观造型，采用简约明快的整体配色，使人有清爽愉快的使用心情。

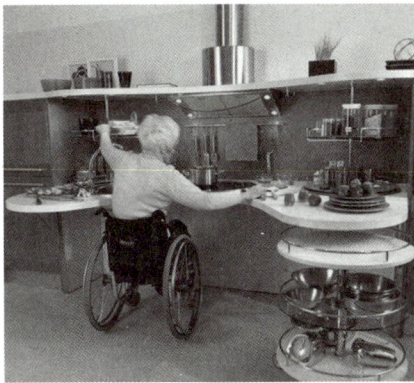

图 8-31　无障碍厨房

（1）确保轮椅使用者在厨房空间内的自由移动，并通过对操作流线的设计安排制订合理操作流线，尽量减少使用者在使用过程中进行方向的转换和移动。

（2）满足轮椅使用者身体各处操作时的尺寸，设计出符合他们人机尺寸的厨房设施，尽量减少使用者在操作过程中的障碍。

（3）保障轮椅使用者能够独立使用厨房，在橱柜开关、储物区域、餐厨结合等方面进行优化，创造人性化的烹饪、就餐体验。

（4）加入现代科技智能化的成果，实现橱柜的自动升降功能，随时能调节可获得高度，为轮椅使用者带去现代化的厨房操作。

目标检测

答案解析

一、选择题

1. 无障碍设计主要针对的人群是（　　）
   - A. 老年人
   - B. 残疾人
   - C. 儿童
   - D. 特定疾病患者

2. 通用设计的核心原则是（　　）
   - A. 最大限度满足多数人需求
   - B. 为特定人群设计
   - C. 美观与实用并重
   - D. 强调个性化

3. 以下不属于无障碍设计要素的是？（　　）
   - A. 坡道
   - B. 盲道
   - C. 鲜艳的色彩
   - D. 低位扶手

4. 通用设计强调的是（　　）
   - A. 特殊性
   - B. 通用性
   - C. 高端性
   - D. 复杂性

5. 无障碍卫生间通常需要设置（　　）
   - A. 紧急呼叫按钮
   - B. 豪华装饰
   - C. 大型镜子
   - D. 高级洁具

6. 在无障碍通道设计中，轮椅坡道的最大坡度一般不应超过（ ）

    A. 1：8   B. 1：10

    C. 1：12   D. 1：15

二、简答题

1. 简述无障碍设计的定义。无障碍设计的内容有哪些？试举例说明。

2. 什么是通用设计？通用设计的原则有哪些？试举例说明。

3. 无障碍设计与通用设计的区别是什么？

4. 结合校园环境，通过无障碍校园的调研，完善校园无障碍化设计。

书网融合……

本章小结

第九章 环境设计

学习目标

1. **掌握** 不同环境因素对环境设计的影响。
2. **熟悉** 热环境、噪声环境、振动环境、光环境等几个方面设计要点。
3. **了解** 室内环境和展陈环境的人机工程学需求。
4. 认识不同环境对人的生活和工作的影响，以及如何在环境设计中更加科学地应用和考量人机工程学的知识点。

⇒ 案例分析

实例 在建筑设计中，充分利用自然采光和通风可以提高室内环境质量，减少能源消耗。窗户的位置和大小应根据室内功能和采光需求进行合理设计，同时考虑遮阳措施，避免过度日晒。通风系统可以采用自然通风和机械通风相结合的方式，确保室内空气清新。

问题 如何确定窗户的最佳尺寸和位置，以实现最佳的采光效果？自然通风和机械通风如何协同工作，以提高室内空气质量？

在人-机-环境系统中，热环境、噪声环境、振动环境、光环境和人的行为特征等因素直接或间接地影响人们的生活和工作。在设计过程中，应尽可能地排除各种环境因素对人体的不良影响，使人处于舒适的生活和作业环境，才能更有利于人的健康、安全，并提高作业的综合效能。因此，如何创造一种使人体舒适又有利于工作的环境条件，各类环境如何应对影响因素，并进行科学而合理的环境设计，此类系统性研究成为人机工程学研究的一个重要方面。

第一节 热环境

一、热环境的影响因素及人体热平衡

影响热环境的主要因素有空气温度（气温）、空气湿度（气湿）、空气流速（气流）和热辐射。这4个要素对人体的热平衡都会产生影响，并且各要素对环境系统的影响是综合的。因此，为了对热环境进行分析和评价，就必须考虑各个要素对热环境条件的影响。

1. 气温 作业环境中的气温除了取决于大气温度外，还受太阳辐射和作业场所的热源影响，如各种冶炼炉、化学反应锅、被加热的物体、机器运转发热和人体散热等热源。热源通过传导、对流使作业环境的空气加热，并通过辐射加热四周物体，形成第二热源，扩大了直接加热空气的面积，使气温升高。

2. 气湿 作业环境的气湿用空气相对湿度来表示。相对湿度在 80% 以上称为高气湿，低于 30% 称为低气湿。高气湿主要由水分蒸发与释放蒸汽所致，如纺织、印染、造纸、制革、缫丝及潮湿的矿井、隧道等作业场所常常为高气湿；在冬季的高温车间会出现低气湿。

3. 气流　作业环境中的气流除受外界风力的影响外，主要与作业场所中的热源有关。热源使空气加热而上升，室外的冷空气从门窗和下部空隙进入室内，造成空气对流。室内外温差越大，产生的气流就越大。

4. 热辐射　主要针对红外线及一部分可视光线而言。太阳及作业环境中的各种熔炉、开放的火焰、熔化的金属等热源均能产生大量热辐射。红外线不能直接使空气加热，但可使周围物体加热。当周围物体表面温度超过人体表面温度时，周围物体表面则向人体辐射散热而使人体受热，称为正辐射。相反，当周围物体表面温度低于人体表面温度时，人体表面则向周围物体辐射散热，称为负辐射。负辐射有利于人体散热，在防暑降温上有一定的意义。

人体所受的热有两种来源：一种是机体的代谢产热；另一种是外界环境热量作用于机体。机体通过对流、传导、辐射和蒸发等途径与外界环境进行热交换，以保持机体的热平衡。机体与周围环境的热交换可用式（9-1）表示：

$$M \pm C \pm R - E - W = S \tag{9-1}$$

式中，M 为代谢产热量；C 为人体与周围环境通过对流交换的热量，人体从周围环境吸热为正值，散热为负值；R 为人体与周围环境通过辐射交换的热量，人体从外环境吸收辐射热为正值，散出辐射热为负值；E 为人体通过皮肤表面汗液蒸发的散热量，均为负值；W 为人体对外做功所消耗的热量，均为负值；S 为人体的蓄热状态。

显然，当人体产热和散热相等时，即 $S=0$，人体处于动态热平衡状态；当产热多于散热时，即 $S>0$，人体热平衡破坏，可导致体温升高：当散热多于产热时，即 $S<0$，可导致体温下降。

人体的热平衡并不是一个简单的物理过程，而是在神经系统调节下的非常复杂的过程。所以，周围热环境各要素虽然在经常变化，但人体的体温仍能保持稳定。只有当外界热环境要素发生剧烈变化时，才会对机体产生不良影响。

二、热环境对人体及其作业的影响

1. 热舒适环境　指人在心理状态上感到满意的热环境。而心理上感到满意就是既不感到冷，又不感到热。影响热舒适环境有 6 个主要因素，其中 4 个与环境有关，即空气的干球温度、空气中的水蒸气分压力、空气流速，以及室内物体和壁面辐射温度；另外两个因素与人有关，即人的新陈代谢和服装。此外，热环境是否舒适还与一些次要因素有关，如大气压力、人的肥胖程度和人的汗腺功能等。

2. 人体散热的方式　人体向环境散热主要有以下 4 种方式。

（1）辐射　人体表面向外辐射出波长较长的红外线，其散热速度与人体和环境间的温度差，以及人体体表面积两个因素有关。

（2）传导　当人体接触低于体温的物体时，热量向外传导。例如，以凉毛巾敷额，热量便由人体传导到毛巾上去。但由于人体表层和衣服都是非良导体，通常情况下传导在人体散热中占的比例不大。

（3）对流　指人体将热量传给温度较低的空气，空气流动将热量带走，如此循环。对流的速度取决于体温气温差及气流速度两个因素。在空气温度达到 34.5℃ 以上时，人体散热的对流过程基本终止。

（4）蒸发　可分为无感蒸发和发汗两种。无感蒸发指体液中的水分直接透出皮肤和呼吸道黏膜表面，在未形成水滴前就挥发了的蒸发形式。发汗也叫可感蒸发。人们的发汗情况存在明显的个体差异。

3. 影响人体散热的环境因素　有空气温度、湿度、空气流速和室内各界面（墙面、顶棚、窗户、炉子等）的温度。为了简便，下面把室内各界面的温度简称为墙温。简要地说：在气温和墙温都较高的条件下，对流和辐射的散热量很少，主要依靠蒸发过程来使人体散热；但若湿度高，蒸发散热也很少，人体的温度就会攀升上去，到一定限度将危及人的生命安全，这就是高温又高湿的室内会较快使人憋闷致死的原因。

4. 过冷过热环境对人体的影响　人体具有较强的恒温控制系统，可适应较大范围的热环境条件。但是人若处于远远偏离热舒适范围，以及可能导致人体恒温控制系统失调的热环境中，将会对人体造成伤害。

（1）低温冻伤　低温对人体的伤害作用最普遍的是冻伤。冻伤的产生与人在低湿环境中的暴露时间有关，温度越低，形成冻伤所需的时间越短。例如，温度为 5～8℃ 时，人体出现冻伤一般需要几天时间；而在 -73℃ 时，暴露时间只需 12 秒即可造成冻伤。人体易于发生冻伤的部位是手、足、鼻尖或耳部等部位。

（2）低温的全身性影响　人在温度较低的环境（-1～6℃）中依靠体温调节系统，可使人体深部温度保持稳定。但是在低温环境中暴露时间较长，深部体温便会逐渐降低，出现一系列的低温症状。首先出现的生理反应是呼吸和心率加快、颤抖等现象，接着出现头痛等不适反应。深部体温降至 34℃ 以下时，症状就会达到严重的程度，产生健忘和定向障碍；体温降至 30℃ 时，全身剧痛，意识模糊；降至 27℃ 以下时，随意运动丧失，瞳孔反射、深部腱反射和皮肤反射全部消失，人濒临死亡。

（3）高温烫伤　高温使皮肤温度达 41～44℃ 时即会感到灼痛。若温度继续上升，则皮肤基础组织会受到伤害。高温烫伤在生产中并不少见，一般局部烫伤较多，全身性烫伤常见于火灾事故等。

（4）全身性高温反应　人在高温环境中停留时间较长，体温会渐渐升高，当局部体温高达 38℃，便会产生不舒适反应。人在体力劳动时可耐受的深部体温（通常以肛温为代表）为 39.5～39.8℃，高温极端不舒适反应的深部体温临界值为 39.1～39.4℃。深部体温超过这一限度时，汗率和皮肤热传导量都不再上升，表明人体对高温的适应能力已达到极限。如果温度再升高，即会出现生理危象。全身性高温的主要症状为头晕、头痛、胸闷、心悸、视觉障碍（眼花）、恶心、呕吐和癫痫样抽搐等。温度过高还会引起虚脱、肢体强直、大小便失禁、晕厥、烧伤、昏迷直至死亡。

应该指出的是，人体耐低温能力比耐高温能力强。当深部体温降至 27℃ 时，经过抢救还可存活；而当深部体温高到 42℃ 时，则往往引起死亡。

5. 热环境对工作的影响　较热、较冷的环境对人们的工作会产生不良影响。当温度过高引起人体不断出汗时，除了产生热应激生理反应外，心理烦躁也会使工作中注意力分散，反应渐趋迟钝，运动神经机能的警戒性、决断性降低，从而使操作能力明显下降。低温的影响主要不在脑力和神经机能，而在手指的精细动作。当手部皮肤温度降到 15.5℃ 时，手部操作的灵活性、肌力和肌动感觉反应都急剧下降。

过热、过冷环境对工作的影响还表现在效率下降、出错率升高，以及事故增加。

三、改善热环境的措施与舒适性指标

1. 室内空调至舒适温度　关于热环境的舒适条件，各国学者进行过大量的实验研究，这类研究都建立在"被试者主观评价"的基础之上，即在实验中创造多种不同指标的微小气候环境，让被试者做出舒适程度的评价，然后采用数理统计方法引出结论。

为使研究的结果具有可比性，实验共同遵循以下条件：受试者安静地坐着，只穿单薄衣服，测试地点有常态的地球引力和海平面气压。

根据研究结果，ISO 和各国制定了室内热环境的有关技术标准。下面简要介绍我国的国标 GB/T 5701—1985《室内空调至适温度》。

至适温度即舒适温度，指人们感到不冷不热的温度。以气温即干球温度为指标，根据季节不同，至适温度应符合表 9-1 的标准。

表 9-1　室内至舒适温度（摘自 GB/T 5701—1985）

季节	气温（干球温度）/℃
夏季	24~28
冬季	19~22

注：适用的室内工作人员劳动强度在 GB 3869—1997《体力劳动强度分级》规定的 Ⅱ 级以下（不含 Ⅱ 级）；若劳动强度超过 Ⅱ 级，每增加半级，气温应降低 1.5~2.0℃。

2. 不同劳动强度下的适宜热环境指标　关于不同劳动强度下适宜的热环境，表 9-2 直接以空气温度、相对湿度和风速三个基本参量作为指标，应用起来比较方便，但上述 3 个参量都不能反映热辐射的影响，因此表 9-2 只适用于不存在热辐射的室内。

表 9-2　不同劳动强度下适宜的热环境指标

劳动类别	空气温度/℃			相对湿度/%			风速/（m/s）	附注
	最低	最佳	最高	最低	最佳	最高	最大	
办公室工作	15	21	24	30	50	70	0.1	室内与周围物体及墙壁表面的温差不大于 2℃
坐姿轻手工劳动	16	20	24	30	50	70	0.1	
立姿轻手工劳动	16	18	23	30	50	70	0.2	
重劳动	14	16	21	30	50	70	0.4	
极重劳动	12	15	18	30	50	70	0.5	

3. 不同人群的热感觉差异与保护措施

（1）不同人群的热感觉差异

1）年龄差异　40 岁以上的人舒适温度比年轻人平均要高 0.55℃ 左右，老年人要求更高些。

2）性别差异　女性平均比男性高 0.56℃ 左右。

3）地域差异　人群的热环境耐受性与他们成长的地域气候条件有关，炎热和潮湿地区的人群较为耐热和耐湿，寒冷和干燥地区的人群则较为耐寒且耐干燥。

（2）保护措施在热环境中，具体保护措施有以下几点。

1）供给饮料和补充营养　可供 0.2%~0.3% 的盐开水、盐茶或盐汽水。饮料的温度以 8~12℃ 为宜。饮用方式以少量、多次为好。由于在高温下劳动，能耗增加，所以膳食总热量应达到 3100~3300kcal，此外还应适当补充蛋白质和维生素等。

2）合理使用劳保用品　高温环境条件下劳动应合理地使用个人防护用品，以防止高温和辐射对人体的危害。特殊高温作业必须佩戴隔热面罩并穿戴热反射服、冰服或风冷衣。在低温作业车间作业或冬季在室外作业，应穿御寒服。御寒服要用热阻值大、吸汗和透气性强的衣料制成，且衣服不宜过紧。

3）进行适应性检查　人的热适应能力是有差别的，因此就业前应进行职业适应性检查。凡有心血管器质性病变的人均不适宜高温作业。

4. 应对热环境的生产技术措施

（1）合理布置热源和疏散热源　应尽可能地将热源布置在作业场所主导风向下风侧及天窗下面。高温半成品和成品应及时运出室外。

（2）隔热　设置水幕（铁纱水幕、铁皮水幕）、水箱（流动水箱、水炉门、串水板）、水凉亭、遮热板等。

（3）自然通风　主要设施有普通天窗、挡风天窗、井式天窗和开敞式厂房等。

（4）降低湿度　在高温或低温环境中，在通风口设置去湿器。

（5）机械通风　主要采用风扇、喷雾风扇、空气淋浴和岗位送风等。

（6）设置空气调节设备。

5. 应对热环境的生产组织方面的措施

（1）合理安排作业负荷　在高温环境下，为使机体维持热平衡，应尽可能缩短连续作业时间，如实行小换班，增加休息次数，延长午休时间等。

（2）布置好工作间休息场所　工作间休息场所一般应远离热源，并必须备有足够的椅子、茶水、风扇及半身淋浴等设施。休息室中的气流速度不宜过高，温度不宜过低，以免破坏皮肤的汗腺机能。休息室中的温度在 20 ~ 30℃ 时，有利于高温作业环境后的休息。

（3）职业适应　对于离开高温作业环境较长时间而又重新从事高温作业者，应给予更长的工间休息时间，使其逐步适应高温环境。高温作业应采用集体作业，以便能及时发现热衰竭和热昏迷人员，一旦发现要及时抢救。

此外，在进行特定作业场所的热环境设计时，还可参考 GBZ 1—2010《工业企业设计卫生标准》、GB 50019—2003《采暖通风与空气调节设计规范》等文件。

老年人卧室需要有很好的通风，要通过调整卧室门窗开启的相对位置，合理组织卧室内的通风流线，避免形成通风死角。图 9 - 1 中（a）图的窗与门的距离过近，室内通风不佳；（b）图改变了门的位置，窗户与门的通风形成对流，改善了室内的通风环境。

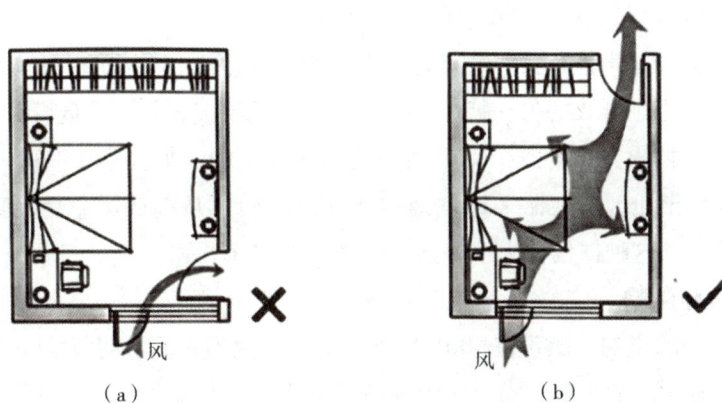

图 9 - 1　老年人卧室通风需求

第二节　噪声环境

环境中起干扰作用的声音、人们感到吵闹的声音或不需要的声音，称为噪声。作业环境的噪声不只限于杂乱无章的声音，也包括影响人们工作的车辆声、飞机声、机械撞击振动声、马达声，以及邻室的高声谈笑声、琴声、歌声和音乐声等。环境噪声会妨碍工作者对听觉信息的感知，也会造成生理或心理上的危害，影响操作者的工作效能、舒适性或听觉器官的健康。但和谐的生产性音乐，对提高某些工种的工作效率是有益的。

一、噪声对人的影响

1. 噪声对工作的影响　关于噪声对不同性质工作的影响，许多国家做过大量的研究。研究表明，噪声不但影响工作质量，同时也影响人们的工作效率。如果噪声级达到 70dB（A），对各种工作产生的影响表现在以下几个方面。

（1）通常会影响工作者的注意力。

（2）对于脑力劳动和需要高度技巧的体力劳动等工种，将会降低工作效率。

（3）对于需要高度集中精力的工种，将会造成差错。

（4）对于需要经过学习后才能从事的工种，将会降低工作质量。

（5）对于不需要集中精力进行工作的情况，人会对中等噪声级的环境产生适应性。

（6）如果已对噪声适应，同时又要求保持原有的生产能力，需要消耗较多的精力，会加速疲劳。

（7）对于非常单调的工作，处在中等噪声级的环境中，噪声就像一只闹钟，可能产生有益的效果。

（8）在能够遮蔽危险报警信号和交通运行信号的强噪声环境，易引发事故。

2. 噪声对听觉的影响

（1）暂时性听力下降　在噪声作用下，可使听觉发生暂时性减退，听觉敏感度降低。当人离开强噪声环境而回至安静环境时，听觉敏感度不久就会恢复，这种听觉敏感度的改变是一种生理上的"适应"，称为暂时性听力下降。

不同的人，对噪声的适应程度是不同的。但暂时性听力下降却有明显的特征，即受到噪声作用后听觉有减退的现象，约 10dB；回到安静环境中听觉敏感度能迅速恢复；通常以在 4000Hz 或 6000Hz 处比较显著，而低频噪声的影响较小。

（2）听力疲劳　声音频率越高，引起的听力疲劳程度越重。

（3）持久性听力损失　噪声性耳聋的特点是，在听力曲线图上以 4000Hz 处为中心的听力损失，即所谓 V 字形病变曲线。噪声性耳聋的另一特点是，先有高音调缺损，然后是低音调缺损。

（4）爆震性耳聋　人如果突然暴露于极其强烈的噪声环境中，如高达 150dB 时，人的听觉器官会发生鼓膜破裂出血，迷路出血，螺旋器（感觉细胞和支持结构）从基底膜急性剥离，一次刺激就有可能使人双耳完全失去听力，这种损伤称为声外伤，或称为爆震性耳聋。

3. 噪声对机体的其他影响

（1）噪声对人的生理的影响　噪声在 90dB 以下，对人的生理作用不明显。90dB 以上的噪声，对神经系统、心血管系统等有明显的影响。噪声对中枢神经系统、心血管系统、呼吸系统、消化系统和视觉器官均产生不良影响。研究表明，在超过 85dB（A）的噪声作用下，大脑皮质的兴奋和抑制失调，导致条件反射异常，出现中枢神经功能障碍，表现为头痛、头晕、失眠、多汗、恶心、乏力、心悸、注意力不集中、记忆力减退、神经过敏、惊慌以及反应迟缓等。噪声对人的睡眠质量和数量的影响甚大，使人多梦、熟睡时间缩短。研究认为，睡眠时 40~50dB（A）噪声所产生的影响相当于清醒状态时 100dB（A）噪声所产生的影响。

（2）噪声对心血管系统功能的影响　表现为心跳过速、心律不齐、心电图改变、血压增高以及末梢血管收缩、供血量减少等。噪声对心血管系统的慢性损伤作用，一般发生在 80~90dB（A）噪声强度情况下。不少专家认为，20 世纪生活中的噪声是造成心脏病的一个重要原因。

（3）噪声可引起消化系统障碍，使胃的收缩机能和分泌机能降低　研究表明，噪声在 80~85dB（A）时，胃在 1 分钟内收缩次数可减少 37%，而肠蠕动减少则可持续到噪声停止之后。噪声还可以使唾液量减少。大于 60dB（A）的噪声，有时可使唾液量减少 44%。随着噪声强度的增大，唾液量有进一步减少的趋势。据统计，噪声大的工业行业溃疡症的发病率比安静环境高 5 倍。噪声引起食欲减退、胃收缩、唾液和胃液减少，影响下垂体和荷尔蒙的分泌，引起孕妇早产等后果。

（4）噪声对呼吸系统的影响，往往与脉搏、血压的改变同时出现　在 90dB（A）噪声影响下，呼吸频率加快，呼吸加深。噪声对视觉功能也有影响，用 115dB（A）、800～2000Hz 范围的较强声音刺激听觉，可明显降低眼对光的敏感性，有研究表明，一定强度的噪声还可使色视力改变。长期暴露于强噪声环境中，可引起持久性视野同心性狭窄。130dB（A）以上的噪声，可能引起眼震颤和眩晕。噪声对睡眠也有影响，通过问卷调查、脑波和眼电图等生理指标测量分析发现，噪声使人不能入睡，或降低睡眠深度，使大脑处于非休息状态。大量研究表明，为了保持睡眠不受影响，室内夜间噪声应保持在 40dB（A）以下。表 9-3 是部分国家或组织的室内夜间噪声标准。

表 9-3　部分国家或组织的室内夜间噪声标准

国家或组织	标准（室内夜间）/dB（A）
瑞士	35～45
欧盟	$L_e = 30～35$
日本	$L_{50} = 40$
中国	理想值为 30，最高值为 50

（5）噪声对人心理的影响　噪声对人心理的影响主要表现为引起人的烦恼，如焦急、讨厌、生气等各种不愉快的情绪。噪声引起的烦恼程度与噪声级、噪声频率、噪声的时间变化以及人所从事的活动性质、个体状况等有关。噪声引起的烦恼与噪声级的关系是：噪声级越强，引起烦恼的可能性越大。噪声所引起的烦恼程度还与噪声的频率、噪声的时间变化有关。高频噪声比响度相等的低频噪声更易于引起烦恼。间断、脉冲和连续的混合噪声、强度和频率结构不断变化的噪声更易于引起人们强烈的不愉快情绪。

噪声所引起的烦恼程度也随个体状态和地区的不同而不同。例如，在住宅区，60dB（A）的噪声即可引起相当多人的反感和抗议，但在工业区情况则没那么严重。

噪声所引起的烦恼程度还与人们所从事的活动有关。通常相同的噪声环境给脑力活动者带来的烦恼比体力活动者更甚。

二、噪声评价标准

1. 国际化组织及国外的噪声标准　为了保护经常受到噪声刺激的劳动者的听力，使他们即使长期在噪声环境中工作，也不致产生听力损伤和噪声性耳聋。听力保护噪声标准以 A 声级为主要评价指标，对于非稳定噪声则以每天工作 8 小时，连续每周工作量的等效连续 A 声级进行评价。表 9-4 为国外几种听力保护噪声标准。

表 9-4　国外听力保护噪声允许标准（A 声级）

每个工作日允许工作时间/h	允许噪声级/dB（A）		
	国际标准化组织	美国政府	美国工业卫生医师协会
8	90	90	85
4	93	95	90
2	96	100	95
1	99	105	100
0.5	102	110	105
0.25	115（最高限）	115	110

2. 我国的噪声标准　一般可分为三类：第一类是基于对作业者的听力保护而提出的，《工业企业噪声卫生标准》《工业企业噪声设计标准》（草案）和《机床噪声标准》等均属此类；第二类是基于降低人们对噪声环境烦恼程度而提出的，《城市区域环境噪声标准》和《机动车辆噪声标准》均属此类；第三类是基于改善工作条件及提高工作效率而提出的，如《室内噪声标准》。我国有关噪声的允许标准摘录于表9-5和表9-6。

表9-5　我国城市区域环境噪声标准

地区	白天（7：00—21：00）/dB（A）	夜间/dB（A）
特别需要安静地区	45	35
一般居民、文教区	50	40
居民、商业混合区	55	45
中心商业区、街道工厂区	60	45
工业集中区	65	55
交通干线两侧	70	55

表9-6　我国工业企业的噪声允许标准

每个工作日接触噪声的时间/h	新建、改建企业的噪声允许标准/dB（A）	现有企业暂时达不到标准时，允许放宽的噪声标准/dB（A）
8	85	90
4	88	93
2	91	96
1	94	99
最高不得超过	115	115

🔗 **知识链接**

噪声的测量与评价

1. 声压级　是描述噪声强度的最基本参数，单位为分贝（dB）。不同环境下的噪声声压级标准不同，例如，居住区夜间噪声应低于45dB，办公区噪声应低于55dB。

2. 频率特性　噪声的频率组成对人的感受有很大影响。低频噪声（如空调、电梯等设备产生的噪声）穿透力强，容易引起人体不适；高频噪声（如机器的尖叫声）则较为刺耳。可以通过频谱分析来了解噪声的频率特性。

3. 评价方法

（1）A声级　模拟人耳对不同频率声音的响应特性，是最常用的噪声评价指标。

（2）等效连续A声级　在一段时间内，将不稳定的噪声等效为一个稳定的A声级，用于评价连续噪声。

（3）噪声评价数（NR）　根据不同频率的噪声对人的干扰程度，给出一个综合评价指标。

三、改善噪声环境的措施

噪声的控制与治理是一个学科分支和专项技术，这里仅作概述。

1. 噪声控制的一般方法　噪声形成的环节：声源→传播→接收者。因此噪声的控制离不开以下3种方法。

（1）降低声源的强度　改进机器设备以降低运行噪声，如重视减振、润滑，选用摩擦与撞击声小的零部件材料，选用低噪声工艺流程等。

（2）在传播中加以阻隔或吸收使之衰减　控制噪声传播途径，让嘈杂声源远离人群，例如，机场、高噪声的工厂车间多建在城市远郊。隔声的方法中，直接封闭声源是高效简便的措施，例如，将高噪声机器封闭在机房里，或用罩子罩起来等。还有适用于各特定情况的隔声消声方法，例如，交通干线两侧用绿化带隔声，地铁经过居住区路段采取隔音措施，某些生产设备采用管道消声，建筑里采用吸声材料作墙面等。其中，墙面材料的吸声效果差别很大，表9-7选列了几种墙面材料的吸声效果以供参考。

表9-7　几种墙面材料的吸声效果

墙面材料		声波频率/Hz		
吸声效果	材料名称	125	500	1000
较差	上釉的砖	1	1	1
	不上釉的砖	3	3	1
	表面油漆过的混凝土块	10	6	7
	钢	2	2	2
中等	混凝土上铺软木木地板	15	10	7
	抹了泥灰的砖或瓦	14	6	4
	胶合板	28	17	9
较好	粗糙表面的混凝土块	36	31	29
	覆有25mm厚的玻璃纤维层的墙面	14	67	97
	覆有76mm厚的玻璃纤维层的墙面	43	99	98

（3）对受噪声伤害的人实施个体防护　给人佩戴耳塞、耳罩、头盔等。此类防护用具对频率在1000~4000Hz的声波的防护作用较好。但是这种方法是前两种方法不能充分有效阻隔噪声时，不得已所采取的办法。

2. 室内声环境设计的一般原则　我们可以对声音采取吸收和隔离措施。对于吸声，任何一种材料都有吸声能力，只是吸声能力大小不同而已。室内的主要吸声材料包括多孔吸声材料、共振吸声结构和特殊吸声结构。室内声环境设计除了避免和吸收噪声外，教室、演讲厅等室内要求各处有良好的语音清晰度，音乐厅、剧场等室内要求能获得优美悦耳的音质。室内声环境设计的一般原则如下。

（1）尽量远离噪声源，或采用消声隔声措施，防止室外噪声传入室内。卧室尽量不要布置在电梯井附近，以免电梯运行的噪声对人的休息造成干扰，应注意防止空调室外机位置离人的床头过近。

（2）使室内各处存在必要的近次反射声。例如，不使用扩音器的室内，其空间容积与预定使用功能相吻合，见表9-8。

（3）避免回声、声聚焦、声影等室内声缺陷。

（4）使室内具有与使用目的相适应的混响声。

3. 室内空间容积、形体与声环境

（1）室内空间容积与声环境不使用扩音器的发声称为自然声，包括授课、讲演、独唱、独奏、合奏等。自然声的声功率各有一定限度，为确保必要的响度，自然声室内的最大空间容积应控制在表9-8的范围内。

表9-8 自然声室内的最大空间容积

室内用途	最大室内空间容积/m³
授课	600~800
演讲	2000
话剧	6000
独唱、独奏	10000
大型交响乐	20000

（2）席位的数目与室内容积坐满听众时，室内听众对室内声音的吸声量在总吸声量中占有最大的比例，约达50%，对室内声场状况颇有影响。表9-9为室内每个席位所对应的空间容积推荐值，可用来估算室内空间的总容积。

表9-9 每个席位的室内空间容积推荐值

室内用途	推荐值/m³
大教室、演讲厅	3~5
电影院	4
剧场、礼堂	5~6
歌剧院	6~8
音乐厅	8~10

4. 室内空间形体与声环境 声环境对室内空间形体设计的基本要求如下。

（1）保证直达声能够到达每一个听众。为此小型室内常适当提升讲台的高度，大型厅堂让座位从前到后渐次升高。

（2）使大多数座席能接收到延时在50毫秒以内的第一次反射声，这对高度小于10m、宽度在20m以内的大厅基本不成问题。对于更大的大厅，则与大厅形体的宽深比有关，在相对窄一些的大厅里，各处座席均可获得这样的反射声。如图9-2（a）所示，如果厅堂较宽或略成扇形，则后排中间座位不易获得第一次反射声；如图9-2（b）所示，更宽或扇形角度更大的厅堂中前后各排中间的座位均难获得第一次反射声；如图9-2（c）所示，改进设计的方法可参阅有关建筑声学的书籍。

（3）避免出现引起回声、声聚焦、声影等室内声缺陷的形体。

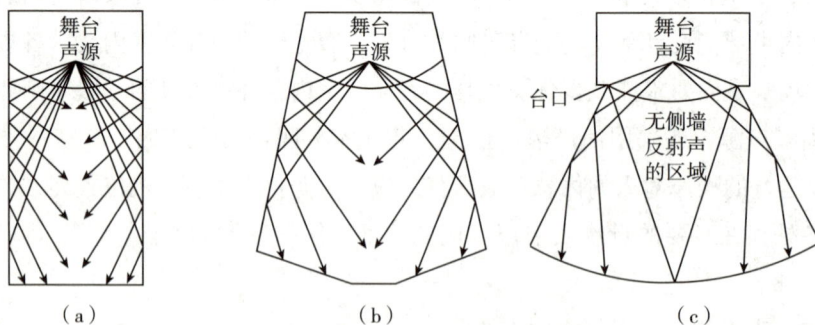

图9-2 厅堂形体与第一次反射声的分布

第三节 环境振动

环境振动对人体和工作的影响不容忽视。在以提高"工效"为研究目标的人机工程学中，环境振动问题的研究具有一定的现实意义。

一、振动的基本参量及对人体有影响的振动因素

工业和交通部门里的环境振动多由机械动力源引起。发动机使一系列机械零部件发生旋转运动或往返运动，同时把振动作用于基座、工作对象等环境和人体。有些环境振动是随机的，如车辆在不平的路面上行驶引起的振动；有些环境振动相对稳定一些，如稳态运转中的空气压缩机、冲床、振动剪、纺织机械等引起的振动。对相对稳定的环境振动，以起主要作用的振动参量为依据；对随机的振动，有一套计算方法，把它转化为等效的稳态振动进行分析。

1. 振动的基本参量　振动状态可以用频率、振幅作为基本参量来分析研究。

（1）频率　用符号 f 表示，单位是 Hz，即每秒振动的次数。

（2）振幅　用符号 A 表示，单位是 mm 或 m。

（3）加速度　用符号 a 表示，单位是 mm/s^2 或 m/s^2。

振动物体的加速度是随时间变化而变化的量。分析中常用的是最大加速度 a_{max} 和等效加速度 a。这两个参量与频率 f、振幅 A 之间的换算关系如式（9-2）、式（9-3）：

$$a_{max} = 4\pi^2 f^2 A \tag{9-2}$$

$$a = \frac{a_{max}}{2^{\frac{1}{2}}} = 0.707\, a_{max} \tag{9-3}$$

振动加速度的数值还常用它对重力加速度 g 的倍数来表示，如 0.1g、0.15g、0.25g 等。

2. 对人体有影响的振动因素　频率和振幅决定了振动的强度，对人体的影响是较大的。此外，还有以下因素关系到环境振动对人体的影响。

（1）振动对人体作用的部位　因作用部位不同，可能形成人体全身振动或局部振动两种不同的后果。例如，工作台的振动、行驶中车辆车厢底板的振动，它们作用于立姿人体的足下或坐姿人体的臀部，都会引起人体全身振动。使用缝纫机只引起手指、手部的振动；使用振动剪、小型钻机、小型凿岩机、手持砂轮机等会引起手部、手臂到肩部的振动；使用较大型的凿岩机和风镐等引起的振动也会扩展到全身。

（2）振动相对于人体的方向　对全身而言，沿躯干的上下方向或左右、前后方向的振动后果是不同的。对身体局部，如对手和手臂系统而言，沿手臂方向或手掌至手背方向、拇指至小指方向的振动后果也是不同的。

（3）暴露时间　环境振动作用于人体持续的时间称为暴露时间，暴露时间长，对人体可能造成伤害的程度会加重。

二、环境振动对人体及其作业的影响

1. 振动对人体的影响

（1）全身振动的影响　全身振动对人体产生的生理效应可以用图 9-3 表示。0.1~1Hz 的低频引起的前庭自主神经反射和运动病，对部分人群有显著影响的就是晕车，表现为头晕、头疼、恶心、呕吐、脸色苍白、出冷汗，直至危及心脏的正常功能。图 9-4 为人体各部位的固有频率，大部分内脏器官的固有频率为 2~3Hz，因拖拉机座位的振动频率一般在这个范围上下，所以拖拉机手患消化不良、胃下垂、胃病、肾炎的比例较高。有的拖拉机座位包含较强的 4~6Hz 振动分量，相应的拖拉机手中脊椎病

患者就比较多。

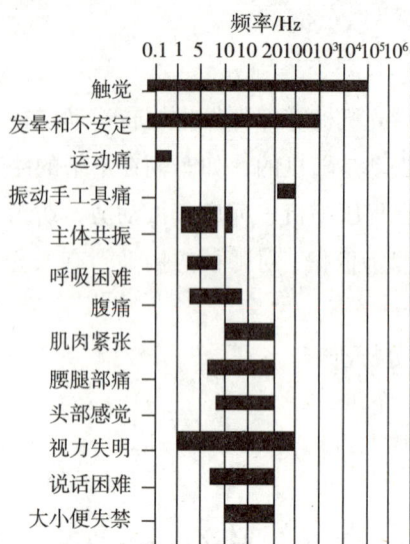

图 9-3　全身振动的生理效应

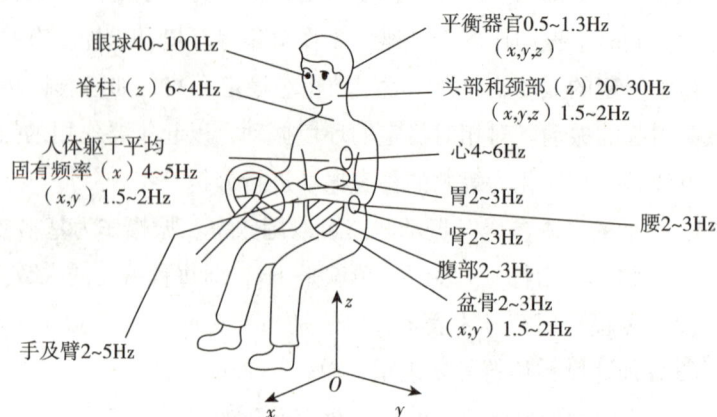

图 9-4　人体各部位的固有频率参考值

（2）局部振动的影响　手持电动工具作业或手握操纵杆操作机器（农业机械、工程机械等），是较常见的人体局部振动来源，会造成手和手臂损伤。掌心是手掌受力的敏感部位，血管和神经末梢比较丰富，且处在皮下浅层。作用于掌心的振动会导致振动损伤的加重。若凿岩机之类的强震电动工具手把或拖拉机的操纵杆头的形状不合理，使手掌掌心长期受振动压迫，阻碍正常的血液循环，造成局部间歇性缺血，刺激和损伤神经，就会引起"白指病"。其症状发展过程为：最初不定期地出现手指指尖缺血发白，指尖触觉迟钝，有麻木感、针刺感；若掌心的外界振动持续较久，上述症状将逐渐频繁出现，且每次延续时间加长。"白指"的范围向指根方向延伸，症状也加重，甚至使几个手指活动和工作都很困难。手臂振动综合征的症状包括手与前臂感觉迟钝、疼痛、肌力减退、活动能力失调以及引起肘部、腕部的关节炎。

2. 振动对工作的影响

（1）振动造成工作者的视物模糊，仪表认读及刻度分辨困难，使跟踪操作的准确度降低，并使手眼动作协调的时间加长。

（2）振动使大脑神经中枢机能下降，注意力分散，烦躁感和疲劳感提前出现。

（3）振动使发音颤抖，语言失真和间断。6~8Hz 环境振动对语言的影响尤其明显。

三、振动的评价标准及改善措施

1. 振动评价标准　国际标准化组织迄今已经发布一系列有关振动的评价、测量（方法）及控制的标准，为各国广泛遵循或成为各国制定本国相关标准的参考依据。我国已发布的人体环境振动标准有 GB/T 13441—1992《人体全身振动环境的测量规范》、GB 10910—2020《农业轮式拖拉机和田间作业机械 驾驶员全身振动的测量》等。

2. 振动环境的改善措施　可采取下列措施消除或减小振动，阻止振动的传播，将振动对人的不良影响和损害降至最小。

（1）从生产工艺上控制或消除振动源是振动控制的最根本措施。

（2）改进振动设备与工具，降低振动强度。采用钢丝弹簧类、橡胶类、软木、毡板、空气弹簧和油压减振器等多种形式的减振器；或减少手持振动工具的重量，以减轻肌肉负荷和静力紧张等。

（3）增加设备的阻尼。如采用吸振材料，安装阻尼器或阻尼环，附加弹性阻尼材料等，以减轻设备的振动。在地板及设备地基中采取隔振措施，如橡胶减振垫层、软木减振垫层、玻璃纤维毡减振垫层、复合式隔振装置等。对于可能引起机械振动的陈旧设备，应定期检查维修或改造。

（4）降低设备减振系统的共振频率。可通过减小系统刚性系数或增加质量来降低共振频率。例如，对于风扇、吹风机、泵、空压机等，常用增加质量的方法来降低共振频率。

（5）隔离震源。

（6）设计减震座椅、弹性垫，以缓冲振动对人的影响。

（7）采取自动化、半自动化控制装置，减少振动。

（8）缩短工人暴露于振动环境的时间。建立合理劳动制度，坚持工间休息及定期轮换的工作制度，以利于各器官系统功能的恢复。

（9）坚持就业前体检，凡患有就业禁忌证者，不能从事该作业。加强技术训练，减少作业中的静力作业成分。定期对工作人员进行体检，尽早发现受振动损伤的作业人员，采取适当预防措施并及时治疗振动病患者。

四、光环境

（一）光环境基本概念

1. 天然光与人工照明　合适的光环境能保持人们正常、稳定的生理、心理和精神状态，有利于提高工作效率，减少差错和事故。人机工程学研究各种工作和生活的室内空间光环境。室内光环境有天然采光和人工照明两种，分别简称为采光和照明。

（1）天然采光及采光设计标注　天然采光是把昼光引进室内，对于人的心理、生理和精神的健康、舒畅具有重大的意义。充分利用天然光，也是节约能源最基本的手段。

古罗马万神庙巨大的穹顶上，曾开有直径接近 9m 的巨大圆形天窗。天窗使室内显得宽敞而明亮。在我国南方"多进"结构的古民居中，前一"进"与后一"进"之间，常有数平方米到十几平方米的"天井"，因天井口高出屋檐，所以阳光对室内直射范围并不大，直接照射时间也不长，但采光却充足而自然，还能为厢房卧室提供光源。皖南徽州古民居还常在侧窗采光不足处的屋顶安有玻璃"明瓦"，每块面积不过一尺见方，但补充采光效果甚佳。

现代单层厂房、仓库等工业建筑中，仍广泛采用从屋顶采用天然光的方法，常见形式如图 9 - 5 所示。图 9 - 5（a）为竖直面上的矩形天窗，采光系数低，但眩光小，便于自然通风；图 9 - 5（b）为水平天窗，采光系数高，但正午前后时间段阳光直射室内，会造成眩光和夏季的热辐射；图 9 - 5（c）为锯齿形天窗，其窗口多朝北布置，采集北向的天空漫射光，光照较为稳定（若向南开，则光照强度变化随阳光变化过快，过于剧烈），不产生眩光，常为纺织车间、美术馆、体育馆、超市等建筑采用；图 9 - 5（d）为下沉式天窗，也具有良好的采光、通风效果。

多层建筑中无法开凿天窗，所以现代建筑中侧窗是主角。侧窗位置的高或低，窗形是竖高还是横宽，会产生不同的采光效果：水平方向较宽的窗形视野开阔，临窗的采光范围大，但光照进深较小；高而窄的窗形光照进深大，能形成条屏式的室外景观效果；高窗台可减少眩光，使人获得更多的安定感；落地窗可增强与室外环境的沟通联系等，都应结合室内环境的实际需要分析选取。我国古民居很讲究漏窗、花格窗的装饰作用，昼光通过各种漏窗、花格窗射入室内，光影变幻，能够在时间的推移中营造出生动、多变的环境气氛。

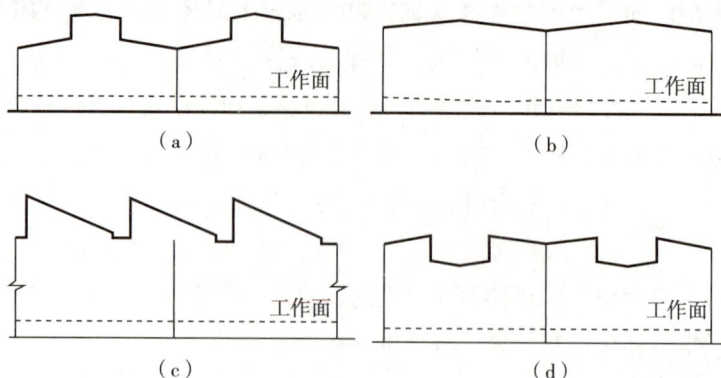

图 9 - 5 屋顶采光的几种形式

随着对可持续发展和节能理念的逐渐重视，近年出现了很多天然采光的新设计。例如，用巨大的玻璃顶棚覆盖在中庭或大厅之上，充分利用昼光，同时有自动跟踪太阳运行的遮阳装置，以避免阳光的直照。还有用集光镜把日光收集起来，通过光导纤维输送到地下或深室实现采光等。

我国已发布实施国标 GB/T 50033—1991《工业企业采光设计标准》，但尚未制定民用建筑的采光设计标准。我们参考日本建筑法规，以最低限度开窗面积为指标，对不同类型建筑物的采光要求做出了规定，使用简便，见表 9 - 10。

表 9 - 10　民用建筑开窗面积与地板面积的比例（日本标准）

建筑物用途	居室用途	有效采光面积、居室地板面积	建筑物用途	居室用途	有效采光面积、居室地板面积
住宅	起居室	≥1/7	儿童福利设施	主要活动室其他居室	≥1/5 ≥1/10
旅馆、宿舍	卧室、客房、其他居室	≥1/7 ≥1/10	医院、幼儿园、学校	病房、教室、其他居室	≥1/5 ≥1/10

（2）人工照明　天然采光的光源情况取决于昼夜变化和天气变化，无法调控，将天然光引入建筑深处也非常困难，所以在光环境设计中以人工照明设计为主。

1）照度指标　lx 是照度的国际单位，中文名为勒克斯，又称米烛光，简称"勒"。人眼通常要在 50～75lx 的照度下才有正常的视力，因此人们生活的场所照度值不宜低于 50lx。具体可以参看 GB/T 13379—2023《视觉工效学原则室内工作场所照明》，该标准给出了不同场合照度范围的数值。

2）照度分布　可用照度均匀度来进行定量描述。照度均匀度指工作面上最低照度与平均照度之比。

照明设计中照度分布的要求如下：工作区域内的一般照明的照度均匀度不宜低于 0.7，CIE 的推荐值为大于 0.7。非工作区的照度应低于工作区的照度，但工作区域内走道和其他非工作区域内的一般照明的照度值不宜低于工作区域照度值的 1/3（参考自 GB/T 13379—2023）。

室内照度是否合适，在建筑投入使用以前，需要检验室内照度是否与设计的要求符合，这就要进行照度测量。照度测量用的仪器主要是照度计和亮度计。关于测量中的测点布置、测值计算、结果统计等方面的要求，GB/T 5700—2023《照明测量方法》中均有规定，可查阅并遵照执行。

2. 光环境基本术语

（1）光通量（luminous flux）　指单位时间内从光源辐射出来，能引起人眼视觉的光辐射能。光通量的单位是流明（lm，lumen）。

一个 40W 的白炽灯辐射出的光通量在 400lm 上下；而一个 40W 的荧光灯辐射出的光通量在 2100lm 上下。后者约为前者的 5 倍或更多。但灯泡能发出的光通量有一个不小的变动范围，很难给定准确的数据。这是由于灯泡的质量互不相同，使用时间加长会造成光通量衰减，灯泡表面灰尘等覆盖污浊情况不同，电压波动的影响不同等。

（2）发光强度（luminous intensity）　指光源在给定方向的发光强度，用在该方向的单位立体角内光源辐射出的光通量来表示。发光强度的单位是坎德拉（cd，candela），简称坎。

坎德拉与流明的关系：$1cd = 1lm/sr$。

（3）亮度（luminance）　指单位面积光源表面在给定方向上的发光强度。亮度的单位是坎（德拉）每平方米，cd/m^2。

（4）照度（illumination）　指被光源照射的单位面积上的光通量。照度的单位是勒克斯（lx，lux）。

注意"亮度"与"照度"的区别：亮度是对光源而言的，是光源发光强度的度量。照度是对被照射面而言的，是单位被照射面积所接受到的光通量。

若每平方米的面积上均匀地投射下 1lm（流明）的光通量，则该面上的照度为 1lx（勒克斯），即式（9 – 4）：

$$1lx = 1lm/m^2 \qquad\qquad (9-4)$$

在同一立体角内，其底面的面积与到顶点的距离平方成正比，因此，被点光源投照的平面的照度，与该平面到光源间距离的平方成反比。

（5）光效系数（lamp/light source efficacy）　指该灯或光源消耗 1W（瓦）功率所能产生的光通量的流明（lm）数。灯（光源）的光效系数用 lm/W（流明/瓦）表示。

几种类型灯具光效系数范围的参考数据见表 9 – 11。

表 9 – 11　几种类型灯具的光效系数范围光效系数（单位：lm/W）

灯具类型	光效系数范围	灯具类型	光效系数范围
白炽灯	8 ~ 12	卤钨灯	15 ~ 25
荧光灯	50 ~ 80	汞灯	35 ~ 60
金属卤化物灯	70 ~ 98	高压钠灯	100 ~ 140
低压钠灯	130 ~ 190		

（6）一般照明（genera lighting）　不考虑特殊局部的需要，为照亮整个场地而设置的照明。

（7）局部照明（local lighting）　为满足某些部位（通常限定在很小范围，如工作台面）的特殊需要而设置的照明。

（8）混合照明（mixed lighting）　一般照明与局部照明组成的照明。

（9）眩光（glare）　在视野中由于光亮度的分布或范围不适宜，或在空间、时间上存在着极端的亮度对比，以致引起眼睛不舒适或降低物体可见度。

3. 光环境设计的一般原则

（1）设定适宜的平均照度水平和照度均匀度，不宜过高或过低，基本要求是给空间以适当的明亮感，利于安全，便于活动，但不造成过强光刺激。

（2）有利于将注意力集中在工作区上，即工作区的照度应比非工作区照度高，以形成适当的差别和对比。

（3）光线的照射方向和扩散要合理，既避免产生干扰阴影，又顾及形成必要的柔和的阴影，以增强设施、器物的立体感。

（4）避免光线直接照射人眼，以防眩光晃眼。

（5）光源具有适宜的"显色性"，能显示各种设施、器物的颜色特性，有利于保护眼睛和心理健康。显色性差的光源，例如，汞灯、钠灯、荧光汞灯等（虽然光效系数高，对节约能源有利）仅适宜用于隧道、广场、厂房顶棚等显色要求不高的处所。

（6）选择适宜的地面、墙面和器物的颜色，增强清洁明快感。通过光色、亮度、照度、投射方向、透光遮光、折射漫射等因素，营造良好的环境氛围，利于身心健康和愉悦的情绪。

（7）重视节约能源，减少消耗。充分利用天然光是减少资源消耗最直接的方法，但这只在白天有效，也只适合一定的条件。因此，推广使用节能灯具更具有现实意义。

五、光源的色温和显色性

1. 光源的色温　在思考室内光环境的时候，常会出现这样一个问题：在怎样的照度水平下，人们感觉较为舒适？但对于这个问题却无法做出直接、简单的回答。因为这个问题涉及光源的一个重要特性——色温。光源的色温不同，人们感觉舒适的照度也不同。色温用符号 T_c 表示，单位是 K（热力学温度），常见的天然和人工光源的色温值参见表 9 – 12。

表 9 – 12　几种常见光源的色温

光源	色温（或相关色温）/K	光源	色温（或相关色温）/K
蜡烛	1900 ~ 1950	日光	5300 ~ 5800
高压钠灯	2000	昼光（日光 + 晴天天空）	5800 ~ 6500
白炽灯（40W）	2700	全阴天空	6400 ~ 6900
白炽灯（150 ~ 500W）	2800 ~ 2900	晴天蓝色天空	10000 ~ 26000
碳弧灯	3700 ~ 3800	荧光灯	3000 ~ 7500
月光	4100		

不同色温下人们感觉舒适的照度范围不同。基本结论是：色温低的光源（例如蜡烛、高压钠灯、白炽灯等），在照度较低时使人感到舒适；而色温高的光源（例如日光、昼光、荧光灯等），在照度较高时使人感到舒适。

2. 光源的显色性　在不同光源的照射下，物体呈现出来的颜色是有所差别的。各种光源显示物体颜色的性能称为光源的显色性，用显色指数 R_a 来表示。以显色性最优的日光或接近日光的人工光源作为标准光源，其显色指数为 $R_a = 100$，其他光源的显色指数均小于 100，其平均显色指数见表 9 – 13。

表 9 – 13　光源的显色指数 R_a

光源	平均显色指数	光源	平均显色指数
白炽灯	97	金属卤化物灯	65 ~ 92
氙灯	95 ~ 97	高压汞灯	22 ~ 61
日光色荧光灯	80	高压钠灯	21
白色荧光灯	55 ~ 85		

在隧道、厂房顶棚等处所对光源显色性要求较低，可采用显色指数低而光效系数高的灯具，以节约能源；艺术装饰和布景中需要用有色灯光来塑造形象，光源的显色性很重要。在正常的生活、工作环境中，人们需要能够较好地辨别事物的颜色。GB/T 13379—2023《视觉工效学原则 室内工作场所照明》按工作环境对光源显色性进行了分组要求，具体数值仅作参考。

六、光环境设计

室内色彩的一般人机工程学要求是：有利于人们形成安详、稳定的生活和工作情绪，符合室内环境的特性。

一些特殊住所如老年人公寓的色彩搭配要稳重淡雅，低纯度及明度，用色统一，适当部位的明亮色彩可振奋精神，见表 9 - 14。老年公寓家具照明的照度和普通环境相比，具有一定的提高范围，见表 9 - 15。

表 9 - 14 老年人住所常用色系的心理和生理效应

名称	心理效应	生理效应
蓝色	镇定、安神、神智	缓解紧张情绪，调节体内平衡
绿色	健康、活力、安详、宁静、谦逊	有益消化，促进身体平衡，适用书房
黄色	高贵、喜悦、光明	刺激神经，活跃思想
紫色	古朴、庄重、高贵	促进体内钾平衡，具有安全感

表 9 - 15 老年人住宅照度推荐值

老年人照度提高范围	区域	照度标准值/lx	老年人推荐值/lx
深夜照明（5 倍）	深夜去卫生间	2 ~ 4	10 ~ 20
交通区域（3 倍）	门厅、过廊	1 ~ 10	3 ~ 30
一般照明（1.5 倍）	一般活动区	20 ~ 50	30 ~ 75
	餐厅、方厅、厨房	20 ~ 50	30 ~ 75
	卫生间	10 ~ 20	15 ~ 30
局部照明（2 倍）	书写、阅读	150 ~ 300	300 ~ 600
	床头阅读	75 ~ 150	150 ~ 300
	精细作业	200 ~ 500	400 ~ 1000

而餐馆、酒吧和图书馆的环境色彩有所不同，外科手术室和家庭卧室的环境色彩也不同，法庭和歌舞厅的环境色彩更不同。有些情况下，色彩的心理和生理效应比色彩的美感更重要，例如，在副食品商店的鲜肉部，如果货架、柜台多用橙色或偏红的颜色，人眼因诱导出互补的蓝色而觉得肉食品显出腐烂的样子，色彩效果就很不好；陈列色彩鲜艳的商品或展品的地方，应该以中性色作为背景，这样才能使商品展品被衬托得更加鲜明突出；白色的墙脚下生长的红玫瑰显得分外鲜艳，白墙角下种植黄色花卉却效果不佳；外科医生手术中注视着鲜红的血液，如果外科手术室墙面为白色，他抬头看到墙面时，墙上会出现暗绿色（鲜红血液的补色）的"负后像"，因此而引起不佳心理反应，所以外科手术室的墙面宜做成暗绿色，医生抬头望墙面能使视觉获得平衡和休息，但家庭中的卧室却不可采用暗绿色墙面。

各种室内视觉环境有一个基本相同的要求，就是上部应该比下部明亮，正像自然界中天空比大地明亮一样，人们才能在室内处于安定的情绪之中。

1. 室内视觉环境的评价 目前还难以完全用科技测量方法加以量化，目前已有的国标 GB/T

12454—1990《视觉环境评价方法》，适用于"启用后的建筑设施室内，以阅读、书写或类似活动为主要作业内容的工作场所视觉环境的评价"。

GB/T 12454—1990 提供的是一个进行问卷调查、统计分析、作出结论的方法。其评价问卷中有 10 项影响工作效率和心理舒适度的因素。要求评价人员先对室内作一次总的观察，然后选一个工作位置就座，逐项填写评价问卷表。填写时对 10 项因素的每一项就"满意""不太满意"及"不满意"作出选择，评价人员还可以对每一个评价因素提出具体意见，如表 9 – 16 所示。

表 9 – 16　《视觉环境评价方法》的评价内容

评价因素	评价内容	评价指标		
		满意	不太满意	不满意
照度	观看对象的照明是否充足？是否影响观看？			
眩光	有没有不合需要的光亮来自灯、窗、室内各个表面及物体？是否影响工作？			
照度分布	室内各部分照明相对强弱程度是否合适？是否影响工作？			
光影	室内各表面及物体上的明暗变化及光斑阴影能否令人满意？是否影响工作？			
光色	光源的光色是否合适？是否影响工作？			
颜色景观	照明中各物体及人的皮肤颜色能否令人满意？是否影响工作？			
室内装修	室内各表面的装修及色彩是否合适？是否影响工作？			
室内空间与陈设	室内结构、陈设、灯具类型及布置是否合适？是否影响工作？			
与室外的视觉联系	是否存在来自室外的视觉干扰？是否因与室外缺乏视觉联系而产生隔离感？			
整体印象	对室内视觉环境的整体印象如何？能否令人满意？			

2. 卧室家具——卧室书桌的摆放　书桌通常摆放在窗户附近以得到较好的采光。书桌也可布置在床边起到床头柜的作用，作为摆放常用物品的台面；同时可供人起卧床时撑扶使用。图 9 – 6（a）中书桌正对窗户，室内外光线对比强烈，使眼部不舒适；图 9 – 6（b）中书桌背对窗户，计算机屏幕容易产生炫光；图 9 – 6（c）中书桌放在一角，既有一定的光线亮度，又不会对屏幕产生炫光。

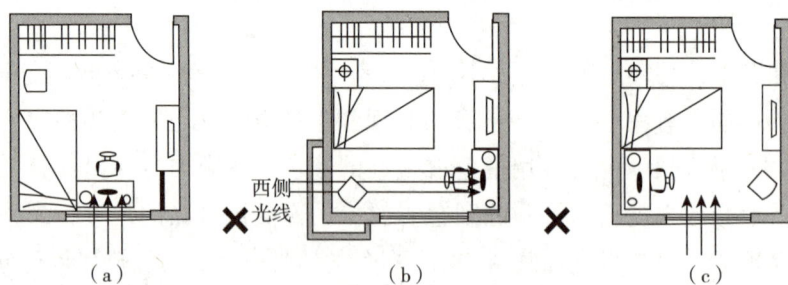

图 9 – 6　自然采光与卧室书桌的摆放

3. 室内居住空间　应注重自然采光，集中活动空间宜靠近采光窗布置，以便人们享受阳光，观赏室外景色。当卧室空间有限时，也可通过落地凸窗或阳台的形式，扩大窗前空间形成完整的活动区域。在采光方面，卧室环境的设定可结合采光灵活布置室内家具，如图 9 – 7 所示，在冬季时床的位置可靠近采光窗布置，使阳光能照射到床面；在夏天时床的位置可靠墙内侧，避开阳光直射。

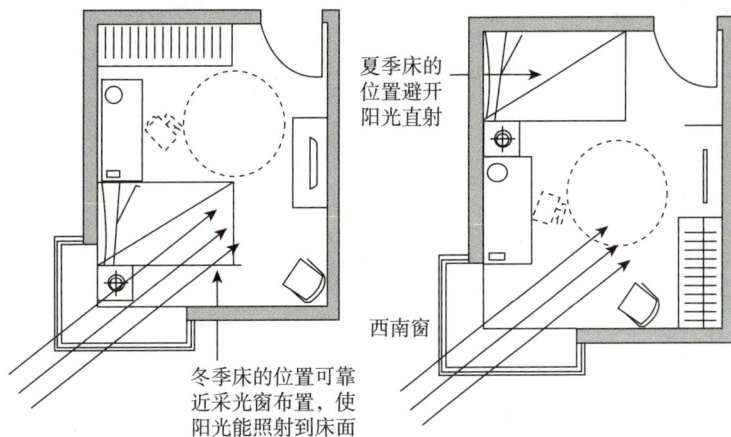

夏季床的位置避开阳光直射

西南窗

冬季床的位置可靠近采光窗布置，使阳光能照射到床面

图9-7 卧室应注重自然光与活动区域的结合

第五节 环境设计中的人机工程学

一、室内环境设计

1. 门厅 在住宅中所占面积虽然不大，但使用频率较高。人们外出或者回家时，往往要在门厅完成许多动作，例如换鞋、穿衣、开关灯、拿钥匙等。因此，门厅的各个功能必须安排得紧凑有序，以保证人的动作流畅和安全。住宅的门厅空间设计通常必须遵循以下5个原则。

（1）选择进深小且开敞的门厅形式 老年人应采用进深小而开敞的门厅，避免进深大、开口多的门厅，入户门及过道的宽度应不小于800mm。图9-8（a）为进深较小而开敞的门厅便于老人的活动，尤其是对轮椅的通行以及急救时担架的出入限制较小，还能使门厅更好地获得来自起居室等空间的间接采光；图9-8（b）的进深过大，而且不利于轮椅或担架进入；图9-8（c）开口多的门厅往往聚集了多条交叉动线，无法形成稳定的空间，不利于人们在此行动的安全。

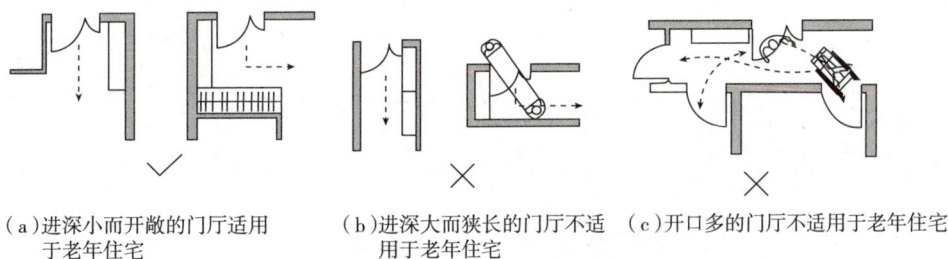

（a）进深小而开敞的门厅适用于老年住宅

（b）进深大而狭长的门厅不适用于老年住宅

（c）开口多的门厅不适用于老年住宅

图9-8 老年住宅的门厅设计

（2）保证活动的安全方便

1）引入柔和的自然光。门厅以侧向柔和的自然采光为最佳，不宜在一进门的正对面设置采光窗（尤其是东、西方向的窗），避免入射角很低的光线直接射入人眼，造成刺眼眩晕。

2）提供扶靠、安坐的条件。应在门厅为人提供坐凳、扶手或扶手替代物，便于人安坐和扶靠。

3）考虑轮椅的使用需求。户门把手侧应留有不小于400mm宽度的距离，方便轮椅使用者接近门把手或开关户门。

4）合理安排家具布置。合理安排门厅家具布置，可以优化动线，有助于人们在门厅的活动形成相对固定的程序。以老人为例，通常老人进门时的活动程序如图9-9所示。

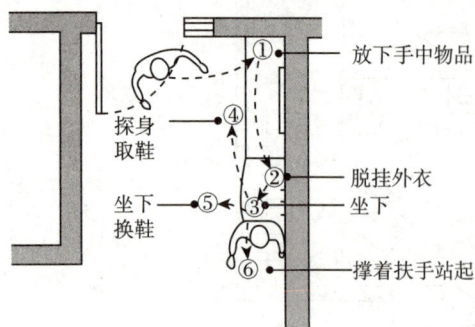

图9-9　老人进门时的活动程序

5）可以在门厅设置提示板，提醒人们出远门前应做的事情。提示板可设在鞋柜台面上方等易被看到处。

（3）保持视线的通达　人们愿意选择开敞式门厅，主要是希望门厅能与起居室等公共空间保持通畅的视线联系，以获得心理上的安全感。如果无法保证门厅与起居空间视线的直通，可以通过镜子的反射作用观察门厅的情况。

（4）重视地面材质的选择　门厅地面常会被从室外带进的灰尘、泥土以及雨水等污染，地面材质应耐污、防滑、防水。当门厅地面换一种材质时，应注意材质交接处要平滑连接，不要产生高差。门厅铺设地垫，要注意地垫的附着性，避免滑动。

（5）鞋柜、鞋凳　住宅的门厅中鞋柜、鞋凳应靠近布置，最佳的位置是鞋柜与鞋凳相互垂直布置成L形。向内开启的入户门会占用一定的门厅空间，应注意其开启时对人们活动产生的干扰，如图9-10所示。鞋柜宜有台面，高度以850mm左右为宜，既可以当作置物平台，又可以兼具撑扶作用而替代扶手。当鞋柜采用平开门时，单扇柜门的宽度不宜大于300mm。鞋柜旁边最好设置竖向扶手，以协助老人起立，如图9-11所示。可将一些常穿的鞋开敞放置，使其便于拿取、穿脱，保证老人换鞋时看得见，够得着。可以将鞋柜下部留出高度约300mm的空档，用于放置常穿的鞋子，避免鞋散乱在门厅地面上将人绊倒，如图9-12所示。

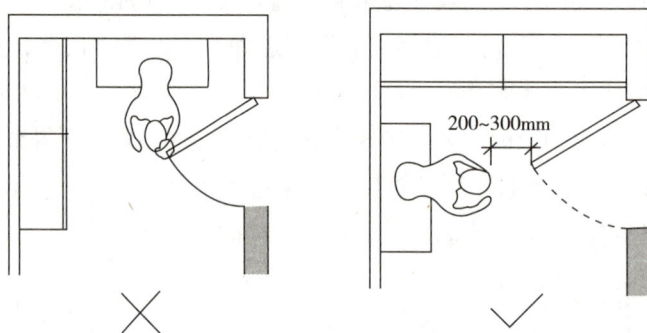

（a）鞋凳的位置在门后，老人换
鞋时可能被户门撞到

（b）鞋凳的位置在门前方，门开启时
与人保持一定距离

图9-10　鞋凳的位置

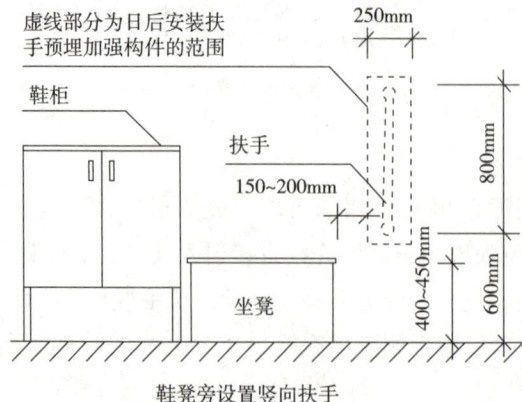

鞋凳旁设置竖向扶手

图9-11　鞋凳旁设置竖向扶手

（6）衣柜、衣帽架　当门厅空间宽裕时可设置衣柜或衣帽间，当门厅的面积有限时，采用开敞式的衣帽架可以有效地节省空间。开敞式衣帽架的挂衣钩高度通常为1300~1600mm，既防止碰头，又考虑到老年人（尤其是轮椅老人）适宜的使用高度。

（7）穿衣镜　宜在户门附近设置能照到全身的穿衣镜。镜前区域应有一定的采光，或设置照明灯。为防止轮椅碰撞，镜面下沿应高于地面350mm以上。

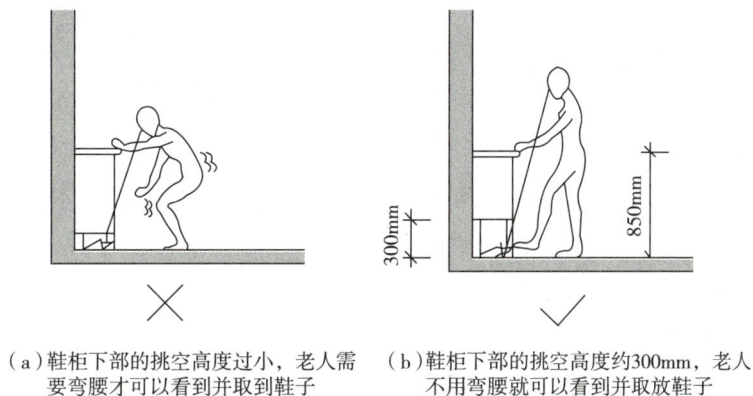

（a）鞋柜下部的挑空高度过小，老人需　（b）鞋柜下部的挑空高度约300mm，老人
　　要弯腰才可以看到并取到鞋子　　　　　不用弯腰就可以看到并取放鞋子

图9-12　鞋柜下部空间设计

2. 起居室（客厅）　是进行聊天、待客等家庭活动和看电视、休闲健身等娱乐活动的主要场所。在设计时，应迎合使用者的心理需求和活动能力，促进家人以及外界环境之间的交流。

（1）合理把握空间尺度　起居室的开间、进深尺寸是考虑常用家具的摆放、轮椅的通行以及看电视的适宜视距而确定的。一般住宅中起居室的开间为3300~4500mm，进深通常不宜小于3600mm。另外，应注意起居室的开间尺寸与其他空间的关系。图9-13（a）中起居室的进深过大，房间深处采光较差，同时会感到空间窄、视野小，效果不佳；图9-13（b）中起居室的开间过大，导致卧室开间减小，难以摆放电视柜等家具；图9-13（c）中起居室与卧室开间相互协调，两者空间效果均较好。

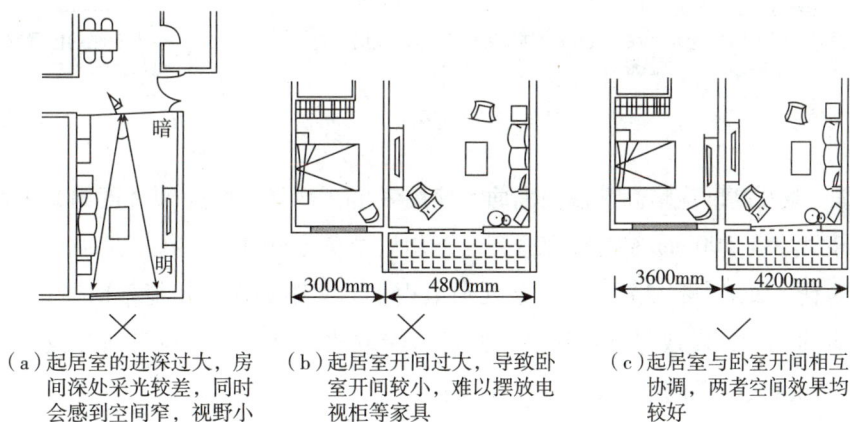

（a）起居室的进深过大，房　（b）起居室开间过大，导致卧　（c）起居室与卧室开间相互
　　间深处采光较差，同时　　　室开间较小，难以摆放电　　　协调，两者空间效果均
　　会感到空间窄，视野小　　　视柜等家具　　　　　　　　较好

图9-13　起居室的开间尺寸

（2）有效组织行动路线　作为生活起居的中心，起居室宜在住宅的中部。应通过起居室组织起住宅套内的各个空间。起居室不宜成为通过式、穿行式空间。应将套内主要交通动线组织在起居室的一侧，使沙发座席区和看电视区形成一个安定的"袋形"空间，如图9-14（a）所示。图9-14（b）从入户门到套内其他房间必须穿行起居室，会对沙发区看电视和谈话的人产生干扰。

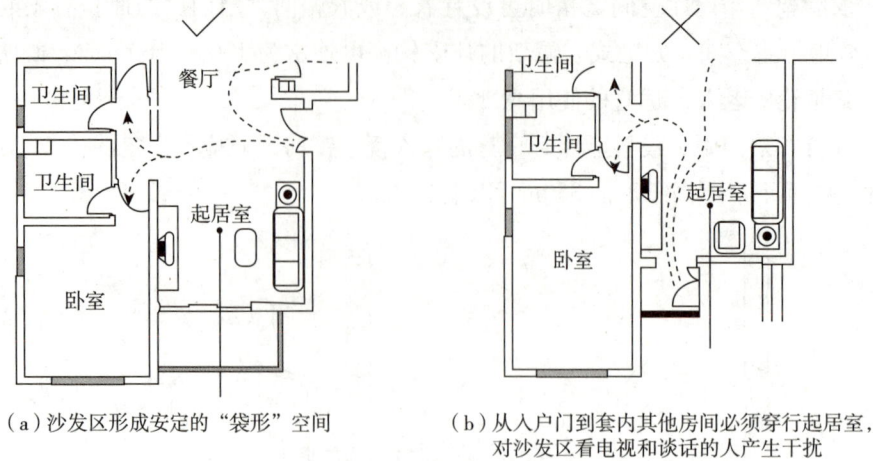

（a）沙发区形成安定的"袋形"空间　（b）从入户门到套内其他房间必须穿行起居室，对沙发区看电视和谈话的人产生干扰

图 9-14　起居室的行动路线

（3）起居室家具布置要点

1）沙发布置　宜面对门厅方向设置，容易了解门厅情况，如图 9-15（a）所示；沙发数量不宜过多，不方便进出，造成绕行，如图 9-15（b）所示；如果家中有老人，需要考虑老人专座，与其他座位临近，并且考虑进出方便的地方，如图 9-15（c）所示。

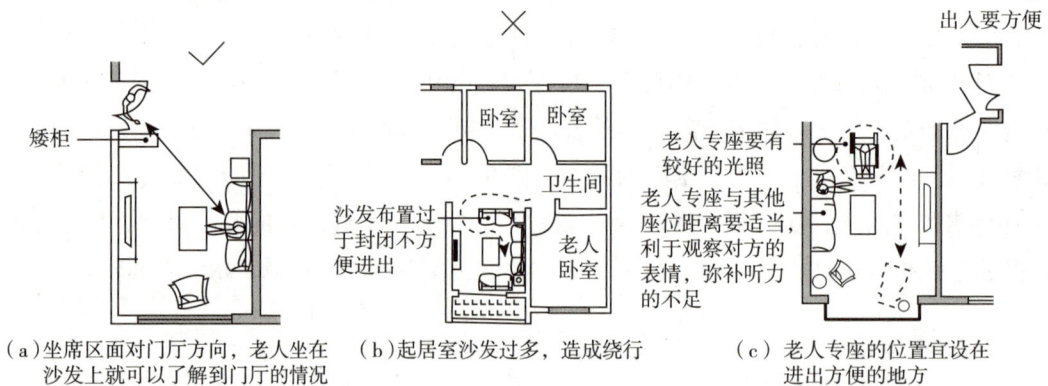

（a）坐席区面对门厅方向，老人坐在沙发上就可以了解到门厅的情况　（b）起居室沙发过多，造成绕行　（c）老人专座的位置宜设在进出方便的地方

图 9-15　起居室沙发布置

2）茶几布置　茶几高度应略高于沙发坐面，使用者坐在沙发上时无须过度俯身前倾就可取放茶杯等物品。茶几高度通常在 500mm 左右较为适宜。茶几与沙发之间的距离要大于 300mm，保证顺利就座，通过时不会造成磕碰；如家中有坐轮椅者，茶几与电视柜的间距要保证轮椅单向通行，至少为 800mm。提倡在沙发旁设置边几，方便放置常用物品，侧身就能取放物品，比在沙发前方设置茶几更为省力方便。边几的高度宜与沙发扶手高度相近。

3）电视机、电视柜布置　电视机的适宜高度为 450~600mm，与人的坐姿持平或略高，离观者 2000~3000mm 为宜。

3. 卧室　是现有家庭生活中必有需求之一。是供居住者在其内睡觉、休息或进行性活动的房间。卧室又被称作卧房、睡房，分为主卧和次卧，空间功能包括睡眠、休闲、梳妆、盥洗、储藏、阅读等部分。

（1）卧室环境需求

1）隐秘性强　卧室要创造安静、轻松的环境，色彩要淡雅，灯光要柔和，这样才能保证人在睡觉及休息时不受外界的干扰。

2）卧室的空间不宜过大　过大的卧室往往存在空间空旷、缺乏亲切感、私密性较差等问题。卧室一般面积在 9 ~ 16m² 较适宜。

3）照明宜采用间接光源或可调光源，光线要舒适、柔和、安静。

4）设计色调要偏暗偏暖，使人从心理感觉上更好地进入休息状态。忌用高纯度的鲜艳色彩。

（2）卧室尺寸需求

1）卧室尺寸　在理想状态下，最小的卧室面积应为 3000mm × 3600mm，如果考虑到卧室的其他辅助功能，如看书、娱乐等，卧室至少应为 3600mm × 4800mm。

2）家具尺寸　单人床的长度至少为 1920mm，宽度在 800 ~ 1000mm，常用的宽度有 800mm、900mm、1000mm；双人床的长度至少为 1920mm，宽度在 1200 ~ 2000mm，常用的宽度有 1200mm、1350mm、1500mm、1800mm、2000mm。

衣柜最小尺寸：深度 600mm，长度 900 ~ 2500mm，高度最少 1600mm，目前流行的定制化衣柜往往到天花板位置。

3）家具的净空尺寸　床一边或一端更衣净空为 1050mm。床边与梳妆台或箱柜间的净空为 900mm。梳妆台、壁橱、五斗柜前的净空为 900mm。主要通道的净空（如门至壁橱等）为 600mm。床边通道净空为 550mm；300mm 为双人床不常使用边的净空。

4. 厨房　是家庭中重要的功能空间，进行厨房功能的分析与设计，对理解作业空间与人自身及其行为的关系有着重要的意义。

（1）橱柜组成　厨房中最重要的家具是橱柜，橱柜分为地柜和吊柜。地柜是最常见的一种柜体形式，又称下柜，在橱柜下部，起支撑台面及提供储藏空间的作用。根据功能可分为拉篮柜、水槽柜、米桶柜、灶台柜等。吊柜位于橱柜上部，拓展厨房上部储藏空间。

（2）厨房空间基本功能　厨房是住房中使用最频繁、家务劳动最集中的地方，厨房的主要功能是烧煮、洗涤，有的兼有进餐的功能。因此，厨房的装修装饰应该更多地考虑实用、安全和卫生，厨房的三大功能区为调理台、洗涤台、烹调台。如图 9 - 16 所示为厨房的基本功能。

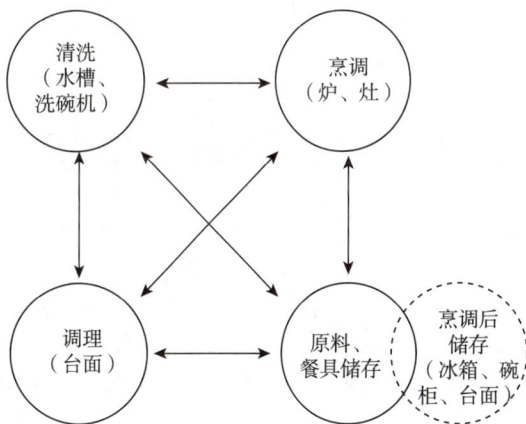

图 9 - 16　厨房的基本功能

（3）厨房的分布方式

1）一字形厨房　又称"单列形"，只在厨房一侧布置橱柜设施。这种布局的优点是管线短、经济，便于施工和水平管道的隐蔽；同时水管集中布置，节省设备空间，橱柜布置简单，施工误差便于调节。缺点是由于操作者在操作过程中必须沿操作台的方向走动，当操作台较长时，使人感觉不舒适，且降低工作效率。另外，单列式操作台的通道只能单侧使用，难以重复利用空间，降低了空间利用的有效性。"单列形"布置适用于只能单面布置橱柜设备的狭长形厨房，如图 9 - 17 所示。

2）L 形厨房　最节省空间的一种设计。沿厨房相邻的两边布置橱柜设备，这种布置方式的优点是较符合厨房炊事行为的操作流程，从水池到灶台之间的操作连续，在转角处工作时移动较少，既方便适用，又能在一定程度上节省空间。管线、烟道等可以集中布置，便于隐蔽。另外，这种布局的橱柜整体性强，外表整齐、美观。缺点是当布置橱柜的墙体因为施工误差而相互不垂直时，定型 L 形橱柜与墙体之间的误差不易调节。这种厨房的储藏量虽大，但是转角处的空间不易利用，需要进行特别处理来提高利用率，如图 9-18 所示。

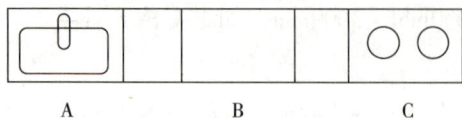

图 9-17　一字形厨房

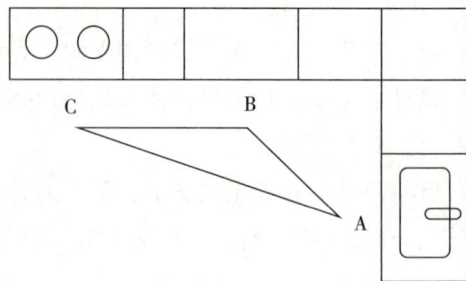

图 9-18　L 形厨房

L 形布置适用于开间净尺寸在 1500～2000mm 的厨房，或是开间大于 2000mm，但是由于厨房入口位置和阳台门位置的限制，而无法布置成 U 形的厨房。

3）U 形厨房　厨房三边均布置橱柜设备。这种布置方式的优点是操作面长，储藏空间充足，厨房空间利用充分，设备布置也较为灵活，基本上集中了 L 形的优点。U 形布置适用于面积标准较高且平面接近方形的厨房。这种布置在开放式厨房的平面布局中较为多见，如图 9-19 所示。

4）平行厨房　指橱柜以两条平行方向布置，空间比较紧凑，比其他布置形式走路少，从而提高效率，另外所有的储藏空间方便可及，适合宽度较大的厨房。这种厨房布局使用较少，布局上跟单排类似，如图 9-20 所示。

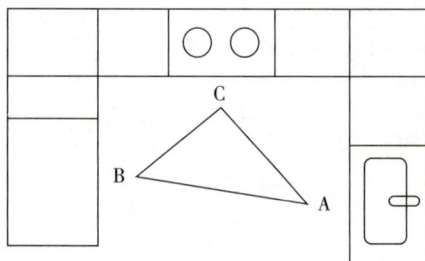

图 9-19　U 形厨房

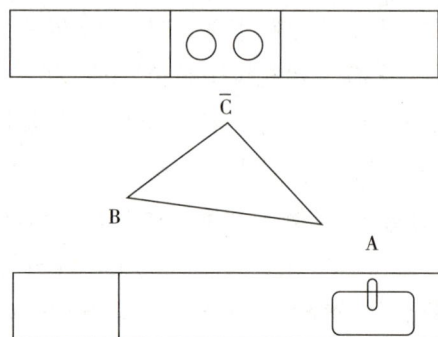

图 9-20　平行厨房

5）岛形厨房　适合空间面积较大，在 15m² 以上的厨房。这种布置在普通住宅厨房中较为少见，操作台设在厨房中部。这种布局形式占用的空间较多，多用于面积较大的别墅、独立式住宅等的厨房中。这种布局方式适合多人参与厨房操作，使厨房的工作气氛活跃。其岛形台面既可以作为操作台面，也可以当作餐台使用。

（4）厨房的设计要点

1）应有足够的操作空间　在厨房里，要洗涤和配切食品，要有搁置餐具、熟食的周转场所，要有存放烹饪器具和佐料的地方，以保证基本的操作空间。现代厨具生产已走向组合化，应尽可能合理配备，以保证现代家庭厨房拥有齐全的功能。

2）要有充分的活动空间　合理的厨房空间布局是顺着食品的储存和准备、清洗和烹调这一操作过程安排的，应沿着三项主要设备即炉灶、冰箱和洗涤池组成一个三角形。因为这三个功能通常要互相配合，所以要安置在最合宜的距离以节省时间人力。

3）要有丰富的储存空间　一般家庭厨房都尽量采用组合式吊柜、吊架，合理利用一切可储存物品的空间。组合柜橱常用地柜部分储存较重较大的瓶、罐、米、菜等物品，操作台前可延伸设置存放油、酱、糖等调味品及餐具的柜、架。煤气灶、水槽的下面都是可利用的储物场所。精心设计的现代组合厨具会使你储物、取物更方便。

（5）共享型厨房设计　共享智能厨房是针对目前群租的年轻人群，其目标是不仅可满足多人共享的使用需求，同时橱柜与智能电器产品系统结合，从厨房产品局部概念转向厨房空间概念，更加注重使用者的交流方式，使厨房拥有智能化管理，拥有更方便省力、更人性化、更高效性和更具交互性的厨房空间。

共享型厨房的尺寸会直接影响使用者的使用舒适性和操作效率，根据人机工程学原理，厨房地柜高度为 80～85cm，深度为 60～65cm；厨房吊柜高度为 50～60cm，深度为 30～45cm。如果有高度调节功能为佳。过道的宽度需考虑至少两人交错走过的情况，以 150cm 以上为佳。普通厨房与共享型厨房的对比见表 9－17。

表 9－17　普通厨房与共享型厨房的对比

类别		普通厨房	共享型厨房
概念		可在内准备食物并进行烹饪的房间	满足多人共同使用厨房的功能要求
功能分区	洗涤区	完成餐具、炊具和各种食品的清洗，主要产品有水槽、水龙头	水槽最好双盆为主，多水龙头便于同时多人使用
	烹饪区	完成各种食材的烹饪，主要产品有灶具和吸油烟机等	多灶头灶具方便多人使用，吸油烟机需考虑强吸力功能
	备菜区	烹饪前的加工和烹饪后的餐前准备，需要操作在地柜台面	需考虑多人足够的操作空间，以及使用者间的沟通交流方式
	储存区	食品存储和炊具存储，食品存储主要为冰箱、橱柜、吊柜	需要有共享存储空间，同时需要个人独立存储空间
	电器区	冰箱、灶具、吸油烟机、微波炉、烤箱、洗碗机等	对个人行为习惯、口味特点等单独控制模式
厨房形式		单列形、双列形、L 形、U 形、G 形和岛形	双列形、L 形、U 形、G 形有较大的操作和活动空间
尺寸	地柜	高度 80～85cm，深度 60～65cm	相同
	吊柜	高度 50～60cm，深度 30～45cm	相同
	过道	过道净宽应不小于 90cm	考虑多人同时使用，不小于 150cm

二、展陈环境设计

展陈环境设计中也需要考虑人机工程学，展陈设计的目的是有效地传播展示信息，那么为何需要在设计的过程中考虑人体工程学呢？首先让我们来看两个例子。

悬挂式照片展示的优点是可以承载许多图片，并充分利用展示立面空间，但同时带来的缺点就是过高和过低的照片在受众的正常视线范围之外，参观者站姿视域内看不清，照片的陈列角度较多、太密集，这样的展示客观上不符合观众观看的视觉尺度和心理尺度。人机工程学的设计考量就是如何在展陈环境设计中有效地传播信息，既要让人看得清，又能利用空间展示较多的信息量。

无论是陈列环境还是标识展示，为了有效地传播展示信息，我们需要在展示环境设计过程中关注人机工程学知识，研究人和环境的相互作用；研究在工作中、家庭生活中和休假环境中如何提高信息的传递效率，促进人的健康、安全和舒适度。

在展示空间和人体尺度方面，需要关注以下几个方面的人机工程学知识点。

1. 展示尺度　融入人机工程学的展示设计中，所有的尺度均以人体的尺寸为标准，进行组织、设计和陈列。界定展示尺度的标准是以人的参观活动范围和行动规律所形成的特定尺度为基本依据。例如，火车头是较大的展品，因此大展品放在宽松的较大的环境中展示，人不仅能够看得清楚，而且能够体会到工业机械制造产品在特定环境中的运行状态；小的展品如珠宝首饰则放在较小的空间展示，比如橱窗或者展柜，参观者能够看清楚细节并结合模特感受配饰设计的用心之处。因此，舒适的展示尺度能够有效提高信息的传达效率，让观众对展品所处的展示空间及形态形成自然舒适的感觉。

2. 通道尺度　是指在展陈空间中各种通行道路的尺度，主要包括主干道、次干道、应急通道、消防通道、货物运输通道、工作人员专用通道等。

通道以人流截面宽度来计算，那么每股人流的宽度以多少合适呢？即单人通行区宽度一般在760～800mm的范围内取值。一般的大型展览，主通道要保证6个人并肩通行，次通道保持3人并肩通行。

3. 陈列密度　是指在一个展区或展位中，展示内容所占据展示空间的百分比。陈列密度过大，比如毕业生招聘会展位较多，就容易造成参观人流拥堵，使观众拥挤，使人产生紧张、杂乱的心理感受，容易感到疲劳、厌倦；人多时甚至会给观众以窒息的感觉，影响展示信息传达与交流的效果。陈列密度过低，又会使展示空间显得空旷、空洞，也降低了空间利用率。

一般来说，展示对象占展示空间的百分比以30%～40%为宜。

4. 陈列高度　是指展示对象在展示空间中所占据的高度，主要包括展示道具的高度和展品的高度等内容。通常情况下，陈列高度是以人们平视时垂直面内的视域范围为设置依据。根据立姿视点高度，人一般在1100～1850mm高度范围内可以看到清楚不变形的展示形象；超出此展示高度的展示物视觉效果容易变形，因此可以做相对应的物体陈列。如在距地面800mm以下做巨型环境沙盘陈列，在距地面1900mm以上可以制作装置型或大标题文字等空间造型的陈列。同时，人在自然站立的时候，视线是略低于水平线的，因此展陈设计的高度范围可以根据人的客观视线范围做略微的调整。

目标检测

答案解析

一、选择题

1. 人体热舒适方程主要考虑的因素有（　　）

　　A. 空气温度、相对湿度、空气流速、平均辐射温度

　　B. 太阳辐射、风速、湿度、温度

　　C. 室内热源、墙体温度、人体代谢率、服装热阻

　　D. 气压、海拔、湿度、温度

2. 根据国际标准化组织（ISO）的规定，住宅区夜间允许的等效连续A声级是（　　）

　　A. 30～40dB（A）　　　　　　　　　　B. 40～45dB（A）

　　C. 45～50dB（A）　　　　　　　　　　D. 50～55dB（A）

3. 人体对振动最敏感的频率范围是（　　）

　　A. 1～4Hz　　　　　　　　　　　　　B. 4～8Hz

　　C. 8～16Hz　　　　　　　　　　　　　D. 16～31Hz

4. 在设计车辆座椅时，为了减少振动对人体的影响，以下措施不合适的是（　　）

    A. 座椅采用柔软的材料　　　　　　　　　B. 座椅安装减振装置

    C. 座椅高度设计得很低　　　　　　　　　D. 座椅形状符合人体工学，增加接触面积

5. 在作业环境中的光源，最理想的是（　　）

    A. 白炽灯　　　　　　　　　　　　　　　B. 自然光

    C. 荧光灯　　　　　　　　　　　　　　　D. 霓虹灯

6. 为了避免眩光，在灯具设计中应该（　　）

    A. 提高灯具的亮度　　　　　　　　　　　B. 采用透明灯罩

    C. 缩小灯具的尺寸　　　　　　　　　　　D. 使光源具有一定的遮蔽角度

二、简答题

1. 举例说明振动、声环境、热环境和光环境对人体和生活环境的影响。

2. 举例说明光环境设计的必要性。

3. 举例说明门厅、起居室、卧室、厨房等室内空间的人机工程学应用。

4. 举例说明展陈环境设计中的人机工程学原理。

书网融合……

本章小结

第十章 人的可靠性与安全设计

学习目标

1. **掌握** 人机系统可靠性的定义，影响可靠性的因素。
2. **熟悉** 安全设计及其设计要点。
3. **了解** 人的失误行为、原因以及引发的后果。
4. 能够考虑从产品影响人类安全的角度以及产品的安全设计发展方向，对产品进行人性化设计。

⇒ 案例分析

实例 现代汽车配备了多项安全系统，如安全气囊、安全带预紧装置、防抱死制动系统（ABS）、车身稳定控制系统（ESP）等。这些系统都是基于人机工程学原理，旨在提高驾驶员和乘客在发生事故时的生存概率。例如，安全气囊的位置和展开速度是根据人体的位置和碰撞力度来设计的，以确保在事故发生时能够有效地保护人体的关键部位。安全带预紧装置则可以在碰撞发生前瞬间收紧安全带，将乘客牢牢固定在座位上，减少碰撞时的冲击力。

问题 安全气囊的展开速度如何确定才能既保证安全又避免对人体造成二次伤害？安全带预紧装置的力度应该如何控制？

第一节 人的可靠性

一、人机系统可靠性

人机系统的可靠性由该系统中人的可靠性和机械的可靠性所决定，对人的可靠性很难下定义。在此，暂且定义为"人们正确地从事规定的工作的概率"。

设人的可靠性为R_H，机械的可靠性为R_M，整个系统的可靠性R_s就为：

$$R_s = R_H \cdot R_M \tag{10-1}$$

它们三者的关系可用图 10-1 表示。如果人的可靠性为 0.8，即使机械的可靠性高达 0.95，那么，整个人机系统的可靠性也只有 0.76。如果不断对机械进行技术改进，将可靠性提高到 0.99，系统的可靠性仍然只有 0.79，并没有提高多少。因此，提高人的可靠性成了提高系统可靠性的关键。由于人机系统越来越复杂和庞大，一旦出现人为失误就会酿成严重事故，人们日益关心因人的可靠性低下而引起的事故。

一个设计良好的系统需要考虑的不仅仅是设备本身，还应该包括人这一要素。正如一个系统中的其他部分一样，人的因素并非是完全可靠的，而人的错误可导致系统崩溃。国内外许多安全专家认为，大约 90% 的事故与人的失误有关，而仅有 10% 的事故归咎于不安全的物理、机械条件。

如上所述，事故的主要根源在于人为差错，而人为差错的产生则是由人的不可靠性引起的。本章将通过对人的可靠性、人为差错和人的安全性的分析，找出事故发生的原因，并据此提出防止发生事故的措施。

二、人的可靠性分析

1. 影响人的可靠性的内在因素　人的内在状态可以用意识水平或大脑觉醒水平来衡量。日本的桥本邦卫将人的大脑的觉醒水平分为五个等级（表 10 – 1）。由表可知，人处于不同觉醒水平时，其行为的可靠性是有很大差别的。人处于睡眠状态时，大脑的觉醒水平极低，不能进行任何作业活动，一切行为都失去了可靠性。处于第 I 等级状态时，大脑活动水平低下，反应迟钝，易于发生人为失误或差错。处于第 II、

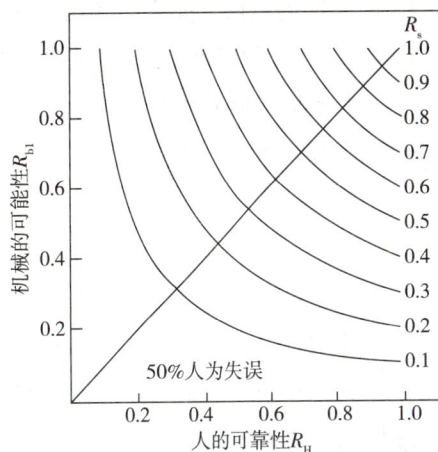

图 10 – 1　人、机械的可靠性与
人机系统的可靠性

III 等级时，均属于正常状态。等级 II 是意识的松弛阶段，大脑大部分时间处于这一状态，是人进行一般作业时大脑的觉醒状态，并应以此状态为准设计仪表、信息显示装置等。等级 III 是意识的清醒阶段，在此状态下，大脑处理信息的能力、准确决策能力、创造能力都很强，此时，人的可靠性可高达 0.999999 以上，比等级 I 时高十万倍，因此，重要的决策应在此状态下进行。但 III 类状态不能持续很长的时间。第 IV 等级为超常状态，如工厂大型设备发生故障时，操作人员的意识水平处于异常兴奋、紧张状态，此时，人的可靠性明显降低，因此，应预先设定紧急状态时的对策，并尽可能在重要设备上设置自动处理装置。

表 10 – 1　大脑意识水平的等级划分

等级	意识状态	注意状态	生理状态	工作能力	可靠度
0	无意识，神智丧失	无	睡眠，发呆	无	0
I	常态以下，意识模糊	不注意	疲劳，困倦，单调，醉酒（轻度）	低下，易出事故	0.9 以下
II	正常意识的松弛阶段	无意注意	休息时，安静时或反射性活动	可进行熟练的，重复性的或常规性的操作	0.99 ~ 0.9999
III	正常意识的清醒阶段	有意注意	精力充沛，积极活动状态	有随机处理能力，有准确决策能力	0.999999 以上
IV	超常态，极度紧张、兴奋	注意过分集中于某一点	惊慌失措，极度紧张	易出差错，易造成事故	0.9 以下

2. 影响人的可靠性的外部因素　一个极为重要的方面是人所承受的压力。压力是人在某种条件刺激物（机体内部或外部的）的作用下，所产生的生理变化和情绪波动，使人在心理上所体验到的一种压迫感或威胁感。

各方面的研究表明，适度的压力即足以使人保持警觉的压力水平对于提高工作效率，改善人的可靠性是有益的，压力过轻反而会使人精神涣散，缺乏动力和积极性。但是，当人承受过重压力时，发生人为差错的概率比其在适度压力下工作时要高，因为过高的压力会使人理解能力消失，动作的准确性降低，操作的主次发生混乱。

工作中造成人的压力的原因通常有以下四个方面。

（1）工作的负荷　如果工作负荷过重，工作要求超过了人满足这些要求的能力，会给人造成很大的心理压力，而工作负荷过轻，缺乏有意义的刺激，例如不需动脑的工作，重复性的或单调的工作，无法施展个人才华或能力的工作等，同样也会给人造成消极的心理压力。

（2）工作的变动　例如机构的改组、职务的变迁、工作的重新安排等，破坏了人的行为、心理和认识的功能的模式。

（3）工作中的挫折　例如任务不明确、官僚主义造成的困难、职业培训指导不够等，阻碍了人达到预定的目标。

（4）不良的环境　例如噪声太大、光线太强或太暗、气温太高或太低以及不良的人际关系等。

在作业过程中，由于超过操作者的能力限度而给操作者造成的压力以及其他方面给人增加的压力，其表现特征见表 10 – 2。

表 10 – 2　给操作人员造成压力的类型

超过操作者能力限度的压力	其他方面的压力
反馈信息不充分，不足以使操作者下决心改正自己的动作	不得不与性格难以捉摸的人一起工作
要求操作者快速比较两个或两个以上的显示结果	不喜欢从事的职业和工作
要求高速同时完成一个以上的控制	在工作中得到晋升的机会很少
要求高速完成操作步骤	负担的工作低于其能力与经验
要求完成一项步骤次序很长的任务	在极紧张的时间限度内工作，或为了在规定时间期限内完成工作，经常加班
要求在极短时间内快速做出决策	沉重的经济负担
要求操作者延长监测时间	家庭不和睦
要求根据不同来源的数据快速做出决策	健康状况不佳
	上级在工作中的过分要求

三、影响人的操作可靠性的综合因素

影响人的可靠性的因素极为复杂，但人为失误总是人的内在状态与外部因素相互作用的结果。影响人的操作可靠性的因素见表 10 – 3。

表 10 – 3　影响人的操作可靠性的因素

因素类型		因素
人的因素	心理因素	反应速度、信息接受能力、信息传递能力、记忆、意志、情绪、觉醒程度、注意、压力、心理疲劳、社会心理、错觉、单调性、反射条件
	生理因素	人体尺度、体力、耐力、视力、听力、运动机能、身体健康状况、疲劳、年龄
	个体因素	文化水平、训练程度、熟练程度、经验、技术能力、应变能力、感觉阈限、责任心、个性、动机、生活条件、家庭关系、文化娱乐、社交、刺激、嗜好
	操作能力	操作难度、操作经验、操作习惯、操作判断、操作能力限度、操作频率和幅度、操作连续性、操作反复性、操作准确性
环境因素	机械因素	机械设备的功能、信息显示、信号强弱、信息识别、显示器与控制器的匹配、控制器的灵敏度、控制器的可操作性、控制器的可调性
	环境因素	环境与作业的适应程度、气温、照明、噪声、振动、粉尘、作业空间
	管理因素	安全法规、操作规程、技术监督、检验、作业目的和作业标准、管理、教育、技术培训、信息传递方式、作业时间安排、人际关系

第二节　人的失误

一、人的失误行为

人的行为是指人在社会活动、生产劳动和日常生活中所表现的一切动作。人的一切行为都是由人脑神经辐射，产生思想意识并表现于动作。

人的不安全行为则是指造成事故的人的失误（差错）行为。在人机工程领域，对人的不安全行为曾作过大量研究，较新的研究成果提出，人的失误行为发生过程如图 10 - 2 所示。

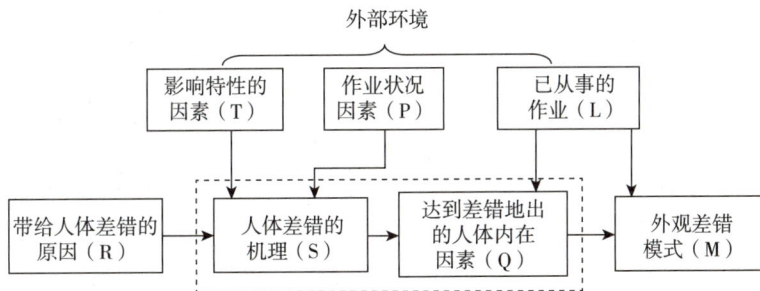

图 10 - 2　人的失误行为发生过程

由图 10 - 2 可知，人的失误行为的发生既有外部环境因素，也有人体内在因素。为了减少系统中人的失误行为的发生，必须对内、外两种因素的相关性进行分析。

二、人的失误的主要原因

按人机系统形成的阶段，人的失误可能发生在设计、制造、检验、安装、维修和操作等各个阶段。但是，设计不良和操作不当往往是引发人的失误的主要原因，可由表 10 - 4 加以说明。

在进行人机系统设计时，若设计者对表 10 - 4 中的"举例"进行仔细分析，可获得有益的启示，使系统优化，将使诱发人的失误行为的外部环境因素得到控制，从而减少人的不安全行为。至于诱发人的失误行为的人体内在因素极为复杂，仅将其主要诱因归纳于表 10 - 5。

表 10 - 4　人失误（差错）的外部因素

类型	失误	举例	类型	失误	举例
知觉	刺激过大或过小	（1）感觉通道间的知觉差异 （2）信息传递率超过通道容量 （3）信息太复杂 （4）信号不明确 （5）信息量太小 （6）信息反馈失效 （7）信息的储存和运行类型的差异	信息	按照错误的或不准确的信息而操纵机器	（1）训练 ①欠缺特殊的训练 ②训练不良 ③再训练不彻底 （2）人机工程学手册和操作明细表 ①操作规定不完整 ②操作顺序有错误 （3）监督方面 ①忽略监督指示 ②监督者的指令有误

续表

类型	失误	举例	类型	失误	举例
显示	信息显示设计不良	（1）操作容量与显示器的排列和位置不一致 （2）显示器识别性差 （3）显示器的标准化差 （4）显示器设计不良 ①指示方式 ②指示形式 ③编码 ④刻度 ⑤指针运动 （5）打印设备的问题 ①位置 ②可读性、判别性 ③编码	环境	影响操作机能下降的物理的、化学的空间环境	（1）影响操作兴趣的环境因素 ①噪声；②温度 ③湿度；④照明 ⑤振动；⑥加速度 （2）作业空间设计不良 ①操作容量与控制板、控制台的高度、宽度、距离等 ②座椅设备、脚、腿空间及可动性等 ③操纵容量 ④机器配置与人的位置可移动性 ⑤人员配置过密
控制	控制器设计不良	（1）操作容量与控制器的排列和位置不一致 （2）控制器的识别性差 （3）控制器的标准化差 （4）控制器设计不良 ①用法；②大小 ③形状；④变位 ⑤防护；⑥动特性	心理状态	操作者因焦急而产生心理紧张状态	（1）人处于过分紧张状态 （2）裕度过小的计划 （3）过分紧张的应答 （4）因加班休息不足而引起的病态反应

表 10-5　人失误的内在因素

项目	因素
生理能力	体力、体格尺度、耐受力、有否残疾（色盲、耳聋、音哑……）、疾病（感冒、腹泻、高温……）、饥渴
心理能力	反应速度、信息的负荷能力、作业危险性、单调性、信息传递率、感觉敏度（感觉损失率）
个人素质	训练程度、经验多少、熟练程度、个性、动机、应变能力、文化水平、技术能力、修正能力、责任心
操作行为	应答频率和幅度、操作时间延迟性、操作的连续性、操作的反复性
精神状态	情绪、觉醒程度等
其他	生活刺激、嗜好等

三、人的失误引发的后果

人为差错是人所具有的一种复杂特性，它与人机系统的安全密切相关。因此，如何避免人为差错对于提高系统的可靠性具有十分重要的意义。

人为差错可定义为人未能实现规定的任务，从而可能导致中断计划运行或引起财产和设备的损坏。人为差错发生的方式有 5 种，即人没有实现某一必要的功能任务，实现了某一不应该实现的任务，对某一任务做出了不适当的决策，对某一意外事故的反应迟钝和笨拙，没有觉察到某一危险情况。

人为差错所造成的后果随人为差错程度的不同以及机械安全设施的不同而不同，一般可归纳为 4 种类型：①由于及时纠正了人为差错，且设备有较完善的安全设施，故对设备未造成损坏，对系统运行没有影响；②暂时中断了计划运行，延迟了任务的完成，但设备略加修复，工作顺序略加修正，系统即可正常运行；③中断了计划运行，造成了设备的损坏和人员的伤亡，但系统仍可修复；④导致设备严重损坏，人员有较大伤亡，使系统完全失效。

第三节 人的失误事故模型

许多专家学者根据大量事故的现象，研究事故致因理论。在此基础上，又运用工程逻辑，提出事故致因模型，用以探讨事故成因、过程和后果之间的联系，达到深入理解构成事故发生诸原因的因果关系。此处仅从人机工程学的角度，讨论几种以人的因素为主因的事故模型。

一、人的行为因素模型

事故发生的原因，很大程度上取决于人的行为性质。由人机工程学基础理论可知，人的行为是由多次感觉（S）—认识（O）—响应（R）组合模型的连锁反应，人在操作过程中，由外部刺激输入使人产生感觉"S"，外部刺激如显示屏上仪表指示、信号灯变化、异常声音、设备功能变化等；人识别外部刺激并做出判断称之为人的内部响应"O"，人对内部响应所做出的反应行动，称之为输出响应"R"。

人的行为因素模型如图10-3所示，包含S—O—R行为的第一组问题是反映了危险的构成，以及与此危险相关的感觉、认识和行为响应。若第一组中的任何一个问题处理失败，则会导致危险，造成损失或伤害；如每一个问题处理都成功，第一组的危险不可能构成，也不会发生第二组的危险爆发。同样包含S—O—R行为的第二组问题是危险的显现，即使第一组问题处理失败，只要危险显现时处理得当，也不会造成损失和伤害；如果不能避免危险，则造成损失和伤害的事故必将爆发。

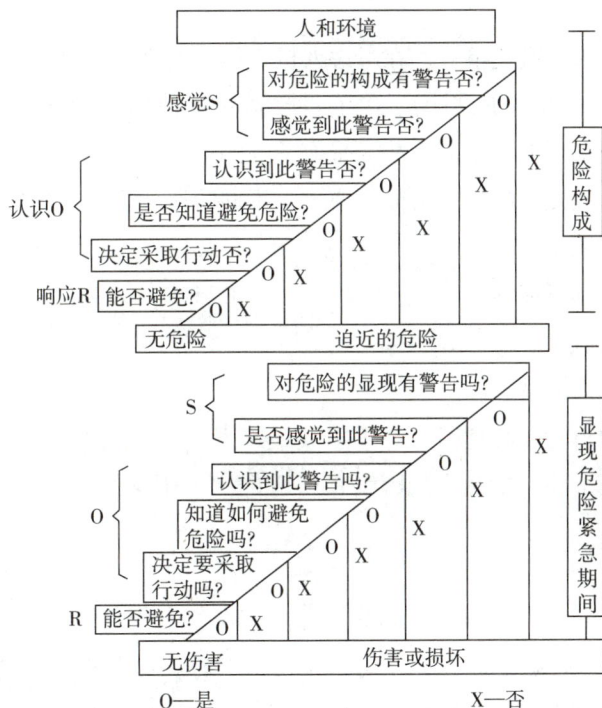

图 10-3 人的行为因素模型

二、事故发生顺序模型

事故发生顺序模型如图10-4所示。该模型把事故过程划分为几大阶段。在每个阶段，如果运用正确的能力与方式进行解决，则会减少事故发生的机会，并且过渡到下一个防避阶段。如果作业者按图示步骤做出相应反应，虽然不能肯定会完全避免事故的发生，但至少会大大减少事故发生的概率；而如不采取相应的措施，则事故发生的概率必会大大增加。

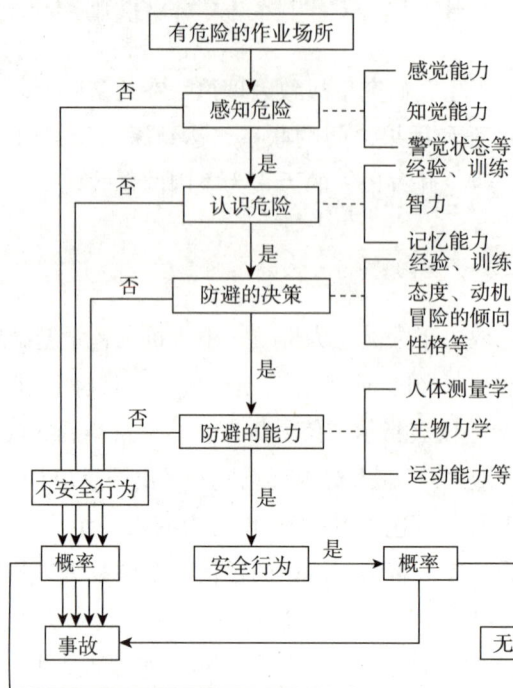

图10-4   事故发生阶段顺序图

按图10-4所示模式，为了避免事故，在考虑人机工程学原理时，重点可放在：①准确、及时、充分地传示与危险有关的信息（如显示设计）；②有助于避免事故的要素（如控制装置、作业空间等）；③作业人员培训，使其能面对可能出现的事故，采取适当的措施。

根据研究的结果表明，按照事故的行为顺序模式，不同阶段的失误造成的比例如下：

对将要发生的事故没有感知	36%
已感知，但低估了发生的可能性	25%
已感知，但没能做出反应	17%
感知并做出反应，但无力防避	14%

根据该结果可知，人的行为、心理因素对于事故最终发生与否有很大影响，而"无力防避"属环境与设备方面的限制与不当（也可能是人的因素），只占很小的比例。

知识链接

心理与安全设计

1. 压力与疲劳管理   长期处于高压力或疲劳状态下的人容易出现注意力不集中、反应迟钝等情况，增加事故发生的可能性。因此，在设计工作任务和环境时，要考虑人的心理承受能力，合理安排工作强度和休息时间，提供舒适的工作环境，以减少压力和疲劳。比如，在办公室设置休息区，让员工在工作间隙可以放松身心。

2. 人为错误预防   了解人为错误的产生原因，通过设计合理的操作流程，提供清晰的指示和反馈，设置安全联锁装置等措施，预防人为错误的发生。例如，在电气设备上设置安全联锁装置，只有在正确的操作顺序下才能启动设备，避免因误操作而导致的危险。

第四节　安全设计

产品设计的安全问题是指产品设计中，设计师考虑产品影响人类安全的角度以及产品的安全设计发展方向。由于产品责任相关案件数量的增长导致了对人因学专家的大量需求，他们的业务就是在产品设计之初就确保产品安全以及在法庭上担任专家证人。这里涉及的主要产品有汽车、叉车、医疗仪器、船、运送装置、工业机器、铁路岔道、CB 天线、梯子等。在这类案件中，人因学专家所要说明的问题包括听觉分辨、视敏度、手眼协调、反应时间、温度灵敏度、生物力学、阅读速度、控制器以及显示器设计、警告标识和说明书的合理程度和有效性，主要涉及 3 个方面的责任：制造缺陷、设计缺陷和警告标识缺陷。对于产品安全应具有两方面的含义。

一、产品自身安全设计

这类产品主要指一些自身具有安全隐患的机械装备产品，这类产品需要配备一定的安全防护装置（图 10 - 5）。安全装置指通过自身的结构功能限制或防止机器的某些危险运动，或限制运动速度及压力，进而防止危险的产生或风险的减小，安全装置是防止或减小风险的装置，常用的安全装置有联锁、双手控制、感应控制安全距离、自动停机装置等；而防护装置指通过物体障碍的方式防止人或人体部分进入危险区。

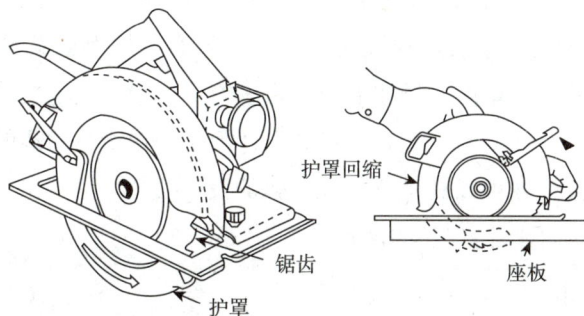

护罩回缩

锯齿

护罩

座板

图 10 - 5　手持式切割机

对这类产品的设计要求：①产品的运行不能造成对人的伤害；②产品结构要稳定，一般情况下不会自行解体；③产品的制造过程没有对人有害的内容，包括原材料的获取。

二、产品辅助安全设计

（一）人与产品安全设计

1. 产品与人身的安全

（1）使用动作与下意识行为　许多人都有错误使用产品的经历，这类产品的错误使用对于某个人来说可能是他的粗心大意，但当成百上千的使用者都犯错误时，设计师就不能无动于衷了。

（2）使用功能与安全　安全是产品必备的基本功能。对于产品安全来说，主要分两个部分：①克服因使用产品给用户带来的危害，如现代瓷碗的隔热设计、剃须刀设计；②产品本身就能提供安全保障。

（3）信息的有效接受与反馈　产品信息应容易识别判断。许多产品系统设计专家认为人 - 产品系统中人是最不可靠和效率低下的因素，他们努力研究自动化的产品设备来代替人。因此，产品应给予明确的信息，让他们对产品功能有正确的判断，于是容易识别便成为产品设计的一个重要的安全原则。主要方法是控制装置清晰、利用使用者的概念模式设计、产品功能使用的可视性。

（4）安全设计的可靠性原则

1）提供多种的产品使用方式　例如交通工具的舱门设计，车门的开启，特别是紧急疏散门的开启，必须保证如果需要能及时开启以便人员撤离，不会因意外无法开启而导致人员伤亡的事故发生。还可以体现为多种方式使用产品和在产品既定功能完成后的其他功能表现。

2）冗余设计　即主要的救生逃生装置都要配备两套。如我国神六飞船就有多数系统采用冗余配置的安全设计，飞船的三个舱上有 52 台发动机，推进舱有 28 台，返回舱有 8 台，轨道舱有 16 台。各舱发动机都是偶数，原因是都有主机和备份机。

3）增强产品可靠性　主要包括两方面，安全装置设计和限制性设计。安全装置设计如安全气囊、安全带、各种吸能装置。限制性设计如数码相机常用的 SD 卡的缺角设计。

4）给特殊个体提供正常的安全　除了残疾人外，还包括有身体内在缺陷的人群。但就此国际上提出了"普适设计"的概念，即让特殊个体能像普通人一样使用产品，让他们在心理上获得和正常人一样的认可与接纳。如鸣叫水壶，不仅面对普通家庭，盲人同样可以烧开水。

2. 产品与人心的安全

（1）人的心理状态对产品使用的安全影响　①通俗心理的安全影响；②注意力的安全影响；③主观判断的安全影响；④个性、情绪的安全影响；⑤消费心理与使用心理的区别。

（2）设计师的安全设计手段　①激励刺激的安全行为最通俗的例子就是电子游戏机，这种产品善于抓住个体心理，设计的游戏既有难度，又在恰当的阶段给予使用者一定的精神奖励，刺激使用者继续不断的使用下去；②帮助特殊个体的心理此时，产品设计师需要在物质功能的角度和精神的角度站在使用者立场上，这样做出来的设计才可以称得上"人性化的设计"。

如"人工耳蜗"和"助听器"两产品的区别。

（二）物与产品安全设计

1. 产品的本质属性

（1）产品的材料物性　例如褶皱的材料特性，近来受到材料界的关注。材料表面的微褶皱在功能上除了可以伸缩延展外，还具有奇妙的自清洁和不附着性能，如荷叶表面不附着灰尘和水珠都得益于此。此外，海豚和鲨鱼在海里游动很快也是其表皮微褶皱的妙用。

（2）产品的结构物性　产品结构设计应具备两个特性：①能够承担负载；②紧固产品的零部件，不使产品解体。

（3）轻质高强是安全的保证　例如水立方、鸟巢、蜂巢的六角形结构（所用材料最少、空间最大，并具有良好的机械强度）。

2. 产品的人工属性

（1）产品的功能承载　任何一款产品的承载量总是有限的。每件产品被赋予的功能都需要借助产品结构来实现，产品结构通常按照一定的从属关系架构每一个功能模块，给予产品的功能越多，其结构会越复杂，产品功能的稳定性就会越低。因此，设计师需要限定产品功能数量，简化产品架构，进而提高产品操作和使用的稳定性。

（2）产品的先天缺陷　由于人们所选用的材料、结构及性能的定位不同，产品都会存在一定的先天缺陷，例如各类电子产品就有怕潮易漏电的缺陷，金属制品又易生锈进而缩短了产品的使用寿命等。

3. 物的人性 有些智能化产品的出现，是因为其被赋予了人的部分属性和特征，替代人们完成了一些工作。如模仿人的思维和行为运作，"有人性的物"，如全自动洗衣机的发明，以及"自行动作"的机器人等。

三、安全产品的合理设计

产品的设计必须考虑到可预见的合理使用方法，而不仅仅是想当然的用法。这就需要进行分析，确定产品可能遭受到的使用以及不当使用的类型。这也许要求对类似产品的使用者或是新产品的潜在使用者进行调查。实验室的模拟测试也可以在产品原型上进行，以观察产品的性能和使用者在操作过程中的表现。Weinstein 等人（1978 年）列出为了保证产品合理安全，产品设计过程应包括 7 个步骤：①描绘出产品的使用范围；②鉴别产品被使用的环境；③描述用户的群体；④假定所有可能发生的危险，包括危险发生可能性大小的估计和所发生危害的严重程度；⑤描述替代设计的特点或生产技术，包括警告标识和说明书，这些标识和说明书可以有效减轻或是避免危害；⑥根据所期望的产品性能指标，评估各个替代方案，包括替代方案可能引起的其他危害，对产品有用性的影响，对产品最终成本的影响，跟类似产品的比较；⑦确定哪些属性被包含在最终的设计中。

第五节 安全装置设计

安全防护是通过采用安全装置或防护装置对一些危险进行预防的安全技术措施。安全装置与防护装置的区别是：安全装置是通过其自身的结构功能限制或防止机器的某些危险运动，或限制其运动速度、压力等危险因素，以防止危险的产生或减小风险；而防护装置是通过物体障碍方式防止人或人体部分进入危险区。究竟采用安全装置还是采用防护装置，或者二者并用，设计者要根据具体情况而定。

安全装置是消除或减小风险的装置。它可以是单一的安全装置，也可以是和联锁装置联用的装置。常用的安全装置有联锁装置、联动装置、止 - 动操纵装置、双手操纵装置、自动停机装置、机器抑制装置、限制装置、有限运动装置等。

一、联锁装置

当作业者要进入电源、动力源这类危险区时，必须确保先断开电源，以保证安全，这时可以运用联锁装置。图 10 - 6 中，机器的开关与门是互锁的。作业者打开门时，电源自动切断；当门关上后，电源才能接通。为了便于观察，门用钢化玻璃或透明塑料做成，无须经常进去检查内部工作情况。

二、双手控制按钮

对于图 10 - 7 所示的作业，有些作业者习惯于一只手放在按钮上，准备启动机器动作，另一只手仍在工作台面调整工件或试件。为了避免开机时另一只手仍在台面上从而发生事故，可用图示的双手控制按钮，这样必须双手都离开台面才能启动，保证了安全。

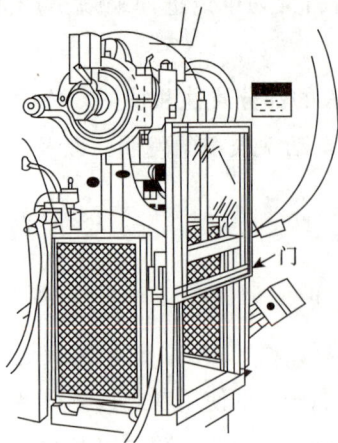

图 10 - 6　联锁门

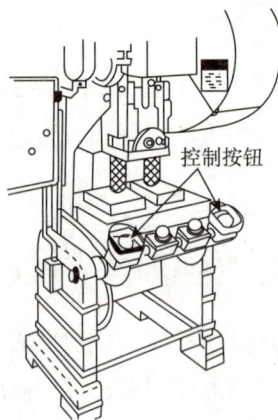

图 10 - 7　双手控制按钮

三、利用感应控制安全距离

在图 10 - 8 中，若身体的任何部位经过感应区进入机床作业空间的危险区域时，光电传感器则发出停止机床动作的命令，保护作业者免受意外伤害。还可以运用其他感应方式，如红外、超声、光电信号等。但必须注意，当人体进入危险区时，检测信号必须准确无误，以确保安全。

四、自动停机装置

自动停机装置是指当人或其身体的某一部分超越安全限度时，使机器或其零部件停止运行或保证处在安全状态的装置，如触发线、可伸缩探头、压敏杠、压敏垫、光电传感装置、电容装置等。图 10 - 9（a）为一机械式（距离杆）自动停机装置应用实例，图 10 - 9（b）是其工作原理。

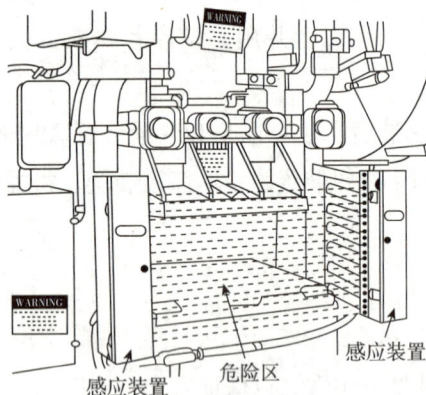

图 10 - 8　感应式安全控制器

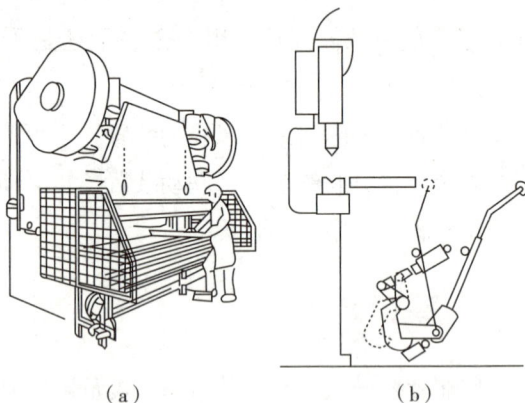

图 10 - 9　机械式自动停机装置
（a）应用实例；（b）工作原理

第六节　防护装置设计

专为防护人身安全而设置在机械设备上的各种防护装置，其结构和布局应设计合理，使人体各部位均不能直接进入危险区。对机械式防护装置设计应符合下述与人体测量参数相关的尺寸要求。

1. 上肢自由摆动可及安全距离　见表 10 - 6。

2. 上肢探越可及安全距离　见表 10 - 7。

3. 穿越网状孔隙可及安全距离　见表 10 - 8。

4. 穿越栅栏状缝隙可及安全距离　见表 10 - 9。

表 10 - 6　上肢自由摆动可及安全距离 S_d（单位：mm）

上肢部位		安全距离 S_d	图示
起点	终点		
掌指关节	指尖	≥120	
腕关节	指尖	≥225	
肘关节	指尖	≥510	
肩关节	指尖	≥820	

表 10 - 7　上肢探越可及安全距离 S_d（单位：mm）

a ＼ b ＼ S_d	2400	2200	2000	1800	1600	1400	1200	1000
2400	—	50	50	50	50	50	50	50
2200	—	150	250	300	350	350	400	400
2000	—	—	250	400	600	650	800	800
1800	—	—	—	500	850	850	950	1050
1600	—	—	—	400	850	850	950	1250
1400	—	—	—	100	750	850	950	1350
1200	—	—	—	—	400	850	950	1350
1000	—	—	—	—	200	850	950	1350
800	—	—	—	—	—	500	850	1250
600	—	—	—	—	—	—	450	1150
400	—	—	—	—	—	—	100	1150
200	—	—	—	—	—	—	—	1050

注：a 为从地面算起的危险区高度；b 为棱边的高度；S_d 为棱边距危险区的水平安全距离。

表 10 – 8   穿越网状（方形）孔隙可及安全距离 S_d（单位：mm）

上肢部位	方形孔边长 a	安全距离 S_d	图示
指尖	$4 < a \leqslant 8$	$\geqslant 15$	
手指（至掌指关节）	$8 < a \leqslant 25$	$\geqslant 120$	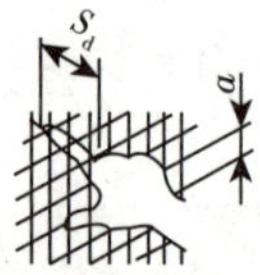
手掌（至拇指根）	$25 < a \leqslant 40$	$\geqslant 195$	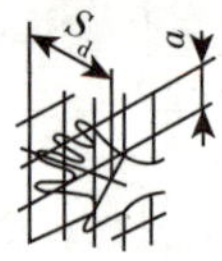
臂（至肩关节）	$40 < a \leqslant 250$	820	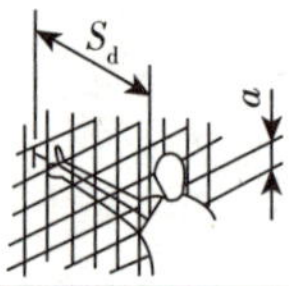

注：当孔隙边长在 250mm 以上时，身体可以钻入，按探越类型处理。

表 10 – 9   穿越栅栏状（条形）缝隙可及安全距离 S_d（单位：mm）

上肢部位	缝隙宽度 a	安全距离 S_d	图示
指尖	$4 < a \leqslant 8$	$\geqslant 15$	
手指（至掌指关节）	$8 < a \leqslant 20$	$\geqslant 120$	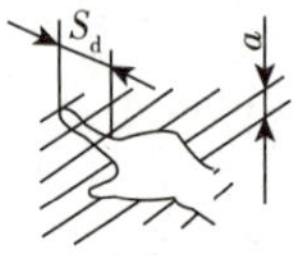
手掌（至拇指根）	$25 < a \leqslant 30$	$\geqslant 195$	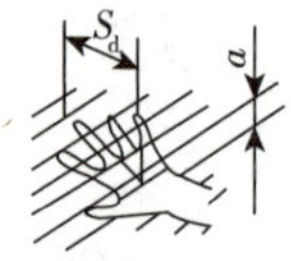
臂（至肩关节）	$30 < a \leqslant 135$	$\geqslant 320$	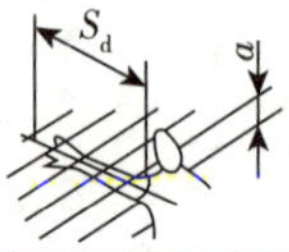

5. 防止挤压伤害的夹缝安全距离   见表 10 – 10。

表 10 – 10   防止受挤压伤害的夹缝安全距离 S_d（单位：mm）

身体部位	安全夹缝间距 S_a	图示	身体部位	安全夹缝间距 S_a	图示
躯体	$\geqslant 470$		臂	$\geqslant 120$	
头	$\geqslant 280$		手、腕、拳	$\geqslant 100$	
腿	$\geqslant 210$		手、指	$\geqslant 25$	
足	$\geqslant 120$	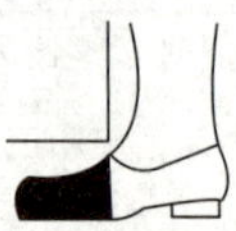			

6. 防护屏、危险点高度和最小安全距离关系　见表 10 – 11。表中曲线分别为防护屏高等于 1.0、1.2、1.4、1.6、1.8、2.0、2.2m 时的人体危险区；a、b、c 分别为三个危险物体所形成的危险区域的危险点；Y_a、Y_b、Y_c 分别为三个危险点的高度；X_a、X_b、X_c 分别为三个危险区或应具备的最小安全距离。

设计时依据危险点高度和危险区应具有的最小安全距离，由该表可确定防护屏高度。

表 10 – 11　防护屏、危险点高度和最小安全距离关系（单位：mm）

屏高 最小安全距离 危险点高度	2400	2200	2000	1800	1600	1400	1200	1000
2400	100	100	100	150	150	150	150	200
2300		200	300	350	400	450	450	500
2200		250	350	450	550	600	600	650
2100		200	350	550	650	700	750	800
2000			350	600	750	750	900	950
1900			250	600	800	850	950	1100
1800				600	850	900	1000	1200
1700				550	850	900	1100	1300
1600				500	850	900	1100	1300
1500				300	800	900	1100	1300
1400				100	800	900	1100	1350
1300					700	900	1100	1350
1200					600	900	1100	1400
1100					500	900	1100	1400
1000					500	900	1000	1400
900						140	700	950
800						600	900	1350
700						500	800	1300
600						200	650	1250
500							500	1200
400								1100
300								1000
200								750
100								500

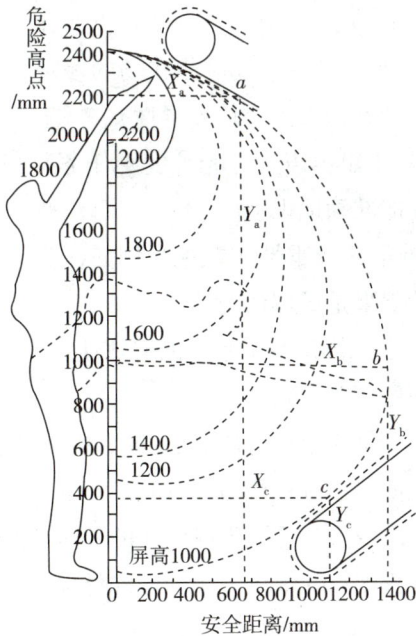

第七节 安全信息设计

一、警示设计的原则

1. 人的失误最小化 一个系统中差错的来源（以及由此发生的故障）之一就是信息的传递，既有从设备到操作者，也有从人到书面指令、警告、代码等传递差错。要最小化此类差错，需要在发送人和接收者之间存在共同的理解。通过确定哪些地方可能发生差错，就能运用人的因素原理来降低可能性。

经过一定时间，个体将对一任务及其环境逐渐熟悉，随着操作者对信息理解程度的提高，对此类信息的依赖程度也随之降低。可是，在为一般群体进行设计时，初学者或不熟练的使用者应作为目标对象。此外，由于紧急状态通常会导致反射性反应而不是有分析地排除故障，即使是对有经验的人而言，也需要在工作场所中设有设计良好的书面资料。这一部分的重点是旨在提高信息在人之间有效传递的设计原则，从而降低人为过失的潜在可能。

2. 警示信息有效传递 成功的警示应该被察觉（通常是见到或听到），被正确地解释并被遵守。通过人机学原则的应用，察觉、解释和遵守 3 个步骤中的每一步都应有确定的作用。

就察觉而言，警示的信息或信号必须清楚地传递，从而能显著地从背景噪声中确认和区别开来。对于视觉警示，大小、形状、对比、反色是可能有助于提高察觉的特性。对于听觉警示，时间方案、声级以及声谱是一些在提高察觉性能时需要考虑的特性。

使用人群对信息的准确解释和理解对警示的合理设计是至关重要的。无论其性质上是视觉的还是听觉的，应对警示进行测试以保证最终的使用人群能正确地理解其意义。在开发一个警示时应考虑以下几条原则。

（1）避免含糊的、不明确的或错误定义的术语（词汇或图标），非常专业的术语或短语，双重否定、复杂的语法和长句（多于 12 个单词的）。

（2）了解对象人群。需考虑语言、当地风俗以及可能在场的参观人员。为对象人群中的低端部分设计。以普通人群来确认结果（保证不存在内部的个体差异性）。

（3）了解对象环境。对环境的考虑（如噪声、灯光、主要任务）可能会影响警示的设计和表达。考虑当前在场的其他警告或警示以保证能准确地识别。

（4）察觉到警告的严重程度要和警示的严重性相匹配。例如，其他的事情都是平等的，对于后果最严重的情形，其警报应该让使用者听起来是最迫切的。

（5）在现实条件下以适当的使用人群来测试警示系统的有效性。

警示被察觉和解释之后，人员必须留意并遵守。

3. 执行警示发布的条件 当危害涉及严重的伤害或死亡时，警示应该在近似于实际使用环境的条件下，并以接近最终使用者的有代表性的人群进行严格的试验。

以下是发布警示的 4 个基本条件：①使人获悉危险或潜在的危险状态；②提供在对象使用过程中或可能预见的误用时损伤的可能性和严重程度；③提供关于如何降低损伤的可能性和严重性的信息；④提醒使用者/操作人员何时何地最容易遭遇到该危险情况。

二、视觉警示信息设计

1. 视觉警示信息的基本元素 一个设计合理的警示应包括以下的基本元素：①信号词——对危害程度的指示（危险、警告、小心）；②危害——对危害的识别或扼要说明；③后果——相关的代价或可能损害（如果不遵守警告的话）；④指示——对可降低或消除危害的行为的描述。

通常有三个信号词是公认的。它们表达警告和传达情况的严重性的能力有所区别。

（1）危险 直接的危害，如果遇上的话，会导致个体的损伤或死亡（首选的视觉警示：白色的背景红色的字，反之亦然）。如高压线（危害），能致命（后果）。

（2）警告 危险或不安全的操作，如果遇上的话，可能导致损伤或死亡（首选的视觉警示：橙色的背景黑色的字）。如保持距离（指示）。

（3）小心 危险或不安全的操作，如果遇上的话，可能导致轻微的个人损伤、产品或财产损毁（首选的视觉警示：黄色的背景黑色的字）。

2. 视觉警示信息的重要因素 一个警示标志的重要因素有大小、形状、颜色、图形化（图标的）描述、对比、放置和耐久性。

（1）大小 在合理的限度内，一个警示标志相对其周围信息越大，它就越能被发现。

（2）形状 与图形化描述类似，形状有助于吸引一个人对警示信息的注意（例如箭头）。警示信号的形状代码主要在运输区域使用，一些信号的大概意思从其形状就能体现出来（例如八角形的停止标志、矩形的信号标志）。

（3）图形化（图标的） 描述与形状编码相似，通过描绘可能发生的结果，图标具有吸引人对警示加以注意的作用。

（4）颜色与对比 警示本身文字与背景之间的高对比度（在浅色背景上的深色文字或深色背景下的浅色字）有助于察觉。背景与警示信息自身类似的对比度同样会有助于察觉（例如，一个在黑白纸上的彩色警示）。通常，黑、白、橙、红以及黄色是警示标志或信号的推荐颜色。表 10–12 列出不同颜色组合的易辨认性。

表 10–12 白色光下各种颜色组合的易辨认性

易辨认性	颜色组合		易辨认性	颜色组合		易辨认性	颜色组合	
	字	背景		字	背景		字	背景
非常好	黑色	白色	一般	绿色	白色	很差	橙色	黑色
好	黑色	黄色		红色	白色		橙色	白色
	黄色	黑色		红色	黄色		黑色	蓝色
	白色	黑色	不佳	绿色	红色		黄色	白色
	深蓝	白色		红色	绿色		—	—

（5）位置 在西方文化中，阅读是从左到右或自上而下的。因此，警示应呈现在顶部或者是左边，取决于显示的设计。如果可能的话，将警示标志放在靠近危害的附近是比较好的。将警示与其他的信息如标志分开同样有助于察觉。

三、特定安全信息设计

1. 安全色设计 安全色标是特定表达安全信息含义的颜色和标志。它以形象而醒目的信息语言向人们表达禁止、警告、指令、提示等安全信息。安全色是以防止灾害为指导思想而逐渐形成的。

安全色是传递安全信息的颜色，表达"禁止""警告""指令"和"提示"等安全信息。安全色是根据颜色给予人们不同的感受而确定的。目的是使人们能够迅速发现或分辨安全标志和提醒人们注意，以防发生事故。安全色的含义和用途见表 10 - 13。

表 10 - 13　安全色的含义及用途

颜色	所起心理作用	含义	用途举例
红色	危险	禁止	禁止标志
		停止	停止信号：机器、车辆上的紧急停止手柄或按钮，以及禁止人们触动的部位 红色也表示防火
蓝色	沉重、诚实	指令	指令标志：如必须佩戴个人防护用具
		必须遵守的规定	道路上指引车辆和行人行驶的方向指令
黄色	警告、希望	警告	警告标志 警戒标志：如厂内危险机器和坑地边周围的警戒线、行车道中线
		注意	机械上齿轮箱内部 安全帽
绿色	安全、希望	指令	提示标志
		安全状态	车间内的安全通道
		通行	行人和车辆通行标志 消防设备和其他安全防护设备的位置

注：①蓝色只有与几何图形同时使用时才表示指令；②为了不与道路两旁绿色行道树相混淆，道路上的提示标志用蓝色。

2. 安全标志设计　安全标志由安全色、几何图形和图形符号构成，用以表达特定的安全信息。其作用是引起人们对不安全因素的注意，以达到预防事故发生的目的。但安全标志不能代替安全操作规程和防护措施，不包括航空、海运及内河航运上的标志。

安全标志分为禁止标志、警告标志、指令标志、提示标志四类。这四类标志的规格见表 10 - 14。

表 10 - 14　几何图形规格、颜色及含义

图形	图形规格	颜色要求	含义
	外径 $d_1 = 0.025L$ 内径 $d_2 = 0.800L$ 斜杠宽 $c = 0.080d_1$ 斜杠与水平线的夹角 $\alpha = 45°$ L 为观察距离	圆环和斜杠红色 图形符号黑色 背景白色	禁止
	外边 $a_1 = 0.034L$ 内边 $a_2 = 0.700a_1$ L 为观察距离	背景黄色 三角边框及 图形符号黑色	警告
	$d = 0.025L$ L 为观察距离	背景蓝色 图形符号白色	指令

续表

图形	图形规格	颜色要求	含义
	短边 $b_1 = 0.01414L$ 长边 $L_1 = 2.500b_1$ L 为观察距离	背景绿色	一般提示标志
	短边 $b_2 = 0.01768L$ 长边 $L_2 = 1.600b_2$ L 为观察距离	图形符号白色及文字	消防设备 提示标志

（1）禁止标志　16 个，选择的示例如图 10 - 10 所示。

图 10 - 10　禁止标志

（2）警告标志　23 个，选择的示例如图 10 - 11 所示。

图 10 - 11　警告标志

（3）指令标志　8 个，选择的示例如图 10 - 12 所示。

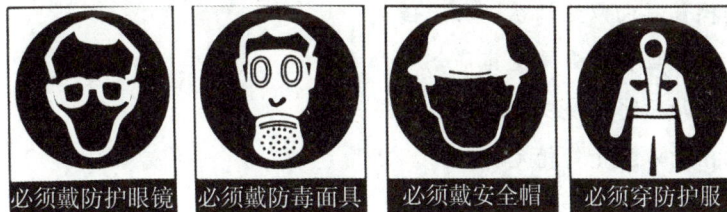

图 10 - 12　指令标志

（4）提示标志

1）一般指示标志　2 个，选择的示例如图 10 - 13 所示。

图 10 - 13 提示标志

2）消防设备提示标志 7个，选择的示例如图 10-14 所示。

图 10-14 消防设备提示标志

安全标志牌应设在醒目、与安全有关的地方，并使人们看到后有足够的时间来注意它所表示的内容，不宜设在门、窗、架等可移动的物体上。安全标志牌每年至少检查一次，如发现有变形、破损或图形符号脱落及变色不符合安全色的范围，应及时修整或更换。

目标检测

答案解析

一、选择题

1. 在人机系统中，人的可靠性主要是指（　　）

    A. 人能够准确无误地完成系统所规定任务的能力

    B. 人能够快速完成系统任务的能力

    C. 人能够长时间工作的能力

    D. 人能够适应复杂环境的能力

2. 以下设计措施中最有助于提高人的可靠性的是（　　）

    A. 采用复杂的操作界面以显示系统功能强大

    B. 设计操作流程时减少步骤并使其符合人的习惯

    C. 降低工作场所的照明强度以营造舒适氛围

    D. 增加设备的重量以显示其稳定性

3. 在安全设计中，考虑人的生理极限主要是为了（　　）

    A. 充分挖掘人的潜力

    B. 避免人因过度疲劳等因素出现失误

    C. 增加工作的挑战性

    D. 提高工作效率

4. 人机系统的安全设计中，警示信号的设计应优先考虑（　　）

    A. 信号的新颖性，引起人的注意

    B. 信号的强度越大越好

C. 符合人的感知特性，易于察觉和理解

D. 信号的持续时间越长越好

5. 当防护屏或防护罩与危险部位不能远距离隔离时，就必须根据某些肢体的测量参数第（　　）百分位数男女二者中的较小值来确定防护屏或防护罩的最大孔隙，以防止肢体的某个部位通过

A. 1　　　　　　　　　B. 5　　　　　　　　　C. 95　　　　　　　　　D. 99

6. 工厂里一些危险品、重要开关、报警信号灯等，一般都采用（　　）色作标志

A. 蓝　　　　　　　　　B. 绿　　　　　　　　　C. 黄　　　　　　　　　D. 红

二、简答题

1. 影响人的可靠性的因素有哪些？

2. 为了避免事故，在考虑人机工程学原理时，重点是什么？

3. 简述产品自身安全设计和辅助安全设计要点。

4. 简述警示设计的原则。

书网融合……

本章小结

第十一章　人机系统与交互设计

学习目标

1. **掌握**　人机系统的概念、意义、内涵。
2. **熟悉**　人机界面研究内容和研究方法。
3. **了解**　人机系统的分类；人机界面的发展。
4. 通过了解人机工程学与自身学科的关系，能有意识地用人机工程学的研究方法解决设计问题。

⇒ **案例分析**

实例　现代智能手机的界面设计充分考虑了人机工程学原理。屏幕尺寸适中，便于单手操作或双手握持。图标和文字大小合适，易于识别。触摸操作灵敏，反馈及时。例如，当用户点击图标时，会有轻微的震动反馈，让用户知道操作已被接收。此外，智能手机还配备了语音助手，用户可以通过语音指令完成各种操作，提高了使用的便利性。

问题　智能手机屏幕的最佳尺寸是多少？如何设计图标和文字才能提高其可识别性？语音助手的响应速度如何进一步提高？

第一节　人机系统的概念和意义

一、人机系统的概念

人机系统是由人和机器构成，并依赖于人机之间相互作用而完成一定功能的系统。它是人机工程学研究的主要内容。现代生产管理和工程技术设计中，合理地设计人机系统，使其可靠、高效地发挥作用是一项十分重要的内容。

人机系统作为一个完整的概念，表达了人机系统设计的对象和范围。将人放到人 - 机 - 环境这样一个系统中来研究，从而建立解决劳动主体和劳动工具之间的矛盾的理论和方法，是人机工程学的一大贡献。

人机工程学的主要研究对象是"系统中的人"，人是属于特定系统的一个组成部分。但人机工程学并非孤立地研究人，它同时研究系统的其他组成部分，以便根据人的特性和能力，来设计和改造系统。因此，人机系统的概念对设计者把握设计活动的内容和目标，以及认识设计活动的实质具有十分重要的意义。

人机系统的概念既不单纯地指人，也不单纯地指"机器"，它是关于两者内在联系的概念。对设计而言，人机系统的概念更多的是指一种思想，一种观察事物的方法。

二、人机系统的内涵

1. 系统的概念　"系统"是由相互作用和相互依赖的若干组成部分结合组成具有特定功能的有机整体。对于设计者而言，一个系统的定义是表明它确认了一个目标，并对其进行了全面的分析，了解为了实现该目标需要具备一些什么样的功能，以及这些功能之间的相互联系。例如，一个城市的交通系统，它之所以成立，是设计者根据一定的目标使各种运输活动协调起来。因此，系统的思想认为，在一个系统中，部分的意义是通过总体解释的。有了总体的概念，才能处理好各个部分的设计，这是一条符合系统思想的设计哲理。

2. 人机系统的组成　人机系统包括人和机器两个基本组成部分，它们相互联系构成了一个整体。这两个部分是缺一不可的，否则就不是本专业设计的对象。人机系统的性质和特征可以用模型表示，图 11 – 1 是人机系统的模型示意图。它的意义是指人机之间存在着信息环路，人机相互联系具有信息传递的性质。系统能否正常工作，取决于信息传递过程是否能持续有效地进行。当然，这里所指的信息可以是视觉、听觉、触觉等。

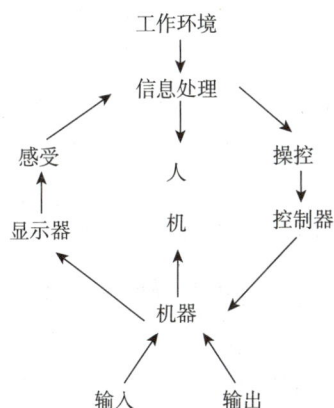

图 11 – 1　人机系统的模型示意图

"环境"可以作为人机系统的影响因素来理解。一般来说，当环境不会对人产生不利影响时，则人对环境无异常感觉，表明环境是宜人的。排除环境的不利影响，是设计工作的主要任务之一，首先要保证环境不影响人的作业。

3. 人的主导作用　肯定人机系统中人的主导地位和作用，是人机工程学的一个基本思想前提。人机系统设计主要是对处理系统中的人和人机界面等关系，而不是系统的全部硬件。强调人的特性和限度，为人进行设计，让人的因素贯穿设计的全过程，是人机工程学的重要实践原则。

在人机系统中，人的主导作用主要反映在人的决策功能上。虽然由于电子计算机的发展，机器系统内部有了信息处理过程，人机关系产生相互适应、相互匹配的趋势，但并未改变人的主导作用；同时，人的决策错误仍是造成事故的主要原因之一。人的学习能力使人可通过训练，获得优良的决策和控制能力，例如人具有迅速分析编码信息，并做出反应的能力，例如人见到红灯，可以判断出其表示警告，并做出判断；对于设计者而言，重要的是通过设计使系统利于发挥人的决策功能，并为正确决策提供各种辅助作业手段，例如一张操作程序表，就可以帮助作业者正确完成作业。

第二节　人机系统的分类

图 11 – 2　人机系统的分类

人机系统按工作程序有简单和复杂之分。简单的人机系统如工人操作机器；复杂的人机系统如专业人员驾驶飞机航行。一个复杂的人机系统往往包含若干个人机子系统，如图 11 – 2 所示。

人机系统还可分为开放式系统与封闭式系统。封闭式人机系统中，人可以根据机器工作的反馈信息，进一步调节和控制机器的工作；开放式人机系统则不能。封闭式人机系统往往比开放式系统更有效，人机系统设计通常采用封闭式人机系统。

另外，人机系统还可以分成手工系统、机械系统和自动系统三种类型。手工系统由手工工具和人构成，人是直接劳动者；机械系统由半自动化机器和人组成，人是机器的控制者；自动系统由全自动机器和人组成，机器常带有计算机或智能装置，可自动进行工作，人是系统的监视者。

第三节　人机系统设计的重要性

人机系统要求合理分配人与机器的功能外，实现人和机器的相互配合也是很重要的。一方面需要人监控机器，即使是完全自动化的系统也必须有人监视。机器一旦出现异常情况，必须由人来手动操纵。另一方面需要机器监督人，以防止人产生失误时导致整个系统发生故障。人会经常出现失误，在系统中放置相应的安全装置非常必要，如火车的自动停车装置等。

人机匹配的具体内容很多，包括显示器与人的信息感觉通道特性的匹配；控制器与人体运动反应特性的匹配；显示器与控制器之间的匹配；环境条件与人的有关特性的匹配；人、机、环境要素与作业之间的匹配等。随着电子计算机和自动化的不断发展，将会使人机匹配进入新阶段。人与智能机的结合、人类智能与人工智能的结合，使人机系统形成一种新的形式，人也将在人机系统中处于新的地位。

工业设计以及产品设计的核心思想是"以人为本"，为人服务是工业设计以及其他设计的最终目标。人机工程学研究的对象是"系统中的人"。因此，工业设计和人机工程学的共同点都是研究人，研究人的生活和工作方式，从而更好地改善人的生活条件并提高工作效率。

随着高技术的应用和高科技产品的发展，人们认识到高情感（hightouch）产品的重要性。产品不仅要求高质量、高精度、高科技含量，更要求高情感特性。高情感特性包括符合人的生理需要和心理需要，具有很高的宜人性、舒适性、安全性，符合人机工程学的要求；使用方便、操作性好、不易疲劳、产品设计安全，为用户着想、考虑到每一个细微的环节，尽可能地达到操作者的要求，贴近人的感觉，甚至人只要轻轻地触摸到它，它就会自然地为人工作。高情感特性是产品设计的一个新观念和新发展。图 11 – 3 是国外新开发的产品设计，我们可以看出人机系统理念以及高情感设计的思路体现得非常明显。

图 11 – 3　国外研发的儿童代步工具

很多发达国家都是以设计立国，同时发展设计研究并取得了巨大成功。国外的公司都建立了严谨的设计计划，不遗余力地研究设计程序和设计方法。例如国外的一位设计高管曾提出今后是设计的时代，在产品开发上有详尽的设计流程，所以我们可以看出人机工程学研究是与整个工业设计以及产品设计程序并行的，是整个设计程序中非常重要的部分。

图 11 – 4、图 11 – 5 所示为一款壁挂式洗衣机，不仅节省空间，在将少量衣物洗完后可以直接拿出来挂到下面，同时洗衣机本身还能吹出非常自然的风，将衣物吹干。用户还可以在里面添加一些天然香料，让衣物吹干后还能具有清新的香味。

图 11 – 6、图 11 – 7 所示为迷你智能吉他设计，虽然造型并不完整，但它拥有实体吉他的全部功能，可以很好地还原弹奏体验。通过蓝牙还能和手机、平板设备联结，搭配应用后就能弹奏出声音。专业的音乐人可以通过软件调节各项参数，让音乐变得更丰富多变。

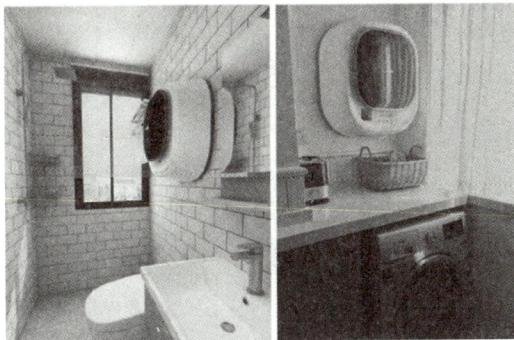

图 11-4　壁挂洗衣机与环境的结合

图 11-5　壁挂洗衣机使用方式

图 11-6　智能吉他设计与使用方式

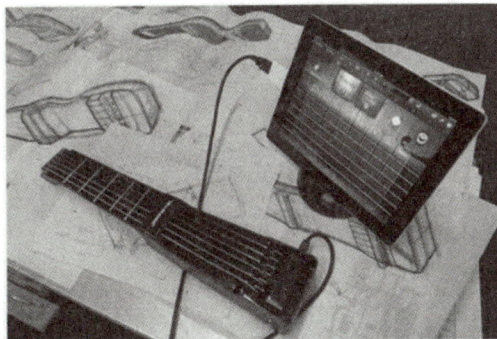

图 11-7　智能吉他的交互方式

第四节　人机界面

一、人机界面的概念

人机界面学是一门关于设计和评估以计算机为基础的系统，并使这些系统能够容易地为人类所使用的学科。经过多年的发展，人机界面学已经成为一门重要的理论学科和工程学科。目前正由一门仅针对从事人机交互方面的专业人员的单纯学科，逐渐演变成一门广泛适用于各类计算机及产品界面设计人员和高级工程师的应用学科。

简单来说，人机界面就是用户和机器相互传递信息的媒介，其中包括信息的输入和输出，是人和机器之间的作用方式。作为一个独立的研究领域，人机界面设计正受到人们的广泛关注。

人机界面的含义有狭义和广义之分。上面提到的人机界面的概念是从广义上来说的，这里的"机"与人机工程学这个概念中的"机"具有相同的内涵，泛指一切产品，既包括硬件也包括软件。在人机系统中，人与机之间的信息交流和控制活动都发生在人机界面上，机器通过各种形式的显示，实现从机器到人的信息传递；人通过视觉和听觉等多种感官接收来自机器的信息，经过人脑的加工、决策，然后做出反应，实现从人到机器的信息传递，如图 11-8 所示。

狭义的人机界面是指计算机系统中的人机界面（human-computer interface，HCI），也称为人机接口、用户界面，它是计算机科学中的一个新兴的分支。这里的人机界面是人与计算机之间传递、交换信息的媒介，是用户使用计算机的综合操作环境。近年来，计算机人机界面设计和开发已成为国际计算机界最为活跃的研究方向之一，如图 11-9 所示。

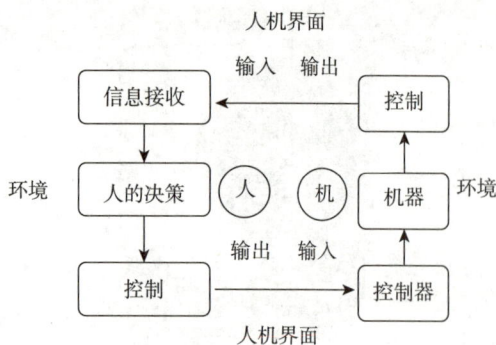

图 11-8　人机界面交互程序

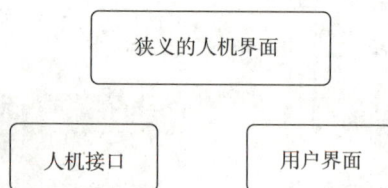

图 11-9　狭义的人机界面示意图

可以说，关于人机界面的问题最早只是人机工程学的一个部分，但随着学科的不断深入与分化，关于这方面的研究目前已经产生人机界面学这个独立的学科，因而在研究领域上它和人机工程学有着很多重叠之处。人机工程学主要关注人与机器之间的关系以及由此带来的关于工作效率、人的健康等问题，但是这些都离不开"人机界面"这个载体。下面将人机界面问题单独列出来，进行全面的介绍。

二、人机界面的发展

1. 硬件人机界面的发展和研究状况　硬件人机界面是界面中与人直接接触、有形的部分，它与工业设计紧密相关，早期工业设计的发展，主要是围绕硬件所展开的。现代工业设计从工业革命时期开始萌芽，其重要原因正是在于对人与机器之间界面的思考。现代设计历经工艺美术运动、新艺术运动和德意志制造联盟的成立阶段，直到包豪斯确立了现代工业设计，这个过程其实都是在不断探寻物品呈现给人以一种恰当的形式，其实也可以理解为界面问题。在此之后，设计风格的演变，无论是流线型风格、国际主义风格还是后现代主义风格，都始终以形式和功能的关系为主题，其本质也是对人机界面进行不断地思考。例如工业设计中关于座椅的设计，其实就是在探讨"坐的界面"问题，而关于手动工具的设计，主要是在探讨"握的界面"问题，可以说，早期的工业设计主要就是在关注硬件界面设计。

硬件人机界面的发展，是与人类的技术发展紧密联系的。在工业革命前的农业化时代，人们使用的工具都是手工生产的，很多情况下会根据使用者的特定需要进行设计和制作，因而界面友好，具有很强的亲和力。18 世纪末在英国兴起的工业革命，使机器生产代替了手工劳动，改变了人们的设计和生产方式，但是在初期也产生了很多粗制滥造的产品，使很多物品的使用界面不再友好。20 世纪 40 年代末随着电子技术的发展，晶体管的发明和应用使得一些电子装置的小型化成为可能，改变了很多产品的使用界面。

在第三次科技革命浪潮的席卷下，计算机技术快速普及和发展，人类进入了信息化时代，信息技术和 Internet 的发展在很大程度上改变了整个工业格局，新兴的信息产业迅速崛起，开始取代钢铁、汽车、机械等传统产业，成为时代的生力军；苹果、摩托罗拉、IBM、英特尔等公司成为这个产业的领导者。在这场新技术革命的浪潮中，硬件人机界面设计的方向也开始了转变，由传统的工业产品转向以计算机为代表的高新技术产品和服务，此时的设计逐步从物质化设计转向了信息化和非物质化，并最终使人机界面的设计成为界面设计的一项重要内容。随着信息技术的不断发展，出现了很多智能化的产品，这些智能机器再一次深刻地改变了人机界面的形式，同时也使得界面的设计不再仅仅局限于硬件本身。

2. 软件人机界面　是人与机之间的信息界面，它的发展首先必须归功于计算机技术的迅速发展。今天，计算机和信息技术的触角已经深入现代社会的每一个角落，软件人机界面也伴随着硬件成为人机界面的重要内容，甚至在一定程度上，人们对软件界面的关注，已经超过硬件界面，优化软件界面就是要合理设计和管理人机之间对话的结构。

早期的计算机体积庞大，操作复杂，需要人们用二进制码形式编写程序，这种编码形式被称为机器语言，很不符合人的思维习惯，既耗费时间，又容易出错，大大限制了计算机应用的拓展，如图 11-10 所示。

第二代计算机在硬件上有了很大的改进，体积小、速度快、功耗低、性能更稳定。在软件上出现了 FORTRAN（formula translator）等编程语言，人们能以类似于自然语言的思维方式用符号形式描述计算过程，大大提高了程序开发效率，整个软件产业由此诞生。

集成电路和大规模集成电路的相继问世，使得第三代计算机变得更小、功率更低、速度更快，这个时期出现了操作系统，使得计算机在中心程序的控制协调下，可以进行多任务运算。我们首先要提到 IBM 计算机 IBM PC（IBM Personal Computer 5150）诞生于 1981 年，在 IT 领域长期占据着头把交椅，是 IBM 的首款产品，如图 11-11 所示。

图 11-10　早期的计算机

图 11-11　IBM 早期的计算机

这个时期的另一项具有重大意义的发展是图形技术和图形用户界面技术的出现。如图 11-12 所示，施乐（Xerox）公司的帕洛阿尔托（Polo alto）研究中心在 20 世纪 70 年代末开发了基于窗口菜单按钮和鼠标控制的图形用户界面技术，使计算机操作能够以比较直观的、容易理解的形式进行。1984 年，苹果公司仿照 PARC 的技术开发了新型麦金托什（Macintosh）个人计算机，如图 11-13 所示，采用了完全的图形用户界面，获得巨大成功。

图 11-12　施乐 Alto PARC 及其图形界面

图 11-13　苹果公司麦金托什及其图形界面

20 世纪 90 年代，微软推出来一系列的 Windows 操作系统，极大地改变了个人计算机的操作界面，促进了微型计算机的蓬勃发展。

人机界面的主要功能是负责获取、处理系统运行过程中的所有命令和数据，并提供信息显示。目前，在系统软件方面主要有 Macintoshs、Windows、Unix、Linux、Android 等几大软件形式与标准；对于网页浏览器则有微软的 Internet Explore（IE）以及网景的 Netscape 等形式与标准。这些操作系统和应用软件都是以用户为中心的，具有本质上的联系，它们在发展的过程中，也经历了不同的阶段和形式。如今智能手机成为人们生活的必需品，手机系统又成为一大主角，必须要提到的就是安卓系统。Android 是一种基于 Linux 的自由及开放源代码的操作系统，主要用于移动设备，如智能手机和平板电脑，由 Google 公司和开放手机联盟领导及开发。尚未有统一中文名称，中国大陆地区较多人称其"安卓"。Android 操作系统最初由 Andy Rubin 开发，主要支持手机。2005 年 8 月由 Google 收购注资，2007 年 11 月 Google 与 84 家硬件制造商、软件开发商及电信营运商组建开放手机联盟共同研发改良 Android 系统。随后 Google 以 Apache 开源许可证的授权方式，发布了 Android 的源代码。第一部 Android 智能手机发布于 2008 年 10 月，Android 逐渐扩展到平板电脑及其他领域上，如电视、数码相机、游戏机等。2011 年第一季度，Android 在全球的市场份额首次超过塞班系统，跃居全球第一。2013 年的第四季度，Android 平台手机的全球市场份额已经达到 78.1%。2013 年 09 月 24 日谷歌开发的操作系统 Android 迎来了 5 岁生日，全世界采用这款系统的设备数量已经达到 10 亿台。

计算机系统最早使用的一种控制系统运行的人机界面形式是命令语言，它广泛应用于各类系统软件及应用软件中。命令界面是用户驱动的，界面功能强大，运行速度快，但用户必须按照命令语言、语法向系统发送指令，才能让系统完成相应的功能，因此命令语言的使用比较困难、复杂。命令语言源起于操作系统命令，直接针对设备或者信息，它是一种能被用户和计算机所理解的语言，由一组命令集合组成，每一命令又由若干命令参数组合而成。

菜单界面是一种最流行的控制系统运行的人机界面，并已广泛应用于各类系统软件及应用软件中。菜单界面是系统驱动的，它提供多种选择菜单项让用户进行选择，用户不必记忆应用功能命令，就可以借助菜单界面完成系统功能。

数据输入界面也是软件界面的一个重要组成部分，从输入上说，可以分为控制输入和数据输入两类。

控制输入完成系统运行的控制功能，如执行命令、菜单选择、操作复原等；数据输入则是提供计算机系统运行时所需的数据，当然有时控制输入和数据输入不是完全分离的，而是相互依存的。命令语言和菜单界面一般是作为控制输入界面，但也可以使用菜单界面作为手机数据输入的途径。

20 世纪 80 年代以来，以直接操纵、WIMP 界面和图形用户界面（GUI）、WYSIWYG（What you see is what you get，所见即所得）原理等为特征的技术广泛为许多计算机系统所采用。直接操纵通常体现为所谓的 WIMP 界面。WIMP 界面有两种相似的含义，一种指窗口（Windows）、图标（Icons）、菜单（Menus）、定位器（Pointers），另一种指窗口（Windows）、图标（Icons）、鼠标器（Mouse）、下拉式菜单（Pull–Down Menu）。直接操纵界面的基本思想是摒弃早期的键入文字命令的做法，而是用光笔、鼠标、触摸屏或数据手套等坐标指点设备，直接从屏幕上获取形象化的命令与数据的过程。也就是说，直接操纵的对象是命令、数据或者对数据的某种操作，直接操纵的工具是屏幕坐标指点设备。

软件人机界面在发展的过程中，其有用性和易用性的提高使得更多的人能够接受它、愿意使用它，同时也不断提出各种要求，其中最重要的是要求软件界面保持"简单、自然、友好、方便、一致"。

第五节　人机交互

设计影响着人类的行为，建筑关注的是人们如何使用空间；产品设计关注人对产品的使用；图形设计往往尝试着引导人的行为。如今芯片驱动的产品无处不在，从汽车到电脑，从机械设备到人人都拥有的手机，科技信息产品陪伴着我们。以微波炉为例，在数字时代之前，传统微波炉操作非常简单，只需要把旋钮拧到正确的位置即可，开关旋钮和温度旋钮一样，都可以按照刻度进行旋转，非常方便。我们再看一下现在市场上的新型微波炉，都装有微芯片、LED 屏幕、触摸按键等，可电脑编程，这需要一套合理的程序来控制机器，完成操作。如图 11 – 14 所示为老式微波炉的设计。如图 11 – 15 所示为新式微波炉。

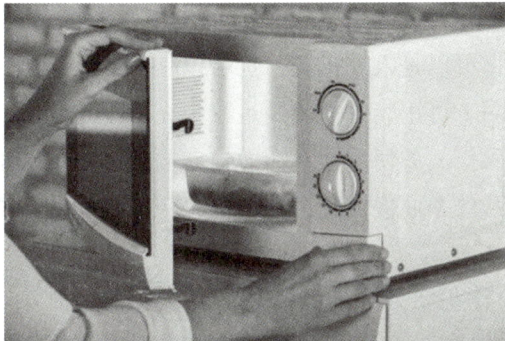

图 11 – 14　老式微波炉的设计

图 11 – 15　新式微波炉的设计

　　这就催生了一个新的学科——交互设计。交互设计借鉴了传统设计、可用性设计，以及工程学的理论与技术，但是交互设计的作用又远远超过了各组成部分之和，有独有的方法和理论，它与科学、工程学不同。

一、交互设计的概念

　　交互设计现在是一个非常时尚的名词，实际上它更是一门新兴的设计学科。细想起来，人类社会已经有着很长时间的交互设计历史，只是在当今信息时代，交互设计的价值与作用才体现得更加显著。

　　交互设计，英文 Interaction Design，缩写 IXD。交互设计是定义、设计人造系统行为的一门设计学科。它定义了两个或多个互动的个体之间交流的内容和结构，使之互相配合，从而共同达成某种目的。交互设计在于定义人造物的行为方式，即人工制品在特定场景下的反应方式与相关的界面设计。

　　交互设计作为一门关注交互体验的新学科在 20 世纪 80 年代就产生了，它由 IDEO 的一位创始人比尔·摩格理吉在 1984 年的一次设计会议上提出，他一开始为其命名为"软面（Soft Face）"，由于这个名字容易让人想起当时流行的玩具"椰菜娃娃（Cabbage Patch Doll）"，后来被更名为交互设计。

　　美国计算机学会（ACM）对人机交互学的定义是"关于设计、评价和实现供人们使用的交互式设计计算机系统，是研究围绕这些方面的主要现象的科学。

　　所谓交互设计，是指在人与产品、服务及系统之间创建一系列对话，其更偏向于技术性的设定和实现过程。一些专家认为交互设计定义了交互产品和服务的结构与行为。交互设计师创造用户和使用系统之间的和谐关系，包括从计算机到可移动设备。世界交互设计协会第一任主席雷曼对于交互设计做出了如下定义：交互设计是定义人工制品（设计客体）、环境和系统间行为的设计。

　　交互设计是信息社会的一种主流设计方向，与其他学科领域有着相互叠加和重合的关系。从技术层面而言，交互设计需要涉及计算机工程学、语言编程、信息设备、信息架构学的运用；从用户层面而言，交互设计涉及人类的行为学、人因学、心理学；从设计层面而言，交互设计还涉及工业设计、界面表现、产品语义与视觉传达等。交互设计的主要构成包括信息技术和认识心理学。交互设计的设计原则延续了大部分人机交互领域的设计原则与知识。与传统的人机交互领域有所区别的是，交互设计尤其强调新的技术对于用户的心理需求、行为以及动机层面的研究。通过对于用户间的各种信息交流以及社会活动的关注，交互设计的目标是建立或促进人与人之间的交互关系或启发产生新的沟通方式。

交互设计是一门从人机交互领域分支并发展得来的新型学科，具有十分典型的跨学科的特征，涉及范围包括计算机科学、计算机工程学、信息学、美学、心理学与社会学等，代表着当代设计发展的前沿方向。

二、交互设计的分类

简单来说，交互就是两个实体之间的活动，这两个事物可以是人和机器，也可以是机器和机器。主流的理解是认为交互设计使得技术特别是数字技术变得易用、可用，并在使用过程中充满了趣味性。但是广义的交互设计是指一种了解用户在使用产品时是如何操作、如何反馈，从而建立愉快的人机沟通方式。并且交互设计具有社会性，它通过提高人与机器的交互效率而促进整个社会中人与人之间的沟通和交互，例如博客等社交软件的运用。

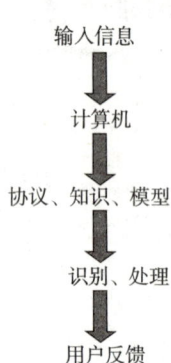

图 11 – 16　狭义的人机交互动态分析

1. 狭义的理解　狭义的交互设计主要处理的是信息的交换，即用户输入信息给计算机，计算机通过后台的协议、知识、模型等对输入信息进行识别、处理，最后把处理结果作为对输入信息的反映，再次反馈给用户。人们通过不同的人机交互方式，实现和完成人向计算机输入信息及计算机向人输出信息的过程，如图 11 – 16 所示，为狭义的人机交互动态分析。

2. 广义的理解　广义的交互设计是指赋予到产品设计的领域，涉及的产品非常广泛，从网站到桌面软件，从消费电子产品到机器人，从手机到计算机。这些产品可以是纯数字的（如软件）或模拟方式（如机器人）、物质的（如电器）、非物质的（如手机界面）或者以上方式的组合。交互设计的产品越来越多地联结着某项服务，例如通过 ATM 机进行现金存取，使用电商购买商品都是交互设计与某项服务进行联结的例子。我们身边越来越多的服务活动通过虚拟交互实现，对于目前的交互设计来说，服务设计已经是其中的一个重要部分，微信的使用使人们的交互方式发生了改变。

三、交互设计的任务

交互设计是以"在充满社会复杂性的物质世界中嵌入信息技术"为中心，努力去创造和建立人与产品及服务之间的联系。交互设计同样涉及系统的观点，也可以称为交互系统。交互系统设计的目标可以从"可用性"和"用户体验，两个层面上进行分析，关注以人为本的用户需求。

交互设计的思维方法建构于工业设计以用户为中心的方法，同时加以发展，更多地面向行为和过程，把产品看作一个事件，强调过程性思考的能力，将流程图、状态转换图、故事板等作为重要设计表现手段，更重要的是掌握软件和硬件的原型实现技巧、方法和评估技术。

四、人机交互的研究内容

人机交互是研究如何把计算机技术和人联系起来，使计算机技术最高限度地人性化。要做到这一点，就必须研究人的认知心理学、美学、心理学等学科知识与人的动作、行为之间的关系。在人机界面设计中，充分运用人们容易理解与记忆的图形（具象图形与抽象图形）与少量文字，以及运用色彩，静止的画面与动态的画面等，使人在操作计算机及计算机向人显示其工作状态的交互关系中，达到无障碍的沟通。也就是说，界面设计必须使用比过去更为复杂的人的感觉因素，在视觉、听觉等通道，以比喻、表达、认识、声音、运动、图像和文字等传递信息并感知信息。人机交互设计和工业设计有很多共同点，和工业设计一样，人机交互设计综合了工程、人机和市场的因素，对用户的问题提出解决方案。具最大的不同就在于二者处理的材料不同：工业设计面对三维的造型材料而交互设计面对的主要是计算机显示器。

人机交互要求在设计过程中，充分考虑人机界面的问题，从研究系统的输入设备、输出设备着手，运用系统的观点，分析用户在使用计算机的过程中所遇到的问题。通过对键盘、鼠标、屏幕等传统输入输出设备的改进和对手写板、语音输入等新的方式的引入：彻底解决人机交互界面的实用性问题，提高人机交互的效率。人机交互从研究用户开始，通过分析用户的生理、心理特征，研究用户的使用习惯，解决人机交互过程中遇到的实际问题。

因而就必须动员设计师、心理学家、软件工程师等专家，进行表面上貌似简单、肤浅，实则复杂、深刻、系统的设计工作。人机界面设计的原则，不是训练每一个人都成为操作计算机的专家，而是赋予计算机软件尽可能多的人性化。

苹果推出的系列产品开启了人机交互新模式，如苹果推出的 iPad 平板电脑就是一个很好的案例，苹果涉足平板电脑是比较晚的，而微软自从 2001 年就将其 Windows 操作系统的特殊版本应用于平板电脑，那时的平板电脑却像是一个怪兽。首先，平板电脑就是给笔记本电脑配置一个 LCD 屏幕，能够用手写笔轻触和书写，除此之外，再没别的功能了，同时这样的平板电脑也是针对艺术家这样的用户群的，而且因为平板电脑是笔记本电脑的变体，它们同样笨拙、沉重，没有良好的触电集成，电池寿命也不是很耐用。

而 iPad 改变了一切，iPad 经过重新研发与设计，创造了第一台针对多元化市场需求的平板电脑。将风格从平板电脑元素转向多媒体消费，使平板电脑焕发了新的生命力。用户可以用它来阅读、看视频、玩游戏、上网。从那时起，平板电脑不再是个混沌的概念，而是具有其真正的产品分类特性，具有了在智能手机和笔记本电脑之间的清晰定位，从而稳居于用户的消费品列表榜首。iPad 放弃了 Windows 操作系统，而改用移动操作系统，如 WebOS 或 Android，内核方面，放弃了 x86，使用了 ARM 构架，而且在 iPad 身上，看不到键盘，看不到光驱，连手写笔也看不到，它以一个全新的概念改变了人与产品的交互模式，从而改变了人们的生活。

人机交互学正在从一门为那些专门从事人机交互方面工作的专业人员的单纯学科，逐渐变成一门为广大计算机工作人员和高级设计工程师所使用的应用学科。今天，这些高级设计工程师不仅要考虑成本、速度、灵活性、可靠性，而且要考虑如何使所设计的系统满足人在使用中的需要。人机交互学的唯一目标就是最高限度地满足用户的需求和期望。

交互设计的创新已经成为当代设计创新的核心内容。交互设计的重要性与日俱增，充分地证明当代设计的关注点已经开始转变，由传统意义上的物品设计转换为注重人与人、人与机器之间的交互方式设计的内容由形态的、色彩的设计扩展到服务的、程序的设计。交互设计致力于了解各种目标用户和他们的期望，了解用户在同产品以及系统交互时彼此的行为特性，了解用户本身的心理以及行为特点，同时还包括了解各种有效的交互方式，并对其进行增强和补充。从本质上而言，交互设计的宗旨是突出与优化用户与系统、环境与产品之间的交互过程，从而保障交互的行为与结果符合用户的心理预期并满足人的需求。交互设计可以是在一个可以设计出行为、情绪、声音与形状的虚拟世界里创造出更精彩而超乎想象的操作模式。对于所有同时具备数字与互动性质事物的设计，其目的是让它显得实用、令人渴望且容易使用。可以说,交互设计的意义在于帮助用户通过交互式产品,创新性地实现交互活动。

五、操作习惯与手机交互方式的案例分析

我们再看一个案例,如今智能手机市场十分火爆,各种品牌智能手机都在交互模式上进行创新。据统计,上市的手机屏幕尺寸越来越大。以 4.5 英寸为分界点,我们更清晰地看到这一变化。过去的几年,4.5 英寸屏幕使用的比例从 10% 升至 80%。在国内的过去三个季度,使用 FHDHD 分辨率的手机从 38% 的份额增至 50%。更大尺寸的屏幕可以承载和展现更多的内容,更适合游戏、阅读与播放视频,用户体验得到提升。

如图 11–17 所示,在我们的观察中,超过 40% 的用户没有通过按键或屏幕输入数据与手机进行交互。

据统计,22% 的用户在进行语音通话,18.9% 的用户在进行一些被动活动——主要是听音乐或是看视频。在以上的数据中,只有用户把手机贴在耳边的交互行为,我们才认为他们是在打电话,所以毫无疑问我们把一些打电话的用户记录到被动活动的数据中。观察中那些与手机进行交互的用户如图 11–18,无论是操作触屏或是手机按键,主要是以下三种基本的方式:单手使用,49%;双手环握,36%;双手使用,15%。

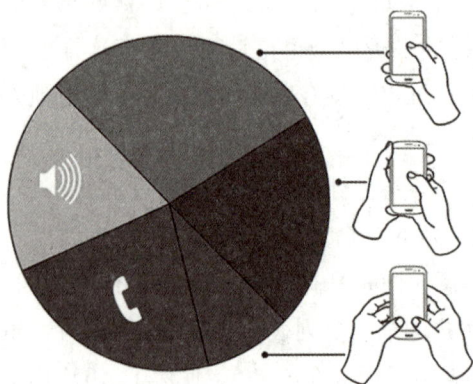

图 11–17　用户持握手机并与之交互的汇总图

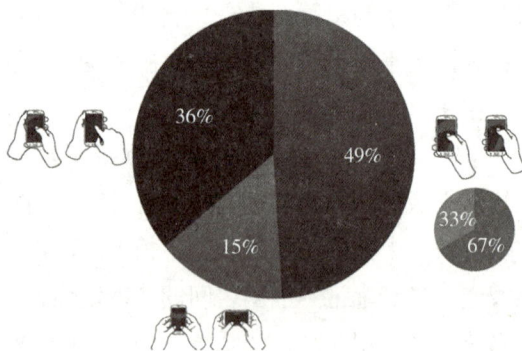

图 11–18　手机交互的三种基本的方式

在我们的观察中,大多数人都是使用单手来操作触屏的,但是使用其他方式的人数也非常多。就算是相对来说最少的双手使用方式,所占的比例也足够大,所以也应该在设计中考虑到这种情况。

在下面的内容中,将分别介绍和展示这三种持握方式下更为详尽的细节和图例,以及对于人们为什么会使用这些持握方式而提出一些观点。

如图 11–19 所示,手机屏幕上的图形展示了大致的可触范围,颜色则分别代表不同定义的区域。绿色表示该区域是用户可以很轻松操作的,黄色则是需要用户进行一些手势的屈伸,而红色区域代表了用户需要变换手持方式才能够触及。当然,这些区域只是近似值,会随着个体的差异而变化,而且和用户持握手机的具体方式以及手机的尺寸有关。

1. 用户在使用中切换手机持握方式　在更多的研究与观察中,用户并不是以一成不变的方式来持握他们的手机。用户经常在几种持握方式中切换,而且有时就在短短的几秒间。而这似乎和用户切换使用手机时的任务有关。可以通过点击、滑动还有输入这些手势行为来判断出用户使用手机时的任务。在观察中我们也发现用户有这样的操作:用户用单手持握的方式进行滑动浏览,然后通过另一只手的辅助

来触及更多的区域，接下来他们切换成双手持握或是环握进行输入和操作——无须只用一只手来输入，之后又切换回单手持握进行浏览。类似这样的交互行为十分常见。

（1）单手使用　虽然单手持握使用手机是个很简单的情况，然而这在总数中占比49%的单手用户们却是以各种各样的姿势来持握手机的。如图11-20所示，图中展示了两种常用的单手使用手机的姿势，但是也不排除有其他可能的单手使用姿势，习惯左手操作者则与图示相反。

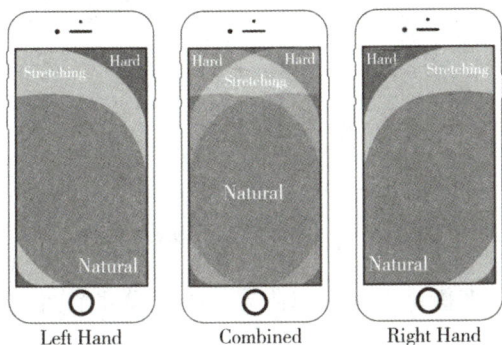

图11-19　手机屏幕的可触范围　　　　图11-20　两种单手持握手机的姿势

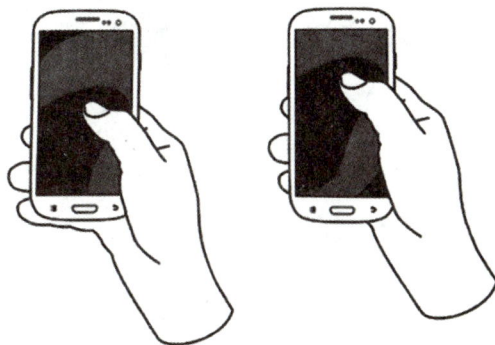

需要注意的是，在右侧的图片中拇指的关节位置高一些。似乎有些用户会通过他们需要触碰的区域来决定手势。例如，用户通过改变持握手机的位置，可以将触摸区域上移，从而更容易触摸到屏幕的顶端。

在单手使用中，使用右手拇指操作的占67%，使用左手拇指操作的占33%。

单手使用的情况似乎与用户正在持续地做另一件事情高度相关。单手使用中有很大一部分的用户都同时在处理一些其他任务，例如提着包、抓着扶手、爬楼梯、开门或是抱着婴儿等。

（2）双手环握　环握定义为用户同时使用了两只手持握手机，但仅用其中一只手进行操作，如图11-21所示。在总数中占据了36%的环握用户使用了以下两种不同的方法来操作手机，如拇指或其他手指。双手环握方式比单手使用提供了更多的支持，用户可以有更大的自由度进行操作。

如图11-21所示，在环握使用中，使用拇指操作占72%，使用其他手指（主要为食指）操作占28%。拇指操作，其实就是在单手操作的基础上增加另一只手来辅助握住手机。占比例相对小的用户，他们使用的第二种环握方法，用一只手握住手机并且用另一只手的食指进行操作，这与触控笔的使用十分相似。

在环握使用中，左手握着手机占79%，右手握着手机占21%。有趣的是，人们经常在单手使用和环握使用之间切换姿势，例如当他们在路边行走或是在拥挤的人群中使用手机，会切换持握方式，但有时也是为了扩展触摸区域，如操作一些单手难以触到的内容，也会切换为双手环握的方式。

（3）双手使用　大家一定都会很习惯地将双手使用与传统黑莓手机或是滑盖手机上的键盘联系在一起。双手使用的情况在观察中占到15%。其中，如图11-22所示，用户用手指支撑手机，然后用两个大拇指来提供输入——就像他们在使用实体键盘一样。

在双手使用中，垂直向握着手机，使用竖屏模式，占90%；水平向握着手机，使用横屏模式，占10%。

人们也常常在双手使用和环握方式之间切换，用户用两个拇指来输入，然后干脆不再双手使用，而是使用环握的方式中的一个拇指进行交互。然而，并非所有拇指用法都仅限于输入，有些用户似乎比较习惯用拇指进行点击。例如，用户也许用右手的拇指滑动屏幕，然后用左手的拇指来点击某个链接。另外值得注意的是垂直方向，或者说竖屏模式的使用占了大量的比例——虽然横屏下的大键盘更易于输入。然而，其中划出式的物理键盘所强制带来的横屏使用也占了很大一部分。持握手机通常都是垂直向的，但是双手使用中的横屏模式出乎意料的低。

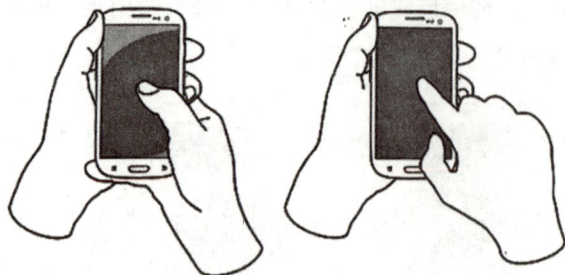

图 11-21   双手环握的两种方法

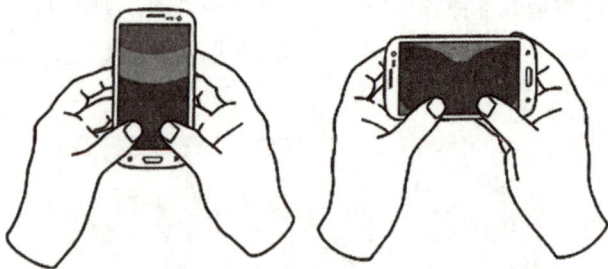

图 11-22   两种模式下的双手使用

即便如此，3.5~4 英寸（8.89~10.16 厘米），依然是平衡单手操作与体验的合理尺寸范围，如图 11-23 所示。

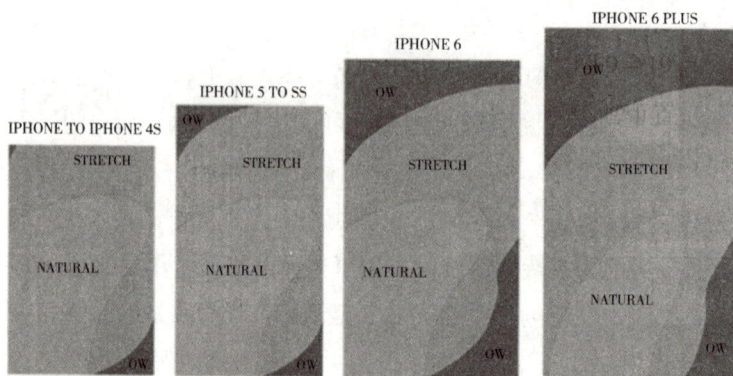

图 11-23   屏幕尺寸与合理区域分布

2. 手机屏幕父互设计的注意点

（1）设计安全区域，避开操作盲区。

（2）注意使用场景路径触发的连贯性。

（3）更多地使用可拖动的浮动按钮，给用户更自由的操作可能性。

（4）更多的虚拟使用手势，并提供文字暗示。

（5）更多地使用语音作为输入方式。

（6）横屏 Pad 化的操作设计，以及更多的内容展现。

第六节   可穿戴设备

一、可穿戴设备的定义

可穿戴设备即直接穿在人体身上，或是整合到用户的衣服或配件的一种便携式设备。可穿戴设备是近年来发展迅速的智能化产品，它集电子计算机的智能化技术并与生活中的衣物、配饰融为一体，具有便携性、智能性、亲和性、交互性的特点。可穿戴设备由于具备智能化的特点，也被称作智能可穿戴设备，其是以人体为载体，通过便携穿戴在人身上，实现对应多种功能的智能化电子设备，其与用户的交互形态主要基于人体功能和设备配置功能配合实现的。配备功能主要运用了物联网、云计算、蓝牙等智能技术。

可穿戴设备不仅是一种硬件设备，更是通过软件支持以及数据交互、云端交互来实现强大功能的设备。可穿戴设备将会对我们的生活、感知带来很大的转变。可穿戴设备是物联网技术逐渐落地后的产物，它可实现一切互联、无缝互通的景象，因而成为继智能手机之后未来智能设备领域的创新亮点之一，并且跟随互联网发展的大潮流，发展迅速，如今已发展成为科技界的一颗新星。

近几年，苹果、谷歌、诺基亚等巨头先后发力可穿戴设备领域引发全球极大关注。诺基亚在败走智能手机市场后，正在计划推出针对医疗领域的可穿戴设备，未来诺基亚或推出智能手表与智能腕带等产品。无独有偶，近期电子代工巨头也投资了一家可穿戴健身设备公司 Lemonade Lab，计划切入医疗健康类领域。诺基亚与富士康接连发力，加上早前有所行动的苹果、微软与三星等，正在给世界一个信号，可穿戴设备的春天已经到来，如图 11 - 24、图 11 - 25 所示。

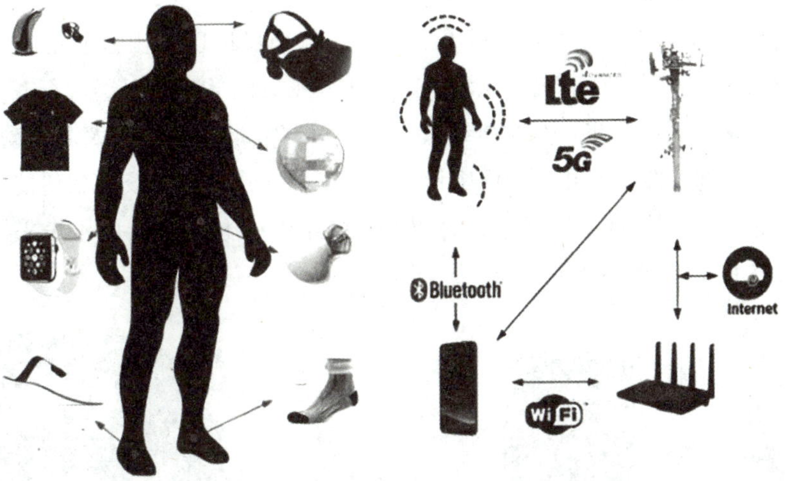

图 11 - 24　可穿戴设备网络示意图

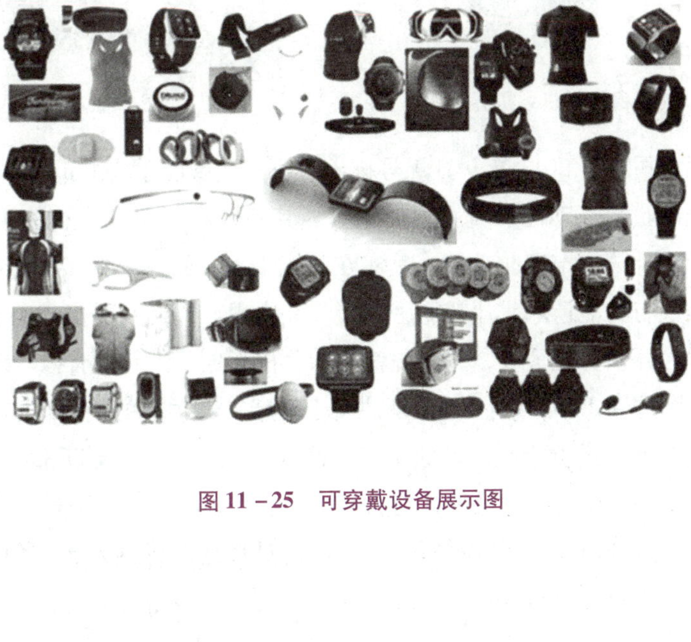

图 11 - 25　可穿戴设备展示图

二、可穿戴设备的发展

如图 11-26 所示，早在十几年前我们身上携带的最多的还是功能手机，传统的按键布局、死板的功能应用让我们只奢望能顺利打电话、收发短信、随手拍几张照片就心满意足了。而随着科技的进步，厂商对市场的需求分析、自身产品研发能力的提高与消费者对数码类产品的消费欲望的提高：智能手机的出现几乎完全取代了功能机，除了最基本的功能外，其强大的功能扩展性、易用性、前瞻性使它注定会发展得更好、更完善。智能手机也可以看作一个智能移动终端设备，它所实现的一切都基于五花八门的 APP，如果说没有这些 APP 的支撑，智能手机的用途将大打折扣。智能手机在 APP 的配合使用下已经普及全球范围，庞大的产业链甚至可以影响全球经济，厂商之间的博弈越发激烈，消费者的选择面也更加广泛。

在智能手机的分支下，一个全新的领域诞生了，它就是当今科技领域最火热的智能穿戴设备。如果没有当今成熟发展的智能手机，也就不会有智能穿戴设备的出现了，因为目前相对成熟的智能手表与智能手环都离不开智能手机的辅助。

在 2012 年，智能穿戴设备一词虽还未普及，但索尼与 Pebble 已推出智能手表、谷歌公司也已发布智能眼镜。当时也正是安卓智能机的第一个发展期，而苹果方面 iPhone 已经大行其道，因此当时安卓智能机厂商与苹果已经争得不可开交，但在传统大厂方面对穿戴设备并没有太多的动作，而到了 2013 年智能穿戴设备才逐渐兴起，除了专注智能穿戴设备的厂商外，像一些有核心专利技术的厂商也加入了可穿戴设备的市场竞争中，如图 11-27 所示，为 2013 年推出的智能手表，此手表采用了高通自家的处理芯片，最大的亮点还在于将 Mirasol 屏幕加入了其中。

图 11-26　传统功能手机和手机人机界面　　　　　　　　图 11-27　高通智能手表

知名手机厂商三星公司也于 2013 年 9 月 4 号推出了第一代智能手表 GalaxyGear，这也算是正式打开了智能手机与智能手表的联结互动性，随后索尼也紧随其后发布了第二代智能手表 SmartWatch2，并延续了其 Z 系列智能机的设计语言与三防功能，其实在智能手表方面目前更多的是趋向于配合智能手机使用，由智能手机发出信号与功能请求，让智能手表接收并实现，人们只需佩戴手表即可操作平常手机上的功能。索尼公司也大力开发智能手表，并力图使其和手机形成系统化设计。

在智能手环方面知名厂商 Jawbone 与 Nike 都注重于健康、运动上的使用体验，推出了 Jawboneup 与 Fuelband2，将同生活息息相关的健康与运动的状态、信息、变化、数据更新都在小小的手环上实时体现出来，这一设定在全球范围内受到了广泛好评与关注。

目前我国对可穿戴设备的研发越来越重视，消费者也对其越来越感兴趣。《中国可穿戴设备行业市场发展现状及前景趋势与投资分析研究报告》显示，中国可穿戴设备市场规模近年来呈现出快速增长的趋势。根据相关数据显示，2019 年中国可穿戴设备市场规模达到了约 1000 亿元人民币，同比增长约 30%。随着 5G 技术的普及和消费者健康意识的提升，预计未来几年市场规模将继续保持高速增长，预计到 2025 年，市场规模将突破 3000 亿元人民币。市场增长的主要动力来自智能手表、智能手环等产品的普及。智能手表作为可穿戴设备中的明星产品，其市场份额逐年提升，已成为消费者日常生活中的重要配件。此外，随着健康监测功能的不断强化，智能手环等产品的需求也在不断增长。同时，随着消费者对智能生活品质的追求，可穿戴设备在智能家居、健康医疗等领域的应用也逐渐拓展，进一步推动了市场规模的扩大。面对快速发展的可穿戴设备产业，我国政府在政策、标准等方面先后做出一系列的部署和安排，行业组织也在蓬勃发展，所以可穿戴设备充满美好的前景。

三、可穿戴设备的特点

可穿戴设备相比于传统的电子设备，具备以下几个重要的优势特点。

1. 穿戴在身体上 顾名思义，可穿戴就是指可以穿戴使用，所以这类产品都可以穿或佩戴在身体上，同时又要求不能对用户的正常行为操作造成影响。

2. 智能化 这种设备要有先进的信息收集与处理系统，能够对采集的信息进行独立处理。

3. 便捷性 可穿戴设备相比于传统意义上的移动设备，其不仅携带更加便捷，在使用上也更加简单方便，使用者可以通过自然动作实现对它的操作，例如眨眼拍照、点头录音等。

4. 美观时尚 可穿戴设备往往是以取代传统身体配饰的角色出现的，例如 Apple Watch 取代传统手表，Life BEAM 智能头盔取代传统自行车头盔。

5. 增强人体能力 随着可穿戴技术和云计算技术的发展和趋于成熟，可穿戴设备可以将其强大的计算能力赋予人体，将这种能力变成人体能力的一种衍生，这是其他电子设备难以实现的目标。

四、可穿戴设备的分类

可穿戴设备一般按照佩戴方式与佩戴部位进行分类，主要可以分为头戴式、腕带式（手腕和脚腕）和身穿式三大类，下面分别对这三类产品的代表产品和特点加以分析。

1. 头戴式设备 是穿戴于使用者头部或者面部的智能电子设备，由于是穿戴于人体最显著的位置，所以此类设备一般具备小而强大、实时采集数据并反馈，以及作为时尚装饰品的特性。

产品举例：Life BEAM 智能自行车头盔、Second Sight Argus 眼镜。

这类产品特征分析如下。

（1）一般无传统显示屏。

（2）反馈信息直接显示于用户视野。

（3）与头部动作和面部表情的交互关系紧密。

该智能头盔在骑行者和司机间建立双向沟通，通过计算机将接近驾驶者的外来信息提供给驾驶者：以此来避免事故的发生。骑行者和司机都可以使用类似的智能手机应用软件将自己的位置通过沃尔沃云端上传分享给对方，如果计算结果显示二者即将发生碰撞，那么双方都会受到警告，以便采取必要措施避免碰撞。驾驶沃尔沃汽车的司机会通过一对一的警告来告诫附近骑行的自行车注意安全，因此即便他们恰巧处于盲点包括转弯、车后或者在几乎看不见的夜晚等情况下，也不会出现问题。

在相距较远时，安全信号会警告车内驾驶员和骑行者；而当快要发生危险时，车内的安全系统和智能头盔也可以将数据传至云端并警告对方。车内司机能从平视显示器上看见信息，智能头盔上的指示灯也会亮起。骑行者可以通过头盔上的警示得知危险靠近。

虽然智能头盔的设计还处于概念阶段，但是对于在路上没有保护措施，特别是处于盲区或者极端天气环境下的骑行者来讲，将起到非常重要的保护作用。

Argus 眼镜是 Second Sight 公司研发出的一款可穿戴医疗产品，这款眼镜为盲人带来了福音。Argus 眼镜可以识别物体的黑白边缘和对照点，然后通过植入在用户视网膜上的微型电极向用户反馈捕获到的外界信息，并将收集的数据转化为视觉信息，引导盲人用户进行基本的生活自理。

2. 腕带式设备　是指佩戴于手腕、手臂或脚腕的智能电子设备，它也是当前可穿戴电子产品市场最活跃的产品类型，由于其佩戴使用方便、外形小巧、价格亲民等特点，腕带式设备具有很好的市场前景，例如小米的运动手环、苹果的职能手表等，从一推出就受到消费者的青睐。

智能手环也是一个很神奇的产品，优势也是其他产品所没有的，例如 Jawbone UP 在全球范围内的热销，因为它可以跟踪用户日常活动、睡眠质量、饮食习惯、运动消耗卡路里指数等，Jawbone UP 以新颖的外观设计吸引了不同年龄层次的消费者，无缝隙地融入了人们现实生活中，让那些在意自身健康状态、热爱运动的人又多了一个随身好帮手。

这类产品特征分析如下。

（1）显示屏较小或无显示屏。

（2）记录使用者健康数据。

（3）一般与肢体行为动作相关。

（4）可与其他移动终端配合使用。

智能手环经过几代的更新发展，如今功能已经相当强大，以价格低廉的小米手环为例，它就包括运动计步、睡眠监测、来电提醒、智能闹钟等功能。凭借精确的传感器技术，手环监测手臂的摆动以及用户脉搏，进而判断出用户的运动特征或睡眠状态，然后借助最新的蓝牙4.0技术与手机APP相连，将数据上传至手机进行分析并反馈给用户，让用户实时了解自己的身体健康状况。

人们开始对"方形手表"存在看法，很多人对着电脑屏幕上的效果图抱怨它为什么不是圆的，而随着时间的推移，多数人已经接受它的样子，并且接受程度随着时间的推移逐渐变高，尤其是20~30岁的用户群体，很多人甚至认为这是苹果智能手表区别其他厂商的独特设计。这种方形外观设计是从功能上考虑的，苹果的设计师认为方形屏幕更便于阅读列表式的通知，所以它的全部 UI 或按键布局都基于方形屏幕设计；另外这个设计也有出处——Apple Watch 最终的形状源自1904年的卡地亚 Santos 手表系列，这或许可以帮助苹果证明，高端手表也是有方形的。严格来说"Apple Watch"不是一款产品，而是三个系列的多款产品，每个系列又有38mm与42mm两个不同尺寸，以及多种颜色、不同材质与样式的表带选择，这让它成为苹果公司历史上最多样化的产品。苹果智能手表工艺细腻、不锈钢表壳、蓝宝石水晶镜面，以及氧化铬三种材料极好地融合在了一起，机身的每一处都被打磨的极为细腻。方形机身的每个边角或零件结合处都被处理成了弧线，摸上去手感温润，并让它看上去比实际小一点。三种不同款式的 Apple Watch 所使用材质有所不同，不过外观和部件位置都是一样的，它们的机身右侧都是数码表冠，用于翻页、放大，或是调出等操作，下面的长条状侧边按钮在不同情境下有作用，例如长按开关机或单击调出常用联系人等；两个按键的触感都非常好，数码表冠虽类似传统手表，但它可以无限旋转，轻微的阻尼感取得了操作和精准的良好平衡；两颗按键都有向内侧按压的操作，力度适中：向内侧面按的时候不会令手表产生很大扭曲。1.53英寸，390×312像素是 Apple Watch 的屏幕参数，326PPI 的像素密度达到了 Retina 级别。分辨率不是问题，最大挑战是屏幕尺寸小，想象一下在 1.5 英寸屏幕上双指缩放的情形，需要手指像铅笔一样精准，否则一个手指就已经遮挡住大半屏幕。为了给小屏幕带来更好的使用体验，Apple Watch 的很多交互方式与手机完全不同。苹果公司擅长将硬件和系统两个方面进行融合。在硬件方面，黑白小屏幕手机时代索尼和飞利浦有过类似装置，通过转动和点击进行不同的交互操作，加入它主要是因为在如此小的屏幕上进行双指缩放很难，此时一个物理按键会大幅提升效率，旋转即可进行放大或翻动的操作，以弥补操作时遮挡屏幕的问题。

苹果智能手机还为操作增加了一个新维度：Force Touch（力度感应）。这是 Apple Watch 上的独特创新点，也是别的竞争对手都没有的功能。它能够根据压力产生不同的交互功能，用力按住屏幕可以调出菜单看到更多选项，而无须在有限的屏幕上多放一个按钮。另外，还有一些传感器及语音控制系统，尽量让人不触摸屏幕，通过这些提升 Apple Watch 的易用性。

3. 身穿式设备 是可直接穿戴在人体躯干上的电子设备，例如 Vibrado 可穿戴式袖套、耐克运动鞋等，此类产品一般体积较大、高度智能化并且造价较高，是可穿戴设备市场发展较晚，但前景很广的领域。

Vibrado 可穿戴式袖套产品特征如下。

（1）显示屏较小或无显示屏。

（2）可直接穿在身体上。

（3）与使用材料关系密切。

（4）可作为衣物穿着。

Vibrado 可穿戴式袖套是美国 Vibrado 公司为篮球运动员开发的一款智能化袖套，袖套前臂和手上都装有传感器，可以精确捕捉用户的投篮状态、姿势、出手速度等数据，然后借助配套的应用程序对训练数据进行统计。

如图 11-28 所示，图中是一款智能叉子，这个设备能让你知道自己吃东西吃得有多快，帮助你养成正确的饮食习惯，提高消化能力和减肥效果。它是通过触碰叉子和触碰嘴巴之间的时间来判断你进食的速度，如果速度过快它会振动和通过提示灯闪烁来提示你应该放慢吃饭的速度。可以跟踪你在吃每顿饭的时候，每分钟将食物放进嘴里的次数，并记录你开始和结束这顿饭花了多少时间，用户有 2 段速度级可以选择：间隔 10 秒或者 20 秒。人可以通过连接手机、电脑等设备，清楚地看到最近一段时间你进食速度的详细情况。通过数据线，可以连接电脑进行充电。尽管产品很昂贵，但它的创始公司希望，人们不仅要把它当作一件吃饭的工具，更要把它当作你的好伙伴。

图 11-28 智能餐具

五、可穿戴设备中的人机交互

由于可穿戴设备是穿在用户身上的，所以其人机交互属性与传统的电子产品设备等存在着很大的不同。可穿戴设备从设计的角度来说，需要考虑得更多，例如设备的舒适性、安全性、交互便捷性、信息传达的准确性、使用的耐久性，以及设备穿戴方式等，这些都对可穿戴设备的人机交互性设计提出了很高的要求。

由于可穿戴设备一般是在生活中为人们提供多种辅助功能的，因此为了全面满足用户的需要，可穿戴设备的交互应该是多通道的。人机交互中的通道是指在人类和计算机之间进行信息交流的多种方式，即多通道交互方式。

多通道交互方式是指可穿戴设备感知用户表达的信息并通过多种形式表达反馈，分为输入和输出两种通道类型。输入通道是指人通过一系列动作手势将目的表现出来，被设备记录并分析，然后转换成设备可接受的信息，这就形成了一个输入通道。输入通道主要关联人的运动通道，例如手、眼、口、头等。反之，输出通道是指将设备发出的反馈信息通过转换变成人可接受的一条通道。输出通道主要关联人的感觉通道，例如视觉、听觉、触觉等。在可穿戴设备中使用多通道交互方式可以提高信息交互的效率，使操作更加方便。例如佩戴谷歌眼镜的用户可以通过眨眼或语音控制拍照，通过轻触镜架上的触摸板可以进行菜单和内容的导航等，如图 11-29 所示。

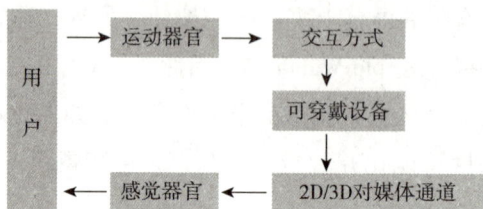

图 11-29　可穿戴设备的多通道交互方式

六、可穿戴设备的界面交互原则

1. 简化输入原则　可穿戴设备的尺寸存在限制，这就要求其输入方式必须非常简洁，因此采用线性的交互逻辑要比树状的交互逻辑更加方便和高效。这一设计理念在早期的移动设备中已经有广泛而深入的运用，即便在如今大屏幕高性能手机等移动设备普及的情况下，线性、重复性的交互逻辑仍然对保证产品设备交互行为的简单性有至关重要的作用。

苹果手机和三星手机进行调节手机屏幕亮度的路径对比，其中苹果手机的线性交互逻辑明显要比三星手机树状性的交互逻辑要更加简洁、易于操作，减少了误操作情况的发生。

2. 兼顾场景原则　可穿戴设备的特点决定了其使用场景的多变性与灵活性，因此交互设计中强调的场景与故事板在可穿戴设备的界面设计中显得尤为重要。一个优秀的可穿戴产品必须考虑到用户在不同场景下使用产品的真实感受，因此在进行界面设计时要运用场景设定，不但可以提高系统开发方向的准确度及用户对产品设计的满意度，还可以将整个产品应用过程情景化，帮助设计师对设计进行有效的再分析和深度评价。

3. 一级菜单原则　减少层次性的选择菜单，尽量在第一级菜单就将功能呈现给用户。在条件允许的情况下，可以结合语音输入来降低手势输入的复杂程度。这在 AppleWatch 中就有很好的体现，用户可以在首页就找到自己最需要的功能命令。前面已经讨论过屏幕尺寸受限是可穿戴设备的特点，而信息呈现又主要是在屏幕上进行显示的，那么不可避免地需要页面跳转。并且我们知道，每跳转一次页面，都会损失用户流量，当层次深度过多时，用户体验不好更会损失用户量。所以应尽可能采用扁平化处理信息呈现方式。具体来说，可以将具有并列层次的信息在一个用户界面中显示，以减少页面之间的跳转；同时在界面中使用快捷通道，为不同级的常用页面间的跳转增加快捷通道，可以有效减少页面跳转次数。将关键功能与信息展现于第一层级，有助于提升用户的使用效率，为用户带来更好的使用体验。

4. 一致性原则　可穿戴设备的界面设计应该保持一致性，这种一致性可以参考智能手机界面设计的规范。这种一致性主要运用在同一品牌的不同终端之间，比如 Apple watch 界面设计同 iPhone、iPad 等苹果产品的界面保持一致性。

　　具体来说，这种一致性包括相似的界面风格、布局、交互流程等。色彩是确定界面风格的重要元素，也是人类易于识别的元素，将不同色彩在风格中的比例确定，在很大程度上能体现界面的一致性。布局一致性主要是指不同功能模块在一个页面的分配，不同设备虽然不太可能保持完全一样，但要在符合原交互规则的同时尽量保持界面一致性，至少让用户不要因为同一产品换了终端就不使用了。可穿戴设备的输入方式不同于传统的电子设备，因此其交互方式也会有所不同，但是要保证交互流程的一致性，同一级的页面也不应有太大差别，避免用户的误识别与误操作。

　　目前可穿戴设备市场已经热闹起来，但仍属于星火燎原阶段。从宏观来看，可穿戴设备是人类科技发展到一定程度的必然成果。而眼下，随着互联网科技和传感器技术的不断进步，应该将可穿戴设备和其他智能电子设备建立联系，既有利于可穿戴设备的信息采集，也为交互设计提供了发挥作用的空间。同时，可穿戴设备的界面设计要遵循交互设计的原则，并且可以借鉴智能手机等设备的设计历程，推动可穿戴设备在现有技术下的进一步发展。

目标检测

答案解析

一、选择题

1. 人机系统设计是在环境因素适应的条件下，重点解决系统中人的效能、安全、身心健康及（ ）的问题

　　A. 设备安全　　　　　　　　　　　　B. 人机匹配优化

　　C. 人与环境匹配优化　　　　　　　　D. 环境优化

2. 人机界面主要指（ ）

　　A. 控制和运行系统　　　　　　　　　B. 控制系统

　　C. 显示系统　　　　　　　　　　　　D. 显示和控制系统

3. 下列不符合人机功能合理分配原则的是（ ）

　　A. 快速的、持久的、可靠性高的由机器来做

　　B. 研究、创造、决策由人来做

　　C. 单调的、高阶运算的、操作复杂的由人来做

　　D. 笨重的、快速的、持久的由机器来做

4. 人机界面设计，首要的是人与机器的信息交流过程中的（ ）

　　A. 准确性、可靠性及美观度

　　B. 准确性、可靠性及有效度

　　C. 准确性、可靠性及速度

　　D. 连续性、速度及有效度

5. 以下交互设备中更适合需要精细操作控制人机系统的是（ ）

　　A. 普通鼠标　　　　　B. 游戏手柄　　　　　C. 触摸笔　　　　　D. 迹球

6. 人机系统设计中，对于信息显示，更符合人机工程学要求的是（ ）

　　A. 尽可能在一个屏幕中显示所有信息，不用切换界面

　　B. 用大量的文字详细描述信息，确保准确性

　　C. 根据用户任务和操作流程，分层次、有重点地显示信息

　　D. 采用闪烁的图标来突出所有重要信息

二、简答题

1. 人机界面的设计概念是什么?

2. 人机界面包含哪几种类型?它们各具有什么特点?

3. 产品人机界面设计的应用原则是什么?

4. 如何理解产品人机界面中的交互性原则?举例说明。

书网融合……

本章小结

参考文献

［1］李维立，曹祥哲．人机工程学［M］．北京：人民邮电出版社，2017.

［2］苟锐．设计中的人机工程学［M］．北京：机械工业出版社，2020.

［3］侯健军，张玉春．人机工程学［M］．北京：清华大学出版社，2022.

［4］王文静，王涛，陈春贵．人机工程学［M］．沈阳：东北大学出版社，2020.

［5］夏敏燕，王琦．人机工程学基础与应用［M］．北京：电子工业出版社，2017.

［6］阮宝湘．工业设计人机工程［M］.3版．北京：机械工业出版社，2016.

［7］熊兴福，舒余安．人机工程学［M］．北京：清华大学出版社，2016.

［8］段雅芹．人机工程学［M］．武汉：武汉大学出版社，2015.

［9］曹翔哲．人机工程学［M］．北京：清华大学出版社，2018.

［10］丁玉兰．人机工程学［M］．北京：北京理工大学出版社，2017.

［11］刘春荣．人机工程学应用［M］．上海：上海人民出版社，2009.

［12］赵江洪．人机工程学［M］．北京：高等教育出版社，2006.

［13］刘峰，朱宁家．人体工程学［M］．沈阳：辽宁美术出版社，2005.